俄罗斯
世界植物遗传资源搜集史

[俄罗斯] I. G . Loskutov 著
董 钻 译

中国农业出版社

Nikolai Ivanovich Vavilov

（1887—1943年）

提 要

本书概述了全苏（俄）作物研究所（VIR）收集、研究和保存植物遗传资源的国内国际历史事件。

作者是根据如下资料编写本书的：

全苏（俄）作物研究所科技工作者的大量著作、N. I. Vavilov 在前苏联和在国外发表的科学著作以及他用俄文和外文写的大量书信、科技史专家和图书编目专家的出版物、N. I. Vavilov 之子 U. N. Vavilov 的有关著作。

本专著面向生物学家、遗传学家、育种家以及生物学、农业院校的教师和学生。

序

沈阳农业大学董钻教授以八十二岁高龄，用时近一年将《俄罗斯世界植物遗传资源搜集史》一书译成中文。全书8章近30万字，介绍了全苏（俄）作物研究所（现称全俄植物遗传资源研究所）搜集、保存、研究植物遗传资源的历史与现状，尤其对作物遗传资源搜集的奠基人和世界作物起源研究的奠基人之一——瓦维洛夫的研究历程做了详细介绍，对我们进一步了解瓦维洛夫的栽培植物起源学说有重要的参考价值。

瓦维洛夫考察搜集植物遗传资源的历程遍及五大洲，他曾亲自到中国新疆考察，还到过中国台湾，搜集到罕见的栽培植物及其野生近缘种。广泛的搜集和研究使他对各地作物系统、利用情况、生态环境和民族植物学进行了细致的分析研究，撰写了《主要栽培植物的世界起源中心》，确立了主要栽培植物8个独立的世界起源中心。他明确指出："第一个最大的栽培植物中心是中国的中部和西部山区及其毗邻的低地，中国起源地的最大特点是栽培植物的数量极大，温带地区最主要的本地种是三种谷类、荞麦、大豆和各种粒用豆类。"他在起源一书中涉及666种栽培植物，他认为有136种起源于中国，占20.4%，因此，中国成为世界栽培植物八大起源中心的第一起源中心。

董老师从事作物栽培与生理的教学与研究工作，对大豆高产栽培与生理造诣很深，研究成果颇丰，曾著《大豆产量生理》。但他对农业研究的各领域都十分关注，对农业生产很熟悉，知识面很广，是全国统编教材《作物栽培学总论》主编。他十分关注中国作物种质资源研究进展，也撰写过相关文章。他曾与我通信联系，交流我国作物种质资源研究状况。因此，在他接到俄文版《俄罗斯世界植物遗传资源搜集史》一书后，决定将其译成中文。

董老师在翻译过程中认真细致，克服了许多困难。他告诉我，有时候为了一个词，查阅多部俄汉、英汉及拉丁文词典，翻来覆去不知道要折腾多少遍。他举例俄文“стевия”一词，查遍了手头所有词典，都查不到，最终在《英汉农业大词典》上查到了Stevioside，中文是甜菊苷，这才联想到原来是甜菊。类似的情况很多，为了核对一个小的地名，也需查阅多部词典，查看世界地图，翻译真的并不轻松。他深深地感到这是一份责任，非常认真严谨地进行翻译，从某种意义上讲，翻译是一种再创造，董老师的敬业精神令我肃然起敬。

全文译毕，即将出版，本书对从事作物种质资源研究的科研、教学人员是一部重要参考书，无论从事作物种质资源搜集，还是进行评价和深入研究都有重要参考意义。我国农作物种植历史悠久，作物种质资源极其丰富，是国家的宝贵财富，当前正在进行新一轮全国作物种质资源的搜集，本书的出版恰逢其时。希望本书的出版对促进我国作物种质资源研究发挥作用，使我国从作物种质资源大国向资源强国转变。

祝贺我的好友董钻教授完成一部重要著作的翻译和出版。

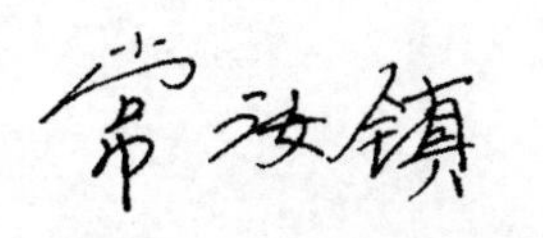

2017年3月18日

中文版序

Nikolai Ivanovich Vavilov，作为世界级的著名科学家，对于中国可谓情有独钟。1929 年，他曾亲自赴中国新疆和台湾考察。此后，他又不止一次地表示过，要到中国中部地区调查访问的愿望。N. I. Vavilov 认为，中国乃是栽培植物最丰富的起源地之一，中国起源中心的物种多样性及其利用潜势高于其他起源中心。

《俄罗斯世界植物遗传资源搜集史》比较全面地介绍了 N. I. Vavilov 和以他的名字命名的全俄植物遗传资源研究所（VIR）的活动。

如今，该书由中国作物栽培学家董钻教授译成中文，我相信，该书的出版将有助于中国同行们进一步了解 N. I. Vavilov 和他的 VIR 的活动，增进俄中两国植物学家、遗传学家、育种家之间的友谊和合作。借此机会，我谨对中文版的问世表示祝贺，并对董钻教授为翻译我的著作所付出的辛勤劳动表示衷心的感谢！

I. G. Loskutov

2017 年 5 月 4 日

前　言

在1999年英文版《Vavilov and his Institute. A history of the world collection of plant genetic resources in Russia》出版之后，撰写本书成为国际植物遗传资源研究所（IPGRI）Vavilov-Frankel Fellow—1993行动计划的一个部分。本书在国内外同行中相当普及，以至于不得不增加印刷数量。如今，许多基因库的工作者和从事植物遗传资源研究的专家们对本书很感兴趣，因为本书比较全面地讲述了N. I. Vavilov本人和以Vavilov命名的全苏（俄）作物研究所的活动。英文版问世之后，作者收到了很多读者来信希望出版由N. I. Vavilov的活动奠基并遵循Vavilov原理的全苏（俄）作物研究所历史的俄文版。于是，反映研究所史实和N. I. Vavilov活动的手稿纷纷涌现于许多媒体。

本书拟尝试对以N. I. Vavilov命名的全苏（俄）作物研究所国内和国际活动历史事件、对研究所收集、研究和保存植物遗传资源，作全方位的概述。本书所依据的文献是全苏（俄）作物研究所同仁们的大量出版物、N. I. Vavilov在苏联和在国外发表的科学著作、N. I.

Vavilov 丰富的俄文和外文书信遗产、科学史专家、图书编目专家们的出版物、N. I. Vavilov 之子 U. N. Vavilov 的著作，等等。

作者对 A. F. Merezhko 教授对本书俄文版所提出的宝贵建议深表谢意，对 N. I. Vavilov 之子、物理—数学博士 U. N. Vavilov 审阅和编辑书稿，表示感谢。

目　录

第一章　1894—1920 年俄罗斯对植物遗传资源的收集和研究

一、实用植物学委员会的创建及活动：1894—1905 年

19 世纪 70 年代至 80 年代俄罗斯帝国农业的迅猛发展，导致了对农学知识和整个农业科学的浓厚兴趣。就作物学而言，这一兴趣体现在致力于对栽培作物地方品种种群和小种的描述、保存、普及推广和更好地利用等诸多方面。

植物学家们在研究植物界和植物生活的同时，特别关注野生物种；而对大部分栽培植物却无人问津。F. A. Kernike、N. Sh. Serezh、F. K. Alefeld 和其他人开始为栽培植物的分类学打基础，这些资料对于作物生产和育种实践是十分重要的。俄罗斯第一位栽培植物研究者 A. F. Batalin 教授在研究大量结穗植物时，不止一次地提出过关于组建专门的实用植物学研究室，以便全面研究俄罗斯栽培区系的想法。这一思想得到其他学者，其中包括 A. N. Beketor、A. S. Famicen 和 I. P. Borodin 等教授的支持。

为了实现上述想法，1894 年 10 月 27 日，俄罗斯帝国在隶属农业和国家财产部的学者委员会下面创立了实用植物学委员会。根据条例，这个实用植物学委员会由三个处组成，即：咨询处、科学处和驯化处。这些处的任务既包括栽培植物种，也包括野生植物种，确定其名称，通告何处能够获得这些种，从植物学、农艺学和植物病理学的角度，对栽培植物和野生植物进行研究，促使将新的

植物物种和品种引入栽培。

被任命为实用植物学委员会第一任主任和唯一的一位员工的是学术委员会委员 Aleksandr Fedorovich Batalin（1847—1896年）——一位杰出的植物学家、栽培植物分类学家、俄罗斯实用植物学的奠基人。

A. F. Batalin 于 1870 年以学士学位毕业于圣彼得堡大学并开始在圣彼得堡植物园担任年轻职员，同时他还在植物园博物馆和生物学实验注册任职。1872 年，A. F. Batalin 完成了硕士学位论文“光对植物类型的影响”，后将论文提交圣彼得堡大学，以获取硕士学位。由于在食虫植物运动机理领域的研究，A. F. Batalin 于 1876 年通过“食虫植物运动机理”论文答辩，在圣彼得堡大学获得了博士学位。1877 年，根据 A. F. Batalin 的提议，在圣彼得堡植物园组建了种子实验站。该站成为俄罗斯第一个种子检验实验室。这样，在俄罗斯帝国开始了系统的种子检验工作。这些工作也成为调整农作物优质良种繁育的最早尝试。此外。在该实验室，他还开展了黑麦、有壳小麦类、黍、稻的品种和变种、荞麦、豆类、圆葱、十字花科油料等品种多样性的收集和研究。这些工作成为实用植物学委员会活动的开端。

A. F. Batalin 通过本人的活动，从俄罗斯各地收集了栽培植物的种子样本。所收集来的种子都播种在圣彼得堡植物园，直至长成植株、开花结实，接下来则是鉴定它们的植物学归属。这样，在俄罗斯打下了实用植物学最初的理论和实践基础。

1882 年，A. F. Batalin 被遴选为战时医学科学院教授和植物学教研室主任，而 1892 年，因主持植物园多年的原园长、植物学领域的巨匠 I. L. Regeli 逝世，A. F. Batalin 做了圣彼得堡植物园园长，此前，该植物园一直由外国人经营。

1894 年，A. F. Batalin 成为实用植物学委员会的第一任主任，但是因为工作繁忙，他没有足够的时间领导这个实用植物学委员会的工作。由于资金缺乏，实用植物学委员会的工作仅限于残缺不全的咨询性质，最初几年，仅仅履行了一个情报机构的职能，如回答

诸如在俄罗斯某地适于种植什么作物之类，几乎不具有科学机构的性质。向农业部学术委员会提供各种书籍、建议和方案或进行评估成了其主要职责。加之缺乏资金交付房舍租用费，员工们只能挤在主任的办公室内。

Aleksandr Fedorovich Batalin 就资格而论，是俄罗斯实用植物学的奠基人，是从事栽培区系植物学研究的先驱和最早将优良的或新的有益植物引入栽培并进行推广的第一人。他在实用植物学方面所做的工作有着极大的科学和实践意义，对俄罗斯农业科学的发展产生了积极的影响。

A. F. Batalin 逝世后，1899 年由学术委员会委员、著名的俄罗斯植物学家 Ivan Parfenievich Borodin（1847—1930 年）教授担任实用植物学委员会主任。他同时还是俄罗斯科学院院士、林学院教授、植物学博物馆馆长、自然科学家协会《著作》的编辑，后来还曾任俄罗斯科学院植物解剖学和生理学实验室主任。随着新主任的到来，因为缺乏固定的场所，整个实用植物学委员会迁到了林学院，I. P. Borodin 在该院主持植物学研究室。

基于对科学研究的长期关注，I. P. Borodin 能够全面地发挥其创造性，将研究、教学、组织才华充分地发挥了出来。I. P. Borodin 22 岁时已经是圣彼得堡林学院的一名教师；29 岁通过植物学硕士论文答辩，并发表了他的一项主要实验成果："真叶嫩枝呼吸的研究"（1876 年）；33 岁时成为林学院的教授；55 岁成为科学院院士，接着被选为俄罗斯科学院副院长。他生于沙皇尼古拉一世时期，于苏维埃政权时离世。

I. P. Borodin 影响了同时代的植物学家，决定了许多人的科研选题，许多人在工作状况、科研活动甚至生活方面都曾受到过他的影响，得到过他的帮助。出于对他的尊敬，一些高等植物分类单位（属、种）都以他的姓氏命名，其中包括十字花科的一个属被叫做 *Borodinia*。此外，为了对 I. P. Borodin 表示敬意，毛茛科，伞形科、石竹科等的某些种也以他的姓氏命名。

由于主任的工作繁忙、经费拮据、工作场所狭小和常用设备不足，在那些年里未能促使实用植物学委员会活动充分的开展。

为了改善实用植物学委员会的活动和调动科研和驯化处的工作，I. P. Borodin 教授聘请了学术委员会成员 Robert Iduardovich Regeli 做收费的科学工作者。R. I. Regeli 于 1888 年以“学士”学位毕业于圣彼得堡帝国大学，并在校保留学籍，在植物学教研室，在著名的植物学家 A. N. Beketov 指导下准备获取教授资格。自 1888 年至 1890 年，R. I. Regeli 被派往德国，在波茨坦高等园艺学院继续自己的学业。他在该校听完了著名专家 A. H. Engler 和 P. E. Ascherson 两位教授的植物学课程，回到俄罗斯。1901 年，他通过了植物学硕士学位答辩，1909 年又在尤里耶夫（塔尔吐斯克）大学通过硕士论文答辩。此后，他受邀入圣彼得堡帝国大学任编外副教授，讲授“植物学在园艺中的应用”课程，同时，他还是圣彼得堡植物园的员工。他的父亲 Iduard fon Regeli 是一位大植物学家，应俄罗斯政府的聘请，从德国来到俄罗斯，自 1875 年至 1892 年担任圣彼得堡植物园园长。

从 1901 年起。Robert Iduardovich Regeli 实际上已经轻松地担负起实用植物学委员会的工作了，而从 1904 年，他担任了实用植物学委员会的主任。虽然当时拨给该委员会的经费极少，而且大部分用在科学研究以外的咨询性的其他方面，R. I. Regeli 按照 I. P. Borodin 的建议，依旧开展了俄罗斯大麦多样性的收集和研究。1901—1904 年，由主任 I. P. Borodin 签发的书信分发到俄罗斯的各个省，要求各省收集并邮寄大麦地方品种种子和麦穗。结果，在几年内，便从俄罗斯各地征集到 990 余份样本。其中最珍贵的当数来自北高加索和外高加索不同海拔高度的样本。特别丰富的类型出自与现今伊朗和亚美尼亚接壤的地区。除了俄罗斯的大麦资源外，还获得了一批外国起源的样本。例如，Ch. F. Saunders 从加拿大渥太华中央试验站寄来了一批样本，A. M. Atterberg 提供了瑞典类型多样的大麦资源。所有的样本都按照 F. A. Koernicke（1885 年）的植物系统以及籽粒的形态特征和容重确定了其植物学归属。之后，部分种子在田间播种，以研究其形态和农艺特性。

二、实用植物学委员会的机构和改组：1905—1914 年

1905 年，Robert Iduardovich Regeli 教授出任实用植物学委员会的主任。这一时期，在圣彼得堡边缘，以极少的经费租用了不大的一块地（不远处，在维鲍尔戈一侧便是霍乱病死者的墓地）。实用植物学委员会终于从原主任的办公室里搬了出来。R. I. Regeli 在实用植物学委员会开展活动伊始，试图将自己作为植物学家的描述科学与园艺和农学的实用方法结合起来研究栽培植物。R. I. Regeli 继承了其前任 A. F. Batalin 和 I. P. Borodin 工作期间打下的基础，同时也带来他本人对栽培植物和杂草进行综合研究的理念，努力将分类学原则运用于栽培植物，使之与作物的农艺特征结合起来。这是他的立场与外国学者的方法区别之所在。在这方面，R. I. Regeli 称得上是科学实用植物学的奠基者。R. I. Regeli 一生致力于植物学这一领域发展的全部活动，实现了他关于“实用植物学乃是田间种植的作物以及杂草的专门植物学”的信念。基于这一信念，他认为：“不只是植物学家，包括农艺师、林务员、农场主以及农业生产领域的任何人都应当明确，他们所研究、所观察或者所种植的是什么，否则他们所研究、所观察以及所运用的种植措施便失去了坚实的基础。”

关于通过这样的途径可能得到什么结果，他说道，这类结果“或者是对科学的新贡献，或者是在我们俄罗斯及国外都在研究的某一领域有所创见。不言而喻，这类结果不但对于实用植物学科学有所贡献，而且就纯实践而言，也有裨益，因为它关乎有实际意义的对象。”

R. I. Regeli 试图将实用植物学委员会的活动引入纯科学的轨道上来。按照他的设想，该实用植物学委员会不应当从事普及和教学活动，因为这样将偏离纯科学工作。R. I. Regeli 本人继续主抓大麦研究。与其他分类学家不同，他认为，栽培大麦有两个种：*Hor-*

deum vulgare L.（六棱种）和 *H. distichum* L.（二棱种）。这些材料经重播研究发现，所有的地方品种都是大麦各种各样的植物学类型的五花八门的混合体。通过对地方群体的田间检验，他确定了大麦有 54 个以上的新的稳定系。R. I. Regeli 发现了以往不了解的很多大麦新类型，如带光滑芒的大麦，并撰写了专题学术论文“带光滑芒的大麦”（1908 年）。他深入研究了俄罗斯大麦籽粒的蛋白质含量，鉴定了六棱冬大麦更适于酿造啤酒（俄罗斯大麦籽粒的蛋白质，1909 年），并提出以六棱大麦替代此前采用的西方二棱大麦。

1906 年，鉴于大麦资源收集及对大麦的研究成果，实用植物学委员会在米兰召开的世界博览会上获得了最高奖。R. I. Regeli 就此进行了总结，论文以法文《Les orges cultivees de l'Empire Russe》（1906 年）刊出。

1907 年，农业部的领导发生了变化，学术委员会主席一职由在国家事务中强有力且举足轻重的 Boris Borisovich Golicen 公爵担任。在他的领导和学术委员会的直接参与下，制定了学术委员会各部门的改组计划。目标直指科学实践活动、国家预算拨款。鉴于此，除了研究植物资源之外，系统收集俄罗斯栽培植物、杂草和野生植物等，也列为实用植物学委员会的职责范围。

在这一时期，关于实用植物学委员会的规章中删去了涉及植物真菌病的条款，因为已组建了独立的真菌和植物病理委员会，该会由著名的病理学家 Artur Arturovich Yachevsky 主持。

从 1907 年起，实用植物学委员会的财政状况也有所好转，R. I. Regeli 放下了与他人合作的项目，不但用自己的经费继续在高加索（里考特山口地区）进行观察，而且还在库尔斯克州，邀请一位农艺师协助对种植区进行管理。对那些有实用价值的作物如小麦、燕麦、草甸牧羊、田间杂草、向日葵、黍等进行研究工作，R. I. Regeli 托付受邀到来的同事去料理，而他本人则既做领导者，又当他们的导师。正是在这一年的秋天，Konstantin Andreevich Fliaksberger 受邀担任主任助理这一固定的职务，此人接受过自然

史高等教育，他接受委托专门研究俄罗斯小麦。次年，又有两位固定岗位，二人受邀，一位是 Nikolai Ivanovich Litvinov，接受过高等农业教育，并完成过临时交办的任务；另一位是 Alexander Ivanorich Mal'tsev，具有高等自然科学史学历。后来，N. I. Litvinov 从事俄罗斯燕麦研究，而 A. I. Mal'tsev 则研究俄罗斯杂草植被。这一时期，草甸牧草研究也开始了。

临近 1908 年，实用植物学委员会已经拥有了一批技能熟练的高级工作人员，他们对俄罗斯栽培植物和杂草，从样本采集、登录到全面分类调查至详细研究，都可胜任。

1908—1909 年，实用植物学委员会组织了对俄罗斯帝国的圣彼得堡、库尔斯克、利弗利亚德、顿河、波尔塔瓦诸省进行了考察。这次考察是在 R. I. Regeli 以及杂草植被专家 A. I. Mal'tsev、小麦专家 K. A. Fliaksberger 的直接参与下进行的。

外国专家到沙皇俄罗斯的机关和地方或地区访问，按惯例都要收集栽培植物、野生植物和奇异植物。19 世纪初访问实用植物学委员会的外国专家中，首先应当提到的是来自美国农业部的 N. Nansen 教授。仅在 1908 年，他已是第三次访问实用植物学委员会了。他希望了解大麦研究的进展。他初次访问，为的是收集突厥斯坦的苜蓿，第二次是收集西伯利亚的果树，1908 年，他路过波斯，顺便来到实用植物学委员会，此行是为了收集牧草特别是苜蓿。在此之前的几年里，实用植物学委员会曾经应他的要求，给他寄去了由实用植物学委员会登记过的大麦新变种。以考察为目的，先后访问过俄罗斯的美国农业部的专家还有：M. Carlton（1898—1899 年），为的是收集小麦和其他重要谷类作物样本；S. Knapp 和 M. Carlton（1900 年），收集小麦、饲料作物和其他农作物地方品种；E. Bessey（1902—1904 年），收集苜蓿地方种群和各种高度耐寒的果树种群。著名的引种专家 F. Meyer 对俄罗斯收集各种资源的地方多样性兴趣百倍，在 1905—1915 年十年间先后考察了俄罗斯欧亚（西伯利亚）各个地区。

为了了解外国同行的科学活动，实用植物学委员会主任也不止一次地出国，直接收集植物材料和蜡叶标本。譬如，1909 年，R. I. Regeli 曾经访问欧洲的一些国家。在德国，他访问了柏林植物园、在达列姆的高等园艺学校、农林生物学院；在丹麦，参观了哥本哈根植物园；在瑞典，参观了斯德哥尔摩植物园和斯瓦列夫试验站。R. I. Regeli 的欧洲之行巩固了实用植物学委员会与国外育种和植物学机构之间的联系，促进了种子和文献的交换，同时也全面介绍了实用植物学委员会的科研活动。在这一年里，实用植物学委员会兑现了斯瓦列夫试验站、斯德哥尔摩植物园、全德良种繁育联盟及瑞士和荷兰两国试验站提出的若干份提供种子的申请。

随着 K. A. Fliaksberger 来到实用植物学委员会，实现了 R. I. Regeli 打算出版《实用植物学委员会著作集》的愿望。该《著作集》从 1908 年开始编辑，每年 12 期。在这一刊物中介绍了实用植物学委员会的活动，也刊登外国作者所著的书籍和论文的译文，而且每篇论文都配有详细外文简介（开始时，用德文，自 1914 年起，用法文和英文）。每年出版三期的《著作集·副刊》还刊载了实用植物学委员会人员所从事专题工作的进展、资源研究的结果，以及译成俄文的外国作者的重要出版物。外国作者中有 G. Shull、E. Baur、H. Fruwirt、G. Mendel、H. Sicben 等。除了研究资料之外，《著作集》还刊登过许多关于栽培植物研究方法的文章。《著作集》的出版，极大地提升了实用植物学委员会在俄罗斯国内以及在国外的声望。

创刊伊始，《著作集》便赠送给了俄罗斯国内以及荷兰、美国、加拿大、德国和瑞典等国的育种和植物学相关机构。《著作集》的私人通信者中有一些是当代大植物学家、育种家、遗传学家，如瑞典的 G. Nilsson-Ehle 和 A. Atterberg；德国的 E. Baur、F. Koernicke、A. Zade 和 A. Schulz；奥地利的 H. Fruwit；英国的 J. Percival；瑞士的 A. Thellung；加拿大的 W. Saunders；阿尔及利亚的 L. Trabut 等。

需要特别强调的是，1908 年在 R. I. Regeli 的指导下印行了 N. I. Litvinov 起草的《比较植物学研究中谷类作物统一播种生产条

例》。该条例总结了实用植物学委员会在试验方法上积累的经验。另一项重要的工作是，这一年出版了由 Fliaksberger 撰写的《Koerhicke 现代谷类作物鉴定手册》。这些著作是实用植物学特别指定的栽培植物多样性的第一批方法指南。

到了这一时期，实用植物学这一名称所蕴涵的任务、方法和所秉承的学科业已形成。按照 R. I. Regeli 及其同事的意见，“实用植物学是理论学科与生活实际要求相结合的知识领域；其任务是，用比较植物学的方法研究栽培植物的所有类型及其特别稳定的小种（品种），以便引入人工栽培；其方法是“详细研究”，在室内详细到什么程度，在田间也详细到什么程度；其使命是服务于农业生产的各个领域的实际，促进其繁荣。

正像 R. I. Regeli 所写：“科学的进步靠的是，每一个新的研究者应当继承其前任所研究的工作；否则，若每一个新的研究者都另起炉灶，其结局必定是原地踏步”。

基于 R. I. Regeli 的上述论述，从 1910 年起，实用植物学委员会开始对年轻的专家——实习生们进行统一的大麦、小麦、燕麦以及杂草的实用植物学培训。当时的实习生中，L. P. Breslavets 专修遗传学，N. N. Kuleshov 和 A. G. Lorch 专修小麦、大麦、燕麦，还有其他一些人。这些人中间有一位来自莫斯科农学院的年轻专家 Nikolai Ivanovich Vavilov。

从 1911 年起，收集品的补充主要依靠实用植物学委员会的科学工作者直接收集种子和植物蜡叶标本。所有收集到的种子，一方面须在实用植物学委员会的试验田里种植，另一方面要在其原产地种植。

1911—1914 年，收集种子和植物标本，原来是在曾经考察过的圣彼得堡、利夫良特和库尔斯克进行，后来则初次在莫斯科、诺夫哥罗德、萨马拉、沃罗涅日、彼尔姆、塔夫里、哈尔科夫和赫尔松等省进行。这一时期，参加收集工作的人员扩大了，其中有一位是 Vladimir Alexandrovich Kuznetsov。

V. A. Kuznetsov 毕业于杜尔普特（现塔尔土斯克）大学植物

学教研室自然史分部的物理数学系，在那里他学习了普通植物学、植物区系学、分类学、植物地理学、草地经营，他对禾谷类和草甸—沼泽植被尤为关注。还在大学时期，V. A. Kuznetsov 就同编外副教授 P. I. Mishenko 一起在雷瓦尔（塔林的旧称——译者注）和纳尔瓦（1907 年）进行过植物学—地质学考察，他还曾到过北高加索和外高加索（1908 年）。1911 年 2 月，V. A. Kuznetsov 受 R. I. Regeli 的邀请，成为实用植物学委员会的一名实习生，以“干草物种组成鉴定”为题，参与对草甸牧草物种（包括苔草 *Carex* L.）组成的研究。在第一个野外考察之后，R. I. Regeli 高度评价了这位实习生。在一个野外和室内工作周期内，V. A. Kuznetsov 分析了各种草的物种归属，研究了 9 个苔草物种，并作了比较描述。次年春，V. A. Kuznetsov 得到了实用植物学委员会草甸牧草专家职位。

此外，实用植物学委员会还聘请了向日葵专家 F. A. Satsiperov、豆科植物专家，后来成为实用植物学委员会副主任的 P. I. Mishenko 及其他工作人员。

临近 1912 年，实用植物学委员会已经拥有 7 位从事俄罗斯重要农作物研究的首席专家。在上述几种作物之外，又增加了油料作物，其中包括向日葵。由于科研活动扩展，必须在各个省扩大试验区。地处草原带的沃罗涅日分实用植物学委员会、距离彼得格勒 200km，位于北部森林带的诺夫戈罗德分实用植物学委员会，后来还有莫斯科和萨拉托夫分实用植物学委员会纷纷成了主要的试验区。除此而外，实用植物学委员会还在租用的私人土地上进行过播种试验。为了确定和检验不同作物性状的遗传，试验曾选择在气候和土壤截然不同的地区，同时还尽可能将试验安排在不利的条件之下。

1912 年，在圣彼得堡，R. I. Regeli 主持召开了第二届育种和良种繁育会议。实用植物学委员会的科研活动受到与会者的一致赞扬。俄罗斯实用植物学与作物育种的中央印刷机构将《实验植物学委员会著作集》改称为《实用植物学与育种著作集》。R. I. Regeli

是将有科学依据的原始材料用于作物育种的倡导者。这一点反映在实用植物学委员会的活动当中，也反映在《著作集》的版面上(R. I. Regeli 曾著文：科学视角下的育种学，1912 年)，还反映在育种家的会议上。

R. I. Regeli 参加国家杜马期间提交了《农业试验机构推广法》。该法经修订完善后，于 1912 年由皇帝亲自签发。这部推广法指示，国家试验网的所有州级机关都要建立育种部门。根据这一要求，到 1915 年，俄罗斯已经有了 12 个专门的育种站，还有 30 个试验站、试验区，开始从事各种作物育种。

Robert Iduardovich 作为俄罗斯实用植物学官方的和精神的领袖，他的科学活动不论对栽培植物的植物学研究的形成，还是对"在科学的基础上"组织育种，都产生了重要的影响。作物生产层面上的大多数俄罗斯"典型的"试验育种机构都设置了实用植物学"科"——这是对当地植物区系进行"典型分析"的组织机构。

实用植物学委员会直到 1913 年"仅仅占据 5 个很小的房间，处在圣彼得堡极其肮脏、杂草丛生的荒芜地段，邻近城市的垃圾堆积场，库里科夫田块的周围便是霍乱病死亡者们的墓地"。后来，财政拨款增加，实用植物学委员会才得以搬迁到瓦西里耶夫岛 2 号线的楼房中，在楼中占有 4 层的一部分和 5 楼、6 楼全部。

三、实用植物学委员会的目标和任务：1914—1920 年

临近实用植物学委员会组建 20 周年——1914 年，实用植物学委员会在俄罗斯国内以及在国际上已经享有相当高的声誉和很高的威望，已经有了自己独立的任务和工作方法。该委员会的主要任务是：研究俄罗斯帝国的栽培植物以及有用野生植物、杂草及有害植物。在栽培植物中，专门研究所有谷类作物：小麦、大麦、燕麦、黑麦、黍、高粱、水稻等；工艺作物：纤维类；油用类及其他作物；蔬菜：甘蓝、瓜类、豆类、根、茎类；药用和医用植物；果

树、浆果类；野生植物中的所有杂草；草地植物：禾本科、苔草（*Carex* L.）、豆科及其他物种。在研究中，必须采用正确的科学方法，并且必须了解相关问题的文献资料。

1914 年以前，实用植物学委员会的收集品是通过样品的邮寄，从俄罗斯各农庄（农户）采购或通过专家们收集获得的。这时的资源计有：小麦样品 4100 份、大麦 2900 份、燕麦 1000 份、黑麦 400 份、草甸牧草约 500 份、向日葵 450 份、杂草 1000 余份、果树果实、种子 1600 余份，其他作物样本 2000 余份，总计已超过 14000 份。此外，从俄罗斯各省收集的蜡叶标本超过 10000 份。

随着 F. A. Satsiperov 的到来，实用植物学委员会开展了以往未曾涉及过的向日葵杂交工作，目的是选育对真菌病害和对有害昆虫具有综合抗性的品种。1915 年，实用植物学委员会内的化学实验室开始工作，配备了批量定氮用的现代测试仪器 Kielidali 设备、成套的测定含油量的 Koslet 仪器。不仅如此，实验室还采用自制的仪器进行品质分析。

对地方品种的名称和地理分布区进行鉴定，是实用植物学委员会这一时期的第一位的和最基本的任务。实用植物学委员会活动的重要实际成果是，确定并记述了俄罗斯帝国栽培植物的品种多样性。这项工作有助于恢复已散失的和正在推广的粮食作物（包括因干旱荒废的伏尔加河流域的啤酒大麦）多样性。实用植物学委员会对作物地方品种—种群的小种（race），变种（varietas）和物种组成进行了记述。对大多数项目的研究，不但确定其形态特征，而且还采用孟德尔的研究法，通过交配确定其农业遗传特点。对资源进行综合研究的结果是，许多重要作物自身的植物学系统得以明确，为下一步的形态学、组织学、细胞学、生物化学、免疫学和农学研究打下了基础。

Robert Iduardovich 承担了大量的科学组织工作。在全面履行本职的协调工作的同时，他还通过出版相关著作，为育种提供科学保障。他不止一次地强调，实用植物学委员会有责任帮助育种家弄清楚俄罗斯取之不尽的栽培植物的丰富类型。R. I. Regeli 对谷类作物丰富资源所进行的科学研究成果都总结在他的专著《俄罗斯的粮食》一书之中。

从第一次世界大战开战起，实用植物学委员会的活动即开始衰退。实用植物学委员会的许多员工被征调入伍。在圣彼得堡的实用植物学委员会本部及周围各个分部的经费削减，而科研工作仍在维持，实用植物学委员会本部和各个分部的研究继续进行。这一时期，《著作集》中发表的资源研究结果有："野生和杂草燕麦发育的观察""向日葵田间试验和观察""小麦检索表""西伯利亚小麦变种简评""论1914年卡敏草原春小麦感染条锈病""诺夫哥罗德省的农田杂草""关于物种形成问题""论黑麦的起源"。

Robert Iduardovich拥护将农业部学术委员会改组为研究所，积极参与制订试验农学研究所章程。

学术委员会及其实用植物学委员会的活动扩展了，必要的开销也随之增加。多年来，Robert Iduardovich一直在国家杜马和国务院农业和财政委员会里担任学术委员会代表。

1917年秋，根据俄罗斯临时政府确认的条例，学术委员会由一个咨议机关改造成为中央机构，即农业部的农业学术委员会。这个学术委员会统筹国家农业科学各个领域的科研工作。临时条例规定了农业学术委员会各个科学试验站和各专门部门的组成，并拟定将按期得到拨款。与之相应的是，实用植物学委员会改组为农业学术委员会的实用植物学与育种处。

1917年底，根据R. I. Regeli、K. A. Flyaksberger和A. I. Mal'tsev的推荐，N. I. Vavilov被选为上述部门主任的助手和萨拉托夫分部的主任。N. I. Vavilov高度评价了实用植物学与育种处及其领导人和实际组织者R. I. Regeli的贡献。

N. I. Vavilov于1924年在一封信中写道："实用植物学作为研究栽培植物的单独的学科分支，是Robert Regeli引进俄罗斯的。在他之前，Batalin和Koernicke在这方面曾经工作过；但是，最后离开了俄罗斯，带着自己的研究返回了德国。Regeli最大的功绩在于，开始时他一个人在自己的办公室里工作，发展到现在，实用植物学深入了生活，成为俄罗斯所有试验和育种机构不可或缺的领域”。R. I. Regeli 将自己的一生献给了这一科学，而且他善于把很多科学力量和实际工作者吸引到这一事业当中。经他创建的实用植物学委员会已经以“实用植物学与育种处”闻名于全世界。由他奠基的《实用植物学与育种著作集》是俄罗斯在这一农业知识领域唯一的刊物。

R. I. Regeli 是实用植物学委员会连选连任的主任，1920 年，在因公赴莫斯科的路上因感染斑疹伤寒猝然逝世。

在 R. I. Regeli 逝世的悼词中，他最亲近的老战友和实用植物学委员会的老同事 K. A. Flyaksberger 在评价他作为实用植物学委员会主任时写道：Robert Iduardovich 的精力和顽强是罕见的。一旦看准了目标，他便一往无前。他曾经不止一次地说过：“如果你想追求什么，就不能左顾右盼，必须准备面对一切，乃至死亡。”他的工作能力令人吃惊。他到实用植物学委员会工作比任何人都早，而离开却比谁都晚，只是在吃饭的时候才离开。午饭后，他又坐下来工作，直到深夜。他知识丰富，可以说，他厌恶虚伪的“自尊”。你可以同他争论，你也可以反驳他，可以保留自己的意见，如果工作人员中有人用有力的论据证明自己是对的，那么他会直接而且诚恳地表示赞同。他的记忆力超群，对于同事，他能够发挥并用其所长。他的出现，不知为什么总能鼓舞员工的活力，感召他们，使他们焕发潜能，乐于竭尽全力去工作。

R. I. Regeli 突然逝世之后，1920 年 2 月，通过通信的方式，一致选举实用植物学与育种委员会主任助理、萨拉托夫农学院年轻教授 N. I. Vavilov 为实用植物学与育种委员会的主任。

至此，作为世界上第一个从事系统收集、研究和保存植物遗传资源的机构——实用植物学与育种委员会发展和形成的第一阶段告一段落。

第二章 1920年前N. I. Vavilov生平概述

一、Nikolai Vavilov在俄罗斯接受教育

N. I. Vavilov于1887年11月25日（俄历11月13日）生于商人家庭。他的父亲Ivan Iliich Vavilov出生于莫斯科省Shahov县Ivashkov村的一个农家，曾是一位著名的纺织品一等商人、莫斯科市参议会议员。关于自己的父亲，N. I. Vavilov在给N. M. Tulaikov的信中曾这样写道：他是一位工商业活动家，1918年前曾经担任Plohorovsk“三山”手工工场“Udalov和Vavilov”同志会经理。虽然家庭殷实，在莫斯科普列斯涅也有自己的房舍，但生活依旧俭朴，孩子们从小即学会了劳动而且做事认真。从那时起，N. I. Vavilov已经习惯了衣着朴实，对生活和饮食从不奢求。他和自己的弟弟S. I. Vavilov（物理学家，后来在20世纪50年代曾经担任苏联科学院院长），妹妹Alexandra（医生）、Lidiya（微生物专家）都在莫斯科接受过初等教育。按照父亲的意思，Nikolai Vavilov于1906年进入莫斯科商业学校，以商业学士学位毕业。但是，受自然科学学科和某种程度上也受医学的吸引（当时社会上广泛谈论的是由I. I. Mechnikov建议的免疫问题），年轻的Nikolai Vavilov决定进入莫斯科大学的医学系。为了不失去按古典中学[①]大纲准备入学考试而浪费一学年的时间，他违背父亲的意愿，投考

① 必须学古拉丁语、古希腊语的中学。

了莫斯科农学院（即现在的以 K. A. Timiryazev 命名的俄罗斯国家农业大学）。

在农学院，N. I. Vavilov 不但是一名大学生，而且是一位兴趣浓厚的研究者，除了学习课程之外，大部分时间花在“自然知识兴趣小组”的活动上，在入学的第二学年，他便在一次会议上作了“植物界的系谱”报告。这一年夏季，他参加了大学生赴高加索考察团活动。1909 年，他在 Timiryazev 农学院纪念达尔文 100 周年诞辰的隆重会议上，作了题为《达尔文与实验形态学》的报告。

1917 年，N. I. Vavilov 在给 R. I. Regeli 的信中写道：“1911 年春天完成了以一级农艺师称号的学生，留在莫斯科农学院 D. P. Pryanishnikov 教授的农学各论教研室，预备任教授职务。农学院毕业后，一度在实用植物学委员会和植物病理和真菌委员会莫斯科育种站做见习生，工作了几个月（1911—1912 年）。”

还在莫斯科农学院学习期间，N. I. Vavilov 即对育种和孟德尔著作产生了兴趣。1910 年，他以见习生的身份在波尔塔娃试验站工作，开始研究燕麦、大麦和小麦的免疫性。从这一年开始，N. I. Vavilov 在莫斯科农学院附属的育种站做实习生。该站的站长是它的创始人、俄罗斯第一位育种家 D. L. Rudzinskii 教授，当时正在从事植物免疫实验研究。在这里，N. I. Vavilov 开始研究栽培植物。也正是在这一时期，他掌握了达尔文的进化论，并深入研读了 A. Dekandoli 的著作《栽培植物的起源》。

实用植物学与育种委员会的活动对年轻的 N. I. Vavilov 的观点产生了极大的影响。N. I. Vavilov 第一次见到 R. I. Regeli（实用植物学委员会主任）是在哈尔科夫（乌克兰）召开的第一届农作物育种与良种繁育活动家代表会议上。这一年，N. I. Vavilov 在给 R. I. Regeli 的信中，请求他能允许自己了解实用植物学委员会的科研工作。N. I. Vavilov 认为，实用植物学委员会这个机构是独一无二的，它聚集了分类学、栽培植物地理学研究。N. I. Vavilov 写道：在哈尔科夫育种家代表会议上，我从您那里得到了协作的希望，而今我再一次重申决定到实用植物学委员会，熟悉并为之工作

的殷切希望……我非常希望能从 11 月份起到实用植物学委员会，在您那里逗留几个月。

我对实用植物学倍感兴趣，您领导的实用植物学委员会对我有很大的吸引力，我非常想去那里工作。我们的农学院在莫斯科，几乎未接触过实用植物学。

我的业务工作使我或多或少地了解了一些实用植物学委员会的工作，它是当前俄罗斯唯一将栽培植物分类学和地理学结合起来的研究机构；我的大部分时间用在了谷类作物鉴定的难点和观察资源标本上。对于我十分珍贵的是，我被允许利用您的图书室，使我有机会熟悉了实用植物学委员会工作人员的所有职责。

1917 年，N. I. Vavilov 在致 R. I. Regeli 的信中是这样写的："还在大学读书的时候，实用植物学已经使我着迷。虽然我大部分时间是在俄罗斯和国外向植物病理学家和遗传学家们学习，我却把自己定位在实用植物学上，并且与实用植物学家的同事们有极大的亲和力。"在实用植物学委员会的短期实习期间，年轻的 N. I. Vavilov 非常认真地听取了 R. I. Regeli、K. A. Flyaksberger、A. A. Yachevskii 和其他工作人员的意见。

从 1912 年起，N. I. Vavilov 因为需要完成莫斯科农学院大学生的农学各论实习，转入戈里岑高等女子农业课程班授课。他讲课的题目是《遗传学及其与农学的关系》。就这一题目，他提出了新的问题——理论与实践的关系，他谈到新的科学——遗传学的萌生、关于孟德尔的研究、关于 S. I. Korzhinsky 和 De Vries 的突变理论、关于 I. L. 约翰逊的纯系原理，关于根据孟德尔主义可以获得新的农作物新品种等。

二、青年 N. I. Vavilov 初次国外经历

出于进一步培养科研能力的目的，1913 年 N. I. Vavilov 被派往国外两年。为了便于联络，他从 R. I. Regeli 那里拿到推荐信。N. I. Vavilov 拟定了两年出访的任务中包括：在大不列颠、法兰

西、德国、奥地利了解著名专家们在作物育种和遗传学方面的工作；在德国 Kembrizhe 大学听课；第二年用半年时间拜访美国以熟悉实用植物学领域的组织机构，参观生物学院了解相关主流专家的工作。可惜的是，由于第一次世界大战暴发，这些计划未能实现。1913 年，N. I. Vavilov 大部分时间在英国度过。在那里，他在 W. Bateson 指导下在伦敦郊区 Merton 的 Zhon Innes 园艺学院和在 W. Bateson 爵士的指导下在剑桥的农业学校工作。他长时间在达尔文图书馆里度过，该馆设在剑桥大学的植物学校。

N. I. Vavilov 非常钦佩 R. Beaven 这位学者和民主的行政首长，他给予自己的学生在发展自我思想和科学实验上以极大的自由。谈到在 Merton 的 W. Bateson 实验室工作的印象，N. I. Vavilov 在 1926 年撰写的《W. Bateson》一文中特别提及："与通常关于英国封闭的概念相反，一个刚来到 Merton 做研究的俄国人遇到的竟是一位非常亲切、专注、助人为乐的人。"

在英国，N. I. Vavilov 同伦敦植物生理研究所的 V. Blackman，同剑桥大学的 R. Punnett 和 R. Beaven 相处很久，共同研究谷物作物免疫。他还拜访过德国的遗传学家 E. Haeckel；在法国访问过 "Vilmorin et Andrie" 育种公司的领导者 J. Vilmorin。第一次世界大战开始时，在国外度过 14 个月（1913 年 8 月至 1914 年 10 月）之后，N. I. Vavilov 不得不回到俄罗斯。

三、1914—1920 年富有成果的活动

从国外归来之后，N. I. Vavilov 以极大的热忱在莫斯科农学院育种站立即着手免疫、遗传和育种研究。1915 年，他通过了作物栽培部门的硕士学位考试。由于视力缺陷（少年时，他与弟弟 Sergai 一起做化学试验所致），N. I. Vavilov 未能服兵役，得以继续自己的科学研究和教学工作，他对谷类作物特别是小麦进行的研究范围越来越广，在他的周围聚集了一批年轻的科学工作者、实验员和大学生。

N. I. Vavilov在莫斯科农学院育种站成功地分离出高度抗白粉病的样本。这一样本被称作"波斯小麦"，属于软粒小麦的一个变种。N. I. Vavilov曾经利用这一样本与倍数性不同的小麦品种进行杂交，发现这一样本的染色体数为28，而软粒小麦则有染色体42条。1918年，他将这个样本分离为一个单独的种，并命名为*Triticum Persicum* Vav.（波斯小麦）。

通过栽培植物对真菌病害免疫问题的研究，N. I. Vavilov得出了必须对栽培植物分类学进行基础研究的结论，而这一研究方向又引出了实验遗传学问题。为了充实育种试验站的粮食作物资源，N. I. Vavilov在1915—1916年完成了外里海州和土库曼的考察，在那里他继续收集并仔细研究了当地小麦品种组成，以期找到"波斯小麦"稳定种的其他样本，查明其起源。

N. I. Vavilov第一次旅行所设定的路线是受到W. Bateson工作结果的启示，此人在19世纪末（1886年）进行过环俄罗斯长期旅行并考察过现今土库曼和哈萨克斯坦，曾对栽培植物多样性进行过搜集。

（一）第一次考察

1916年，N. I. Vavilov为研究栽培植物完成了在亚洲的大规模考察，考察地点包括与俄罗斯疆土毗邻的伊朗北部和帕米尔。那些年，正如N. I. Vavilov在《五大洲》一书中所写的，第一次世界大战和俄罗斯军队进军土耳其，占领了伊朗的东北部大片领土。当时，在部署在（伊朗）阿斯特拉巴德、马赞达兰和吉兰诸省的士兵中出现了类似酒醉状态的频发性疾病。为了查明这一灾祸，俄罗斯农业部按照莫斯科农学院的建议，选派此前曾到南土库曼考察过的N. I. Vavilov前往伊朗，经研究过北伊朗小麦品种组成之后，他发现当地小麦田间长满了有毒的、使人昏昏入睡的毒麦（*Lolium temulentum* L.）并感染赤霉病（*Fusarium*）。用这种小麦烤出的面包会导致人出现类似酒醉的症状。士兵们发病的原因查明了，从此部队不再采用当地面粉烤制面包。

趁这次出差，N. I. Vavilov 调查了伊朗北部的栽培植物区系。在当地，他并未见到波斯小麦。伊朗北部之行完结后，N. I. Vavilov 带着同样的目的进入该国中部，收集到的小麦、大麦、黑麦和其他作物的样本日益增多，不同寻常的且求之不得的样本极大地扩展了关于软小麦分类的原有概念。N. I. Vavilov 发现，小麦的聚集地与古代农作物的发祥地惊人的临近。伊朗内地的麦田被野黑麦（*Seeale silvestre* Host.）混杂。有时特别是在山区，黑麦取小麦而代之。于是，在研究者面前重新提出了黑麦起源于古代和最早系混杂在栽培小麦田间的杂草的问题。1916 年 8 月，结束了全伊朗旅行之后，N. I. Vavilov 利用当年余下的生长期，进一步对栽培植物进行了研究。沿俄罗斯与阿富汗交界的路线考察之后，他深入到阿富汗腹地。在那里，他发现了科学上不曾记载的小麦、黑麦、豌豆、山黧豆和法兰西兵豆的特有类型，它们大多数都抗霜霉病。

N. I. Vavilov 在伊朗和帕米尔的旅行（1916 年 7～9 月）在很大程度上决定了日后考察的趋向。亚洲西南山区的作用是显而易见的。山区存在许多野生亲缘种：有大量的野生大麦、山羊草物种、野生兵豆、野生黑麦。这表明，当地可能隐藏着最诱人、最难以解决的进化之谜。在 N. I. Vavilov 看来，继续深入西南亚——阿富汗、吉德拉尔（巴基斯坦）、努里斯坦（卡里非斯坦）和印度西南部的必要性越来越清晰了。

成功考察之后，N. I. Vavilov 返回莫斯科，并从 1917 年春开始实施将带回的材料进行全面研究的大规模田间和盆栽试验。

（二）萨拉托夫时期

1917 年，在完成了莫斯科农学院的教学任务之后，N. I. Vavilov 同时被遴选为“彼得一世”沃罗涅日农学院农学各论副教授和萨拉托夫高等农业讲习班的农学各论讲师。他接受了后者的邀请前往萨拉托夫。之所以选择萨拉托夫，是因为那里是小麦的主产区，而小麦正是他研究的主要对象之一。此外，在萨拉托夫有一个他父亲的商贸同志会的分部，其父 I. I. Vavilov 在伏尔加河流域的

商贸界有很高的知名度。

N. I. Vavilov 到萨拉托夫时，携带了大量各种各样的实验和教学用的植物标本，这些材料是他在戈里岑农业课程班、莫斯科农学院教书和在育种站工作期间收集的，共有标本 6000 余份。与年轻的教授一起来到萨拉托夫的还有莫斯科农学院的毕业生 O. V. Yakushikin、A. U. Freiman（Tupikova）、E. A. Stoletova 和 Y. N. Sinskaya。这些人都曾经协助他进行过田间科学实验。

N. I. Vavilov 讲课时，听课的学生集中在一个大教室里，因为他讲的内容超出了农学各论的范围，涉及育种、遗传、现代作物栽培、农业文明史、资源在育种和驯化中的应用等。在绪论课上，N. I. Vavilov 对大学生们说，“栽培品种的地理学研究在俄罗斯刚刚起步……单就野生植物用于栽培而言，野生植物区系还很少被涉及……”“尽管自然界类型丰富，兼有各种特点特性的一些植物，总的来说可以满足人类的需要，毕竟种类稀少，从农业生产的角度说，善于根据需求和愿望创造新的更完善的类型，是作物学当前的任务……近年来实验遗传学研究开阔了以往的研究者梦寐以求的广阔视野。在不久的将来，人可能采用杂交的方法合成自然界根本不存在的类型……”年轻的教授仅仅在最初的几堂课上，就给自己，也给研究工作指出了当前需要解决的课题。

N. I. Vavilov 在进行田间实验的时候，他的周围总会围绕着许多志愿者，其中不乏受他的宏伟思想感染的听众。从 1918 年春季开始，根据 R. I. Regeli 的倡议，N. I. Vavilov 组织并领导了实用植物学委员会萨拉托夫分会，在萨拉托夫农学院的田间进行试验研究。春天，他播下了小麦、大麦及各种杂交种以及他在考察期间收集的材料，共计 12 000 个小区。所有的材料都分别拟定为他和他的学生们的毕业论文选题。引人注目的是，1917 年“十月革命”刚刚结束，在 1918 年春季和秋季，N. I. Vavilov 就在萨拉托夫组织并进行了实验研究。

如果注意到，这一切是在因第一次世界大战、国内战争、外国军队干涉、国民经济濒临崩溃的困境中完成的，那么这些工作的世界意义、学者本人巨大的乐观主义便不言而喻了。1918 年在致 R. I. Regeli 的信中，Vavilov 这样写道："农学院农场中的地段与军营相邻，比别的地段大，比较有保障。目前队伍不大，但在不久的将来部队可能集中，试验田远不保险。估计，明年试验站的向日葵可能被士兵们嗑个精光。"

1919 年和 1920 年，N. I. Vavilov 被迫把所有的试验地从萨拉托夫育种试验站转移到了距离萨拉托夫 8 千米之遥的一个小村子。除了 N. I. Vavilov 自己获得的品系和样品之外，还种下了从实用植物学委员会邮寄过来的繁殖材料，试验的范围有所扩大。

需要指出，1917—1920 年间，在萨拉托夫 N. I. Vavilov 指导下的科研工作者和大学生团队实际上已经是当时俄罗斯唯一活跃的科研中心，他们进行了作物栽培、育种和植物遗传方面的研究工作。在农业学术委员会 1918—1920 年的工作报告中有这样一段话："……在地方的机构中，只有萨拉托夫大学（原萨拉托夫农学院）附属萨拉托夫实用植物学分部的工作是正常的、全面的，他们在三年内，在一系列新作物上扩大了研究工作……，开展了栽培作物的遗传研究。"

N. I. Vavilov 在这一时期，继续了早在 1915 年在莫斯科农学院已经开始的光滑芒大麦研究。R. I. Regeli 对 N. I. Vavilov 的这项研究给予相当高的评价。在 1919 年实用植物学与育种委员会工作总结中，他在第一部分便列举了 N. I. Vavilov 在萨拉托夫和莫斯科进行的大麦杂交项目，说这是在俄罗斯和在国外都未做过的独创性的工作，它把奥地利、英国和美国粮食杂种学分析方面的研究远远地抛在了后面。

N. I. Vavilov 对小麦分类研究极为重视。为此，他研究了莫斯科育种站、实用植物学委员会的为数众多的小麦资源，后来又研究了英国 Persivali 和法国 Wilimoren 的资源，提出了软粒小麦拥有庞大的类型多样性。他对 1916 年在伊朗、土库曼和帕米尔收集的小麦在萨拉托夫实验室和田间做了几年观察研究，结果发现了许多新的类型，N. I. Vavilov 最终的见解是：软粒小麦变种的分类尚未

完成。这一研究结果发表在1923年的《实用植物学与育种著作集》上的“认清软粒小麦（分类学—地理学专论）”一文中。

禾谷类作物免疫的研究开始于大学生时期，萨拉托夫时期仍在继续。在自然条件和人工浸染背景下，检验了 N. I. Vavilov 本人收集的和得自实用植物学委员会的大量样品。

1918年，年轻的 N. I. Vavilov 教授在“植物对传染性疾病的免疫”一文中，对自己所进行的免疫研究作了总结。这项总结发表在1918年彼得洛夫科学院的通报上，后来于1919年出版了单行本。具有象征意义的是，N. I. Vavilov 把自己的第一部著作赠送给了 I. I. Mechnikov。R. I. Regeli 在评价 N. I. Vavilov 的著作时写道：“近20年来，几乎所有国家的著名学者在免疫问题方面都做过研究；可是可以肯定地说，还没有哪一位像 N. I. Vavilov 那样以广阔的视角对待和解决这一复杂的问题。他正准备逐步公开发表的内容丰富的免疫著作，毫无疑问在全世界同行中也是一部优秀的著作，它将在全世界科学同行中为俄罗斯科学带来荣誉。”

在莫斯科农学院已经开始的免疫性研究促使 N. I. Vavilov 对栽培植物和与之相近的野生物种的属、种及种内系统进行深入的探索。同时，他发现，虽然类型惊人的多种多样，而变异仍有一定的规律性。毋庸置疑的是，N. I. Vavilov 发现物种并行变异的思想远在他到达萨拉托夫之前。可能因为他在这里，不但拥有为数众多的育种和引种材料，而且还有不知疲倦的助手们与他始终不渝的合作。看来这一切促使他在萨拉托夫完成了这一著作。正是在萨拉托夫，他确定并形成了“遗传变异中的同系定律”。该定律的实质在于，在相近的物种、属、科中，其特有的性状会产生并行的变异。这一定律反映了在相邻的分类单位中，遗传变异是相似的，并可以预见其生物学特性和农艺性状与其亲缘种和祖先相类似。此前，并行变异的思想，不少优秀的研究者也曾陈述过，可是遗憾的是，却没有一个人曾参透过其重大的意义。这一定律是 N. I. Vavilov 予以定义的。

N. I. Vavilov 在萨拉托夫第三次全俄育种大会上作了关于这一

定律的报告。这一报告被与会者誉为杰出的科学大事，是年轻科学家的巨大成就。与会者称这次大会是历史性的，把 N. I. Vavilov 称为“生物学界的孟捷列耶夫”。的确，同系定律之于实用植物学与育种有着像元素周期律之于化学同样的意义。N. I. Vavilov 以自己早期的严肃的科学工作证明了 R. I. Regeli 在 1917 年对这位天才学者、将成为俄罗斯科学为之骄傲的评价。

1917—1920 年，N. I. Vavilov 组织了沿伏尔加河流域的考察。他与萨拉托夫农学院的师生从伏尔加河下游开始，沿河上溯直到阿斯特拉罕的考察调研，目的是收集研究栽培植物的地方品种。后来，这次旅行的参加者还研究了伏尔加河三角洲的所有地区，在溯河而上的途中，对毗邻地区又作了第二次调查，还完成了对巴斯昆秋克和艾利彤雨湖的考察。

对俄罗斯东南部短期考察调研的结果，加之 N. I. Vavilov 到达萨拉托夫三年多所收集的其他资源，使他于 1922 年发表了《东南部的大田作物》一书。在这部论文集里，他想表达的是，从作物栽培学家和植物学家的角度讲述俄罗斯东南部大田作物的情报资料。书中还介绍了历次旅行收集到的大量栽培植物品种，以及对沿萨拉托夫、萨马拉、阿斯特拉罕和察里津诸省之行对作物进行观察的结果。

随着萨拉托夫时期的结束，N. I. Vavilov 作为年轻人和年轻学者生涯的一页翻了过去。在此期间，他吸收了其天才的导师们的知识和素养，确立了自己后来研究的路径，锻炼了影响他一生的战胜困难的毅力，并在科学界提交了第一份通向科学界首领地位的庄严申请。

第三章　N. I. Vavilov 任研究所处长和所长

一、在实用植物学与育种处

1920 年 7 月 21 日，在农业学术委员会会议上，N. I. Vavilov 被一致推选为实用植物学与育种处的临时处长。从 1920 年秋，N. I. Vavilov 开始张罗到彼得格勒，而他实际到任则是在 1921 年的 3 月份。与 N. I. Vavilov 一起来工作的，不是他原来设想的 8～10 人，而是 27 位年轻的，曾经协助他在萨拉托夫农学院工作的同事。在 1920 年末从萨拉托夫迁往彼得格勒之前，N. I. Vavilov 在给 G. S. Zaitsev（见附录Ⅱ）的信里道出了关于实用植物学与育种处改组的设想："计划是各种各样的。很想把这个处办成一个有用的、尽可能对大家都有益的机构。从全世界收集品种资源，使之井井有条。打算从本处的库房做起，把所有的作物、植物区系资源重新整理成为所有栽培植物地理研究的《Flora culta》。我不知道结果将会怎样，特别是在当前饥寒交迫的局势之下。但是，我很想尝试一下。"

1917 年革命和第一次国内战争之后，从萨拉托夫自己本已安排停当生活方式和事业转移到陌生的彼得格勒—这等于是一项舍己忘身的行为。食物状况是按卡配给的，当时的彼得格勒十分艰难，就连取暖一事，每一个人都只能自行解决，借助所谓的"小铁炉子"烧暖自己的卧室。N. I. Vavilov 从萨拉托夫出发之前曾在那里给 L. S. Berg 的信中写道："离开东南的旅程，好像很多事情都是反常的，一切都是那么复杂，看来人活着不单单依靠面色。”有几个与 N. I. Vavilov 通信的人干脆称他是一个疯子。

搬迁之后，遇到了许多难以解决的问题，N. I. Vavilov 写道："我来圣彼得堡已经 1 周了。操心的事成千上万。在房舍上，要与寒冷作斗争，为家具、为床、为食物忙碌，应当承认，安顿新的研究室、试验站和安置 60 位员工，困难重重。不过，我蓄足了耐性和决心。3 周之后便要播种了，必须备足人工、马匹和工具……安排这些工作比在萨拉托夫时困难多了。生活在这里，困难得很，特别是在当前。”

N. I. Vavilov 到来之前，实用植物学委员会在瓦西里耶夫岛的一座楼内占用了几个房间。经农业学术委员会交涉，拨给 N. I. Vavilov 地处大海街上原农业部的一栋 No 44 房舍；但是，Nikolai Ivanovich 尤为关心的是，研究条件和安排大规模的田间试验，他在彼得格勒郊区的“沙皇村”找到了原 Alitgauzen 的试验站。

在彼得格勒新的驻地安置了同事和在“沙皇村”安排了试验站这些操心的事情之后，N. I. Vavilov 作为实用植物学与育种处的处长便着手准备第一次国外考察了。

（一）美国和欧洲之行

关于赴美国考察事宜，苏维埃俄罗斯的代表们在劳动和国防委员会会议上进行了审查，作出了派遣农业学术委员会成员 A. A. Yachevsky（学术委员会真菌和病理学委员会主任——译者注）和 N. I. Vavilov 赴北美和西欧考察 4 个月。1921 年 7 月在美国召开粮食作物病害防治会议，年轻的 N. I. Vavilov 参加了。在这次考察期间，N. I. Vavilov 拟定的目标是，在欧洲以及新大陆恢复旧的科学联系，结交新的科学机构，研究国外科学研究进展，收集新的科学著作。此次旅行经过大西洋（从里加到加拿大）持续了 2 周。在这些日子里，经受了肉体的折磨（N. I. Vavilov 因晕船，此生从未经历过海上旅行——作者注），为了用英文发表，他改写并

扩充了遗传变异的同系定律的文本。据 V. D. Esakov 证实，N. I. Vavilov 和 A. A. Yachevsky 未能参加病害防治会议，当轮船从里加开航之前，因种种原因未能在 7 月末之前获得签证。

到达美国之后，N. I. Vavilov 找到了生物学和实用植物学领域的同行。美国同行对世界不同地域的研究和在不同国家收集栽培植物方面积累了丰富的经验。N. I. Vavilov 在自己的著作《五大洲》中是这样描述的："美国的特点是这项工作的规模很大，他们善于从全球抓住好的东西……植物资源研究者们多次从不同的方向跨越地球，寻找优良的植物、优良的品种。"年轻的实用植物学与育种处处长，从 20 年代初即开始仿效美国的经验。他首先拜访了哥伦比亚大学，世界著名的遗传学家 Tomas Morgan 即在该校。在华盛顿，N. I. Vavilov 访问了美国农业部的作物委员会。在那里，N. I. Vavilov 了解了所谓"追逐植物的猎人"如 Fairchild、Meyer、Harsen、Harlan、Carleton、Westover 等人考察的路线和他们的收集品。在访问华盛顿栽培作物委员会之后，N. I. Vavilov 得出结论，如果拥有一种有科学根据的栽培植物及其亲缘种的引种理论的话，收集植物资源的成效将会扩大。后来，在《五大洲》一书中，N. I. Vavilov 这样写道："美国的引种经验是值得借鉴的；但是，非常清楚的是，其中缺乏一种基本的思想。这一思想对于考察来说，应当起到指导作用—这便是植物地理学思想、植物界进化思想、阶段的连续性、栽培植物和野生植物所固有的、在时间和空间上的变异性。"

N. I. Vavilov 在美国逗留的 4 个月里，先后访问了如下几个州的科研和农业机构：Maryland、Virginia、North Caro-lina、South Carolina、Kentucky、Indiana、Illinois、Iowa、Wisconsin、Minnesota、North Dakota、South Dakota、Wyoming、Colorado、Arizona、California、Oregon 和 Maine。N. I. Vavilov 以其独有的洞察力研究了美国的科学农学、遗传育种研究经验，了解了粮食、蔬菜、瓜类、工艺作物和其他作物广泛推广的育成品种。他还安排了许多公务的和私人的科学采访。这些活动无疑地有助于他顺利地完成原定的计划；为建立种子资源库收集和购买作物品种种子；为实用植物学与育种处选购文献资料和购置必要的设备。这次出访期间，N. I. Vavilov 还拜访了 L. 布班克（L. Burbank），这次会见这位世界著名的园艺家，给 N. I. Vavilov 留下了深刻的印象。

考虑到因 1921 年旱灾给国家造成的重大困难，必将从美国和加拿大购买种子，N. I. Vavilov 在纽约组成了以俄罗斯农学家 D. N. Borodin 为首的实用植物学与育种代表处，D. N. Borodin 从 1918 年起已经移居美国。N. I. Vavilov 在一封信里这样写道："去年 10 月份，在美国期间，我在纽约组建了一个实用植物学与育种处的代表处，其主要任务是，与美国的试验机构建立经常性的联系，其次则是为俄罗斯的试验机构收集植物标本、种子和科学文献。在纽约的领导人是农学家 D. N. Borodin。纽约代表处成立半年来其成绩是辉煌的，它从美国各地以及部分其他国家寄回俄罗斯的植物标本达 20 000 份，从各地试验站收集了大量文献，不但建立了与美国、加拿大的交往、而且与其他国家也有往来。从各个方面来说，它为俄罗斯试验和农业机构向世界开了一扇窗子。

N. I. Vavilov 也给予代表处的活动以极大的支持，对从俄罗斯向代表处汇款始终给予合作，因为该代表处的活动均由其负责人 D. N. Borodin 及志愿者们热情支持的。D. N. Borodin 本人对当时赴美的苏联学者也是非常支持的，帮助他们办理签证和相关证件，安排他们同美国同行会见。在美国期间，收集了许多样本，购买了大批量的农作物种子。后来在 1924 年 3 月 22 日的一封信中回忆起实用植物学与育种处在美国代表处时，N. I. Vavilov 写道："为了同各个国家联系，从 1921 年开始，经华盛顿农业部同意，我们在纽约的代表处通过农业部获取了大量的种子样品和文献。这样一来，该代表处就可以合法地了解西欧和美国的最新研究进展了。"从这个时期开始，在美国的代表处从形式上说不再隶属于实用植物学与育种处，但是对于 N. I. Vavilov 及其同事来说，它依然是"世界之窗"。1924 年它变成了苏联"土地人民委员"农业管理局下属的农业委员会，并以这一状态维持到 1927 年。这样，纽约代表处

为两国学者、专家之间的科学和经济交流发挥了很大的作用，共计工作了 6 个年头。

1921 年，N. I. Vavilov 从美国回到俄罗斯，一路上了解了欧洲国家很多科研机构的活动。在英国，他会见了自己的导师 W. Bateson 以及 R. Punnett、J. Pereival、R. Beaven 等学者。Bateson 将修订过的准备在他的《Journal of Genetics》上发表的“同系定律”英文手稿交给了 N. I. Vavilov。英国之行以及与 W. Bateson 会见之后，N. I. Vavilov 最终确立了自己进一步收集资源和考察的方向。这个方向成为解决作物起源问题的途径之一。N. I. Vavilov 在英国时写给 O. V. Yakushkinaya 的信中说：“到英国已经 1 周了，很想下一周能去荷兰。在 Beteson 那里待了 3 天，可谓无所不谈，有一个晚上一直在谈进化问题。大概这是此行最重要的事……见到了 Percival。看到了埃塞俄比亚小麦。我希望能得到大约 200 个非洲的、西班牙和葡萄牙的小麦。如果这些都能如愿以偿，拿到手，那样我们的谷类作物资源将是世界上最好的了。去一次非洲看来是势在必行了。Percival 的著作大概是我带回去的最好的一部书了。正在 Beavena 处，设法谋求大麦样本。”

在写给 P. P. Pod'yapolisky 的信中，他写道：“我将从剑桥返回伦敦，在 1 月份回俄罗斯。在英国，还跟 8 年前一样，还是那个 Blue boar Hotel，准时的钟声依然在敲，好像在童话中，科学只向前挪了一小步，但是并不快，至少在我们这个圈子里是这样。英国的老太太看待美国不那么友善，美国明显地是跑在了前头。”

在法国，N. I. Vavilov 访问了维利茂联诺夫育种与良种繁育公司；在荷兰，与 De Vries 在阿姆斯特丹郊区他的实验室相遇；在德国，见到了 E. Baur 和 K. E. Correns。在瑞典，详细地了解 G. Nilsson-Ehle 的研究工作。N. I. Vavilov 在其著作中吸收了这样的思想：“农学家若能与生产实际完美地结合，渴望高深的知识并善于揭示现象的实质的话，那便会成为一个农学—遗传学家。”

在国外逗留了 7 个月（自 1921 年 8 月至 1922 年 2 月）之后，N. I. Vavilov 满怀观感、理念和丰富的科学情报回到了彼得格勒。

这次旅行非常受益且成果丰硕。旅行使他与美国和欧洲许多国家的同行建立了许多新的和重要的联系。他回国后不久，实用植物学与育种处陆续收到书籍、杂志、单印本、种子邮包，同时收到的还有为进行遗传学、细胞学、生理学研究而订购的设备以及为评价小麦品种用的磨粉—面包烘烤机等。

（二）实用植物学与育种处改组

N. I. Vavilov 从国外返回之后，继续开展了业已开始的实用植物学与育种处的改组和深入开展科研活动的工作，通过引进有实力的研究人员，加强处里的科研力量。N. I. Vavilov 为了研究从国外带回的资源材料，从全国引进了一批科研工作者。细胞学家 S. G. Navashin 和育种遗传学家 S. I. Zhegalov 来自莫斯科，细胞遗传学家 G. A. Levitskii 来自基辅，生理学家 G. S. Zaitsev 从塔什干来（后面三位后来调转到实用植物学和育种处工作——作者注）。为了吸引俄罗斯的优秀研究人员，1922 年下半年，N. I. Vavilov 通过信函往来，同著名的学者如育种家 V. V. Talanov、V. Y. Pisarev 和 L. I. Govorov、农学家 P. T. Klokov、植物分类学家 P. M. Zhukovsky 等保持联系。所有这些人都先后接受他的邀请，来到实用植物学与育种处工作。1923 年，根据 V. Y. Pisarev 的推荐，又邀请图伦育种站的 V. P. Kuzimin 到来，后者于 1922—1923 年参加过蒙古（俄罗斯人在考察时，蒙古尚属于中国领土）考察。

在 N. I. Vavilov 致 P. M. Zhukovsky 的一封信中，就他的到来后的具体任务作了说明："如果您能来本处的话，有一项重要的任务，我想请您承担，这就是主管标本室。建立这样一个标本室，是很大、很重要的事情，目前任何地方都还没有这样的标本室，即便有，也是零散的、不合乎要求的。您是有志于这项工作的，如果由您来主持这件事，无疑是必定成功的。"

除此之外，N. I. Vavilov 盘算，在他创业之初，会得到年轻的萨拉托夫那些助手的帮助。1922 年，他在一封信里写了这样一段话："顺便说一下，我们得到了大量的菜豆资源，差不多有 300 份，

或许还多一些，我正在处里开辟一间豆类作物分部，暂时还没有人来管理；但是，毕竟我有从萨拉托夫过来的人，其中有些是萨拉托夫大学毕业的男女大学生。”

1922年，N. I. Vavilov继续扩大了在儿童村（原沙皇村）遗传站的工作。在给W. Bateson的信中，N. I. Vavilov写道：“我的很多时间花在彼得格勒四郊我们新建的试验站上。您听后可能会惊讶，我们曾经住过的郊区的房子，是已故维克多利娅女皇赠送给她的教子、原伟大的公爵Boris Fladimirovch的。乡村的景色美丽如画，房舍本身完全是英国风格。可惜的是，最近几年主要建筑已经被同志们占据了。”

1922年6月，在写给D. N. Borodin的信中，N. I. Vavilov写道：“为了中心试验站能得到伟大公爵Boris Fladimirovich的庄园，像是一场战争，当然要向退出庄园的国民教育局支付无数补偿费……”事情在于，毗连庄园的部分土地在当时是归农学院所有。

1923年，在给D. L. Rudzinsky的信中，N. I. Vavilov这样写道：“在沙皇村伟大公爵Boris Fladimirovich庄园，我们借助从国外引进的设备，建立了一个不错的试验站……”

在1922年极端复杂的条件下，在N. I. Vavilov主持下，重新出版了1917年停刊的《实用植物学与育种著作集》，不但刊登了从1917年已交印刷厂的稿件，其中包括R. I. Regeli的专著《俄罗斯的粮食》，而且出版了新的《著作集》以及刊登本处工作人员的文章附录，刊印了N. I. Vavilov的著作《东南地区的大田作物》、《认知软粒小麦（分类学—地理学专论）》等。在这里还刊出了研究所工作人员自己的著作—这些人是：A. G. Nikolaeva、V. Y. Pisarev、I. V. Yakushkin、E. I. Barulina、A. A. Orlov、K. A. Flyaksberger、L. I. Govorov、Y. N. Sinskaya、G. S. Zaitsev、A. I. Mal'tsev、E. A. Stoletova、S. M. Bukasov、V. V. Pashkevich、V. A. Kuznetsov。此外，N. I. Vavilov还收集了一些优秀的论文（A. A. Grosgeim、L. L. Dekaprilevich、U. A. Filipchenko、F. G. Dobzhansky、L. C. Berg、S. V. Uzenchuk等人的论文）。这些论文涉及植物学、

分类学、遗传学及其他相近课题，发表在《著作集》的后续的几期上。

1922年，N. I. Vavilov 写道："我已经三次拍电报给各试验部门，讲述灾难性的财政现状，已经无法给职工和做日工的工人们支付工资了，也无钱雇佣马匹，总之实际上已经完全无法开展工作。部分种子和器材已经变卖，只有这样才能勉勉强强，缩小规模，维持春播""从实用植物学与育种处和它下属的试验站存在至今，从来不曾这么困难和窘迫。"即使在如此艰难的时期，N. I. Vavilov 也不曾停止推行经他深思熟虑的机构改革。在致 A. I. Mal'tsev 的信中，他说："我期待从'杂草分部'拨出两个房间，一间作为普通标本室，邻近的另一间用来作'植物引进室'，这个室拟请 Pisarev 主持。引进室将集中样品收集，并负责将它们发布到各地的试验站，收集引种理论资料等。"

N. I. Vavilov 在比较短的期间里克服了困难，为实用植物学与育种处在彼得格勒儿童村及周边创造了必要的条件。在儿童村恢复了对越来越多的栽培植物资源的研究工作，同时还开展了对资源的遗传学研究。1922年末，N. I. Vavilov 在给 W. Bateson 的信中，这样写道："在对俄罗斯欧亚两部分和相邻国家栽培植物作详细研究时，我们按照分类学原则，广泛采用了遗传学和细胞学的研究方法，力图解决作物的起源问题。"

1923年在给 D. N. Borodin 的信中，N. I. Vavilov 是这样说的："从今年起，实用植物学与育种处终于可以按东正教的信念行事了。它已经存在8年了，实际上还只是一个存标本的机构。大量的材料堆积在那里，失去了发芽力……今年，将很多材料送往突厥斯坦、沃罗涅日和其他地点播了下去。总共有45 000份样本，分布在从摩尔曼到突厥斯坦、从立陶宛到伊尔库茨克的所有地点。许多材料未能发芽；但是，毕竟"精诚所至，金石为开"，仍有成活的。终于使一个标本机构变成了分布全国的试验机构。实际上，今年是正常开展田间播种的第一年。从这个时候起，资源材料才开始作系统研究。研究工作已在隶属本处的各个试验站开展，如在沃罗涅日的

草原试验站、莫斯科站、塔什干大学的突厥斯坦站、北德文斯克站，摩尔曼斯克站等。

1923 年，在自己的一封信里，他谈到试验站网组织的初步成效："1921 年，在儿童村开办了大中心站冠名为'实用植物学与育种中心试验站'，如今已经有了自己的试验地、自己的建筑和设备，成为整个北部、西北部地区最大的育种机构。V. Y. Pisarev 调任东西伯利亚站的站长之后，因他资历长，既有育种实践经验，又具有理论基础，带领该站迅速发展起来……"

"从 1922 年起，实用植物学与育种处的沃罗涅日站扩大了，目前在卡缅草原有 75 俄亩耕地（1 俄亩等于 1.09 公顷——译者注），是中部黑钙土地带最大的育种机构。除此以外，在北德文斯克省也安排了试验。在很多试验区，或者由他们自己，或者在多数情况下与其他试验机构联合或辅助进行试验。

1922 年，N. I. Vavilov 在致北德文斯克站主任 F. Y. Blinov 的信里写道："我很高兴，您那里事业有进展。您所做的事情很有必要，要坚持不懈，把事情进行到底，这正是边疆所需要的。来年希望你的工作有所扩展。我准备给您寄去 300～400 个样品，希望能按照方案进行观测（指进行第一组地理播种——作者注）。从今年起，我们已决定开展北部地区大田作物区系组成的研究。我指的是，在俄罗斯欧洲部分的 11 个省进行此项研究。"

1922 年秋，在农业学术员会的基础上成立了国家试验农学研究所，这个研究所和原来由 N. I. Vavilov 领导的实用植物学与育种处全部由他领导。不仅如此，在这个研究所里还加入了农业学术委员会的一些别的独立的研究所。

"国家试验农学研究所"，形成的过程相当复杂，推选 N. I. Vavilov 出任该所的所长也不那么简单。关于此事，他在 1923 年的一封信里说："鉴于科学研究工作负荷太重，加之体力不济，我无力担当试验农学研究所的领导工作，我坚决辞掉研究所所长职务，请求委任别的人选。"

但是，尽管极力想辞去这一职务，1923 年，N. I. Vavilov 仍被选为国家试验农学研究所的所长。

1923年，在莫斯科举办了全苏农业展览会。这次展览会极大地充实了苏联各个角落栽培植物地方品种的种子资源（在圣彼得堡举办的历次农业展览会上，R. I. Regeli时期，实用植物学委员会都要收集资源，已经成为一种传统——作者注）。临近1924年时，实用植物学与育种处，通过积极并有成效的活动，订购和直接收集到的资源样本已达到5万份。

1924年，N. I. Vavilov在阿富汗进行了极其艰难的考察（1924年7～12月），这次考察他获得了约7 000份样本；第二年他到了花拉子模（1925年7～9月）。

二、N. I. Vavilov在全苏作物研究所的活动

（一）作物研究所成立和他的活动

1922年，苏维埃社会主义共和国联盟（苏联）成立。摆在实用植物学与育种处面前的是全苏范围的任务，因此，根据苏联中央执行委员会的决议，成立了全苏实用植物学与新作物研究所。同年，主席团提出了组建全苏列宁农业科学院条例，而1925年，苏联人民委员委员会核准了全苏实用植物学与新作物研究所条例，它成为后来的农业科学院的核心。

在有苏联中央执行委员会委员、共和国联盟代表、俄罗斯科学院、国家试验农学研究所及其他学术委员会成员参加的研究所学术委员会第一次扩大会议上，N. I. Vavilov作了题为《农业作物学（土地的植物资源及其利用）的当前任务》主题报告。

报告中，他提出了如下任务：

（1）研究现在世界范围内正在栽培的作物，包括苏联和各国拟栽培的作物；从其起源地广泛引进作物和品种；引进最有价值的类型和最有价值的作物。

（2）对所有作物实行统计登记，组织有计划的国家品种试验，确定适宜的栽培界限。

(3) 利用野生植物区系，将新的植物引入（人工）栽培。

后来，所有这些任务成为作物研究所及其分支机构活动的主要方向。

1925 年，N. I. Vavilov 在致 D. D. Artsibashev 的信中讲述了已成为全苏水平的作物研究所的任务和目标。他写道：最为珍贵的是，实用植物学与育种处内，虽然工作量很大，大多数科技工作者，如您所知道的，他们中间不少是学有专长的专家（像 Mal'tsev、Pisarev、Pashkevich、Kichunov、Govorov、Flyaksberger），我们紧密团结在一起，导引轮船驶向目的地。大家严格要求自己，努力走在前列，继承曾在本所工作过的前辈的优良传统。我们现在正专心致志地面对“全苏范围”，对我们来说，这不是新事，也不是难事。再过 2～3 年，如果有条件的话，我们将在各个加盟共和国建立起分支机构。在扩大研究所内改造工作范围的同时，也面向分支机构。正如您所知，我从一开始就非常谨慎，我们保持了紧密的一致。在这一点上，我们现在看到了整个作物研究所成功的保障。

遵照既定的任务，1925 年，根据 N. I. Vavilov 的提议，在全苏实用植物学与新作物研究所内组建了果树—浆果、亚热带作物和葡萄分部，将所有累积的这类作物的资源全部移交给了该分部。领导这个分部的是国内最年长也是最杰出的果树学专家 V. V. Pashkevich。在研究所的任务中增加了开发果树、浆果新种和品种资源。经过一年，在 1926 年，在“红色庄稼人”（今全苏作物研究所巴甫洛夫分部）试验基地已建起了苹果、梨、李、浆果等果树品种资源圃。与此同时还聘请年轻的专家 F. D. Likhonos 就职。

这一年，根据 N. I. Vavilov 的指示，F. D. Likhonos 到北高加索组建了试验站，地点选在迈科普城附近（克拉斯诺达尔边区），这个选址并不是随意为之，它地处大片森林带西南、高加索山脉的山麓，当地有丰富的野生果树植物多样性，被认为是同类栽植果树的形成中心。F. D. Likhonos 直接参与了果园选址、栽种苗圃、组建各种设施。这一切都是在困难条件下完成的。

在作物研究所里，解决各种实际课题都与全球性的理论问题紧密相连的，作物研究所在进行样本搜集和执行考察项目时，占首位的是栽培植物的起源问题。1925 年。在给 G. D. Karpechenko 的信中，N. I. Vavilov 写道："（作物）起源问题，越来越清晰了。对于某些栽培植物，可以说，我们已经非常接近了其类型形成的中心了。下一步则是无止境的难题— 林奈氏物种形成问题。经过若干年后，如果我们还活着，将会在一定程度上如同摄像一般绘出最重要的栽培植物的全球图；但是，逼近这一目标，似乎仍无助于物种形成问题的最终解决。"

1926—1927 年，N. I. Vavilov 对地中海国家，埃塞俄比亚和厄立特里亚进行了综合考察（1926 年 6 月至 1927 年 8 月），这次考察确定了栽培植物的埃塞俄比亚起源中心。N. I. Vavilov 将此次考察的初步结果编写在他的报告《Les centres mondiaux des genes du ble》中，他在 1927 年 4 月在罗马召开的国际小麦会议上作了报告，考察后于 1927 年 4～5 月返回了祖国。N. I. Vavilov 曾写道："埃塞俄比亚和厄立特里亚给予了我们以异常有意义的材料，超出了预期。在硬粒小麦和大麦方面，已经深入到本源……埃塞俄比亚看来是栽培区系的一个独立的发展中心……我们获得了很多作物难得的资源，而这些资源正是我们所需要的。这些资源将使我们的工作真正地处于世界水平。"

N. I. Vavilov 报告刚刚结束，与会者们即纷纷提议，在埃塞俄比亚建立试验站，保护那里的独一无二的物种多样性。在罗马，N. I. Vavilov 还参加了国际农学研究所科学委员会（他是该组织的常务委员）会议，并作了报告。

后来，1927 年 9 月，在柏林召开的第五届国际遗传学会议上，N. I. Vavilov 在自己的报告《Geographische Genzentren unsere Kulturpflanzen》公布了其他栽培植物的材料。报告中，他阐述了自己的基本思想，即：任何栽培植物种的显性基因都集中在其起源中心，而隐性基因则出现在其周围。

随着作物研究所同事收集的和其他机构送达的材料不断增加，N. I. Vavilov 所作的判断被证实了，而且越来越带有普遍性。关于所获得的这些材料，N. I. Vavilov 不止一次地书信中提及：

（1）以 P. M. Zhukovsky 教授为首的小亚细亚考察卓有成效。考察队调查了整个小亚细亚西部，包括基利吉亚、安戈里地区……同年考察队还将到东部继续考察。这样一来，一个迄今未曾进行过调查的、地球上最有意思的区域进入了全苏作物研究所的关注范围。在农业作物学领域，这件事具有世界意义。

（2）终于开始收到来自南美和墨西哥考察队的包裹……玉米、菜豆新的品种、许多未曾见过的新植物……

（3）收到关于从波斯中部谢伊斯坦寄来的 1 000 份样本的包裹的消息，这是迄今一个不曾进行过调查的地区。我们曾经派过一位勇敢的女植物学家—Chernyakovskaya 前往波斯的植物园进行了三年研究，去年她从波斯东北部的哈拉桑获得了一份很有价值的材料，应当说现在寄来的材料都是极有价值的。

（4）今天，从保加利亚试验机构得到了十分珍贵的材料，我们索要了两年的材料终于得到了，是从人迹罕至的山区搜集到的珍品：带壳小麦、单粒小麦（*Triticum monocoscum* L.）。

苏联遗传学与育种的成就，以及作物研究所的作用和它的资源的贡献体现在 1929 年 1 月在列宁格勒举办的遗传、育种和良种繁育以及良种畜牧业代表大会上。参加大会的外国来宾中有：E. Baur、R. Goldschmidt 来自德国，H. Federley、O. Valle 博士来自芬兰。外国著名的遗传学家、育种家出席大会，见证了苏联遗传学、育种的快速进步。大会开幕时，N. I. Vavilov 指出，列宁格勒是在 168 年前由 Koelreuter 以其卓越的植物杂交工作开启遗传科学的城市。在此次大会之前，1911 年在哈尔科夫、1921 年在彼得格勒，1920 年在萨拉托夫曾经召开过育种和良种繁育大会。在本次大会上，N. I. Vavilov 作了题为《栽培植物和家禽的起源》报告。

1929 年，N. I. Vavilov 当选为苏联科学院院士。在致 D. N. Pryanishinikov 的信中他写道："……科学院事业的进展令人振奋，也很好。共产党员们工作的不错：像布哈林和梁赞诺夫、波克罗夫斯基都能面对事实，看来工作的很正常。关系是友善的，气氛总的说来是实事求是的，协商起来也很轻松。已经允诺，在任何情况下，都将支持纯科学和实验，支持研究所、实验室以至每一位科学工作者的工作。”

1929 年中期，N. I. Vavilov 组织了到中国、日本和朝鲜的考察（1929 年 10～12 月成行）。

因为作物研究所要提升到新的水平，不能不解决越来越新的问题。关于这些问题，N. I. Vavilov 写道：“……摆在全所面前的，有很大的经济问题，组织机构问题和财政问题。首先，作物研究所的外部情况已经与它的内涵不相符合：内涵已经远远地超出了外壳；我们科技工作者的房舍不足，没能达到居住标准，更不必说科学标准了。员工的办公室狭窄。我们的实验站，材料从田间收回来，有时竟无处摆放。工作环境、生活条件、科技人员们的状况与理想的相去甚远。尤其是那些从外地回到中心来的员工困难尤甚，数十名员工在冬季从基地返回，为的是整理加工带回的材料……”

N. I. Vavilov 的计划可谓非常全面，任务非常宏伟。在给 I. G. I'ihfelid 的一封信里，他不客气地说出这样一句话：“您记住，您现在是全苏北方的全权代表，而将来，则是全世界作物研究所的代表。大家很快将从（南北）两极看你了。”

（二）进行地理播种

从 1923 年秋季开始实施地理播种，目的在于研究重要栽培植物个体发育的生态—地理反应的规律性。试验是在长期的、临时的试验站和形成鲜明对比的条件下的示范点上进行的。这项研究是 R. I. Regeli 时期，在气候条件显著不同的三个试验站即已打下了基础。1923 年，N. I. Vavilov 在给 G. S. Zaitsev 的信中写道：“农业学术委员会实用植物学与育种委员会从今年开始，将在俄罗斯欧、亚不同的州进行栽培植物品种变异性的系统研究。对于地域辽阔的欧、亚俄罗斯来说，同样的品种在不同的州，不同的条件下种植，

所产生的形态的和生理的变化有着很大的意义。”

1924 年，N. I. Vavilov 建立了新品种和引进品种的国家鉴定网，按照地理学的原则，需要补充地理试验数据。为此，根据 N. I. Vavilov 的提议，组建了品种试验品种试验分部（过去是国家试验农学研究所属下的种子推广和繁育委员会）对苏联本国以及外国的优良品种在生产上推广起了很大的作用。这个分部由著名的农学家 V. V. Talanov 领导（后来，以该分部为基础，组建了国家品种试验委员会。这个委员会接续了从 A. F. Batalin 领导的圣彼得堡植物园种子试验站开始的种子试验史——作者注）。

1926 年，N. I. Vavilov 写道：“在今年，1926 年，全苏实用植物学与新作物研究所在苏联不同的州组织了栽培植物不同品种栽培的重复研究……

前三年地理试验的数据表明，因经度和纬度差异，化学成分、形态特征，生育期长短都存在规律性变化。本年度与往年一样，研究所挑选了最重要的、包括谷类和其他大田作物在内的不同品种，如美国的、挪威的、波斯的、北非的、对谷类作物病害免疫的品种共计 170 个。”

最初，只在 25 个点，从 1927 年已经在 115 个点上进行试验。地理播种的最北部的点在摩尔曼斯克，最南部的点在土库曼斯坦，最西部的在考纳斯，最东部的在符拉迪沃斯托克（海参崴）。纳入地理试验的栽培植物达 40 余个种，共计 185 个不同春性和冬性品种，并且基本上都是纯系，年复一年均按照统一的方案实施播种、观测和田间管理，严格遵循说明书行事。

N. I. Vavilov 安排地理播种试验，所追求的是，首先确定农作物可能推广的地理界限，所得出的结论可作为在全国调整播种期而采取各种技术措施的依据。需要查明个体变异与地理因素关系的规律性，形态和生理性状是如何变化的、植物的化学机理，弄清楚哪些性状是保守的，环境与遗传性有什么相互关系—这些问题都是地理播种应当给出答案的。上述问题还可以用于分类学的目的。

1927 年，N. I. Vavilov 在罗马（意大利）召开的国际农学院会议上报告了第一轮地理播种的试验结果。他在《苏联地理播种的初步结果》中宣布，他所领导的作物研究所正着手查明个体地理变异的规律，即：同一基因型与各种地理因素（纬度、经度等）的关系。N. I. Vavilov 就这些研究的具体结果向与会者们作了介绍。会上通过了关于以 N. I. Vavilov 的方法在国际范围内进行主要粮食作物地理播种必要性的决议。

从 1932 年起，N. I. Vavilov 开始了第二轮规模更大的地理播种试验。为此，作物研究所成立了专门的栽培植物地理分部。研究对象除了大田作物、蔬菜之外，又增加了块茎—块根类、浆果—水果类作物。布点数量有所减少，但是每一种作物参试的样本则有所增加。试验方案与第一轮试验一致，包括物候期观测、抗性鉴定、抗病性及化学机理。此外，还需研究一些形态性状变异项目。地理试验方案最后一环是，粮食、豆类作物和亚麻轮回杂交。这一方案的制订和部分实施，都是在 N. I. Vavilov 的直接参与下完成的。从地理学的观点看，如此深刻且有充分根据的大规模杂交工作方案能够实施，完全依靠那时作物研究所掌握了各种各样的材料。根据这项工作的结果，揭示了形态和经济性状的显性规律性，获得了可杂交性方面的宝贵数据和新的、对育种极有价值的性状多样性。可惜的是，这项研究工作在 40 年代初戛然而止。

（三）参加国际会议

1930 年，在剑桥第五届国际植物学代表大会上，N. I. Vavilov 发表了自己的“纲领性”报告《林奈种是一个系统》，报告中他阐述了由他详细拟定的栽培植物群体或植物实验分类学研究的原理。在第九届国际园艺代表大会上（在伦敦召开），N. I. Vavilov 提供了苏联境内通过多次考察收集园艺植物和在作物研究所各试验站对其进行研究的结果。报告的题目是《苏联亚洲部分和高加索的果树野生亲缘种及果树的起源问题》。N. I. Vavilov 叙述了果树和灌木形态形成的高加索发源地，叙述了中亚、西伯利亚和远东野生果树和灌木的多样性，叙述了对其研究的结果和展望。

在第二届国际农业经济学代表会议上（1930 年，美国，伊萨卡），N. I. Vavilov 作了《农业社会主义改造条件下的科学与技术》报告。这一年秋季，他对美国南部各州、墨西哥、危地马拉、洪都拉斯等地进行了考察调研（1930 年 9～12 月）。

在第二届国际科技史代表大会上（1931 年，英国伦敦）作了报告，题目是《从最新研究看世界农业的起源问题》。他利用这次出差的机会，访问了一些科研机构，拜访了 J. Percival。关于此事，他 1931 年 7 月 21 日在给 O. K. Fortunatova 的信中说："……我刚从伦敦返回，在那里，我访问了 Percival。他还在顽强地工作着，很高兴地看到，已经 70 岁的老人仍然按既定的目标顽强地前行。他做了许多山羊草（*Aegilops* L.）杂交……"

1931 年 9 月，N. I. Vavilov 应科学学会的邀请，前往丹麦和瑞典举办讲座，并熟悉当地生物学和农学科研机构。他访问了哥本哈根、隆德、斯瓦列弗、韦布尔斯浩姆、拉德斯科隆和斯德哥尔摩。O. Gustafsson 教授非常热情地回忆了与 N. I. Vavilov 的那次会晤："作为瑞典门捷列耶夫协会的客人，1931 年 9 月 23 日，N. I. Vavilov 来到隆德大学作报告……全场都聚精会神地倾听 N. I. Vavilov 的讲话。接着开始了热烈地讨论……我总是温馨地回忆起同他在隆德、在斯瓦列弗的会面，和我们一起去农场的情形。那是美妙的九月天，阳光灿烂，收割后的田野已经耕翻，有的地方冬麦已经泛起绿色，……N. I. Varilov 说，我看到的是什么？简直太壮丽了；可是我总是牵挂着我的国家，我的国家富饶，我要为改善祖国的作物学和农业生产付出自己的力量和智慧。N. I. Vavilov 这些热情，诚挚的话给我留下了强烈的印象。这些话让人叹服，一直留在我的记忆里。"这次旅行给 N. I. Vailov 留下的深刻印象也反映在他写给 I. G. I'ihfelid 的信里，他说："我去过丹麦，那里开垦新的土地令人赞赏……"在给 L. L. Dekanprilev 的信中说："今年我曾两次出国，在丹麦和瑞典讲课，讲的都是一些片断，然而仍然很有兴致，因为见到了欧洲的许多育种家。"

1931 年 9 月末，在丹麦和瑞典之行后，N. I. Vavilov 还访问了法国，巴黎正在举办国际殖民地展览会，会上展出了法国各殖民地的成果和农产品。

出席各种大型的国际学术会议、代表会议、代表大会，N. I. Vbavilov 为自己和同事定了一项优先的任务，这便是，不但要展示自己的研究成果，而且要介绍别的学者和国家的成就。在谈到即将召开的遗传学代表会议时，N. I. Vavilov 在一封信里写道：1932 年 8 月 24 日将在美国伊萨卡召开国际遗传学与育种代表会议。这种会议每 5 年召开一次，前一次是在柏林召开的。这类会议通常是展示遗传学和育种的世界性成就，概述最新的理论和实际成就。

今秋的国际遗传学与育种代表会议具有特殊的意义，最近 5 年来，遗传学与育种取得了长足的进步。近几年，苏联的育种事业组织广泛，遗传学发展迅速。苏联学者参加此次世界代表会议是完全必要的。

最近几年，不论在理论上还是育种实践上的巨大成就都应当在世界代表会议上展示出来。我们具有这一实力。不仅如此，我们还有充分的理由承办下一届国际代表会议，我们希望在这方面得到与会者的支持。

许多苏联学者已得到个人在会上作报告和办讲座的邀请。

美国很希望苏联的科技工作者能广泛参加会议。考虑到上述各点，我们认为有必要现在就明确代表团成员，准备英文的报告稿……讲述苏联在遗传学和育种领域的科学成就。遗憾的是，后来只允许 N. I. Varilov 一个人出席代表会议。

第六届国际遗传学代表会议于 1932 年 8 月在美国伊萨卡召开。N. I. Vavilov 被选为副主席。此外他还被委托组织世界遗传学成就展览。在代表会议上，N. I. Vavilov 的报告题目是《栽培植物的进化过程》。这篇报告归纳总结了在他指导下就栽培植物进化问题所进行的大量研究工作。

代表会议后，N. I. Vavilov 前往加拿大访问了该国南部的安大略、马尼托巴、萨斯喀彻温、艾伯塔和哥伦比亚省，在美国访问了华盛顿、蒙大拿、科罗拉多和堪萨斯等几个州。在美国和加拿大期

间，N. I. Vavilov 特别关注的是农田灌溉，并注意到这两个国家灌溉农业的轮作经验，这些经验可以为苏联所用。关于这次旅行的印象，N. I. Vavilov 在几封书信里都曾提及：

在温尼伯（加拿大），以实验员的身份用 3 天时间通过整个课程研究免疫问题……

使我感到惊奇的是，我目睹了加拿大大面积的小麦灌溉田……

在遗传学方面，我们的道路是正确的：地理远缘杂交，支持物种间杂交。

这里的生理学家队伍比较弱。许多重大的问题未被触及……就磨面而言，我们落伍了……

在粮食作物灌溉、免疫、遗传学方面积累了丰富的知识。

除了美国、加拿大之外，N. I. Vavilov 以考察为目的，访问了古巴、尤卡坦（墨西哥）、秘鲁、玻利维亚、智利、巴西利亚、阿根廷、乌拉圭、特立尼达—多巴哥（1932 年 8 月—1993 年 2 月）。

1933 年 2 月，N. I. Vavilov 从美洲回到欧洲，应法国与苏联科学友好协会的邀请，在巴黎—索尔邦、国家农学院和自然史博物馆举办了三次讲座。讲座的内容涉及美洲考察结果、苏联农业科学现状和栽培植物的起源。应德国“雷奥伯里金”自然科学研究者科学院的邀请，在德国哈雷举办了讲座。N. I. Vavilov 在 1929 年时曾被选为该院的通讯院士。他的讲座内容在 1933 年刊登在该科学院的著作集上，题目是《栽培植物的起源问题》。

（四）有重大价值的科学出版物

对世界植物资源进行广泛而详细的研究，进而查明栽培植物各种性状和特征的地理变异规律性。所获得的结果，由 N. I. Vavilov 及其同事们写进了大量的出版物之中：《植物育种的理论基础》《栽培植物鉴定指南》《栽培植物的生物化学》以及数十种专著和数百种科学出版物里。其中应当特别提及的是那些有重大价值的专题学术著作，它们曾被实用植物学、遗传学及育种方面的著作集所引用。

关于这一点，N. I. Vavilov 在一封信里风趣地说：《野燕麦》一书出版了，A. I. Mal'tsev 将因它而不朽，因它而骄傲了。

一部果树栽培学问世了，这是献给高加索、中亚和远东野生物种的书，你可以把它推荐给任何一个人。全书满是奇特的材料。

出版的事，运行得很好。人们齐心协力地劳作着，撰写涉及全球的专著，就连园艺师们也感兴趣。

20 世纪 30 年代中期，在 N. I. Vavilov 的统一领导下，开始出版第一批价值很高的著作《苏联栽培植物志》。对此，N. I. Vavilov 还在 20 年代时就期待了。N. I. Vavilov 在 1933 年的一封信中写道："全苏作物研究所现在着手编写和出版的大型著作，名为《作物志》，该书将对苏联正在种植和可能种植的所有栽培植物作了详尽无遗的植物学综述。"

这部著作是全苏作物研究所的科技工作者，以栽培植物及其亲缘种世界资源为根据，对栽培植物进行植物学收集和研究的总结概括。1939 年，N. I. Vavilov 在论证这部著作时写道：全苏作物研究所和农业出版社出版的《苏联作物志》是世界文化界唯一的一部专门讲全面研究栽培植物结果的出版物。书中提供了栽培物种的分类直至品种，这是任何一个包含栽培植物的植物区系都做不到的。该书将让育种家有能力评价自己培育的是什么样的作物，知道自己在与什么样的类型和品种在打交道。

还有《作物志》对每一个物种都详细地指出了其地理分布、研究历史、生物学和生态学、起源和栽培史、在苏联境内和在国外的栽培区域。结尾则为每一个物种列出了图书目录。《作物志》是 80 余位各种作物专家的集体创作。由于上述原因，《作物志》中的所有文章并不是编纂的作品，而是在苏联独创的，历经多年实验研究完成的综合报道。唯其如此，《作物志》成为栽培植物的百科全书，是每一位育种家的重要指南和手册……

与其他植物区系不同，栽培物种不按植物学分类次序分卷，而是按该作物的农业意义分卷的。因此，区系的每一卷都是完整的。

按照出版计划，《作物志》（1935—1941）共计 22 卷。1935—

1941 年计有下列各卷出版：

1 卷　谷类作物·小麦

2 卷　谷类作物·黑麦、大麦、燕麦

4 卷　豆类作物

5 卷　第一部　纤维作物

7 卷　油料作物

16 卷　浆果类

17 卷　坚果类

一方面，《作物志》各卷是过去和现在育种理论与实践成就的概述，还有相关的图书编目；另一方面，它是各种作物分类学专著，详尽地描写了在全世界的实际分布和利用，还讲述了该属及其种的意义及在苏联条件下适宜与否。因为它包罗万象，称其为《苏联作物志》是实至名随的。它们是育种家、植物学家们案头必备的著作，有一些时至今日仍是独一无二的。这些书的许多卷是在 N. I. Vavilov 领导下写就并出版的，在他有生之年未能出齐，有几卷则是在 50 年代才问世的。

30 年代时开始筹备出版基本工具书（指南）《植物育种的理论基础》，前两卷于 1935 年，第三卷于 1937 年出版。该著作的总规模超过 2600 页。1934 年 N. I. Vavilov 在致 D. L. Rudzinsky 的信中写道："拟出版的一部大著作《植物育种的理论》共三卷，两千多页，是一部集体撰写的著作，参加编写的作者达 60 位。

前两卷中的 N. I. Vavilov 已发表的若干论著，即：《育种是科学》《遗传变异的同系定律》《植物对传染病害的免疫学说》《育种的植物学—地理学基础》，文中对育种的原始材料选择作了论证。《小麦育种的理论基础》和《世界植物资源及其利用》两篇论文讲的是植物引种理论，并指出了种间杂交和属间杂交的意义。在出版前言中，N. I. Vavilov 写道：本著作的任务在于评论植物育种与遗传界已成定论的那些知识。全苏作物研究所的同事们的集体成果是以对全球栽培植物进行研究、获得了大量新的实际资料为基础的，适用于育种任务。如前所述，全部著作共分三卷。第一卷讲述育种的一般问题和方法：育种的植物学—地理学基础，栽培植物的分类原则，突变学说、远缘和种内杂交理论、细胞学、解剖学、生物统计学、生物化学和生理学方法在育种中的应用。第二、第三卷讲重要栽培植物的育种。特别关注的是谷类作物、饲料作物、果树、蔬菜、瓜类。各种作物育种的各章都提供了栽培植物的最新研究成果，而这些成果则源于作物研究所对历次考察中收集发现的物种的大量品种资源的研究及利用。这部集体著作，是总结现代知识水平、瞄准今后研究任务的尝试。

1934 年，N. I. Vavilov 在写给自己的老师和指导者、莫斯科育种站的育种家 D. L. Rudzinsky 的信里说：全苏作物研究所的工作正沿着既定的基本路线，开足马力，已经走过了 10 个年头。12 月份我们将庆祝全苏作物研究所（实用植物学与新作物研究所）10 周年和从实用植物学委员会算起的 40 周年。

实用植物学方面的著作分为若干集，而且发行也极为正规。

今天我跟您说，以便您能配齐一整套最有意义的著作，譬如 Zhukovsky 的《农业土耳其》、Bukasov 的《社会主义的作物种植业》和《马铃薯》以及 I'infelid 的著作。特别有意思的是关于马铃薯的这本书。由于在科迪勒拉山脉和墨西哥找到了新的物种，马铃薯育种简直是经历了一场革命。G. D. Karpechenko 在多倍体、远缘杂交方面的工作很有成效。

一部巨著《植物育种理论》即将出版，计两千页，共三卷，是集体的著作，参编者达 60 人。书一经出版，我会立即寄给您。在这部书上着实下了很多工夫。我本人承担的是小麦、亚麻和大麦的写作。我正准备出《起源中心》的第二版。

我们部分有声望的科学家（V. V. Talanov、V. Y. Pisarev、N. A. Maximov、G. A. Levitsky、N. N. Kuleshov）原来是在所外工作的，后来都回到了中心。Konstantin Matveevich（Qingo-Qingas）本来在西伯利亚工作；但是我想他很快将来到中心工作。V. Y. Pisarev、G. A. Levitsky 在儿童村工作，N. A. Maximov 在作物研究所工作，N. M. Tulaykov 在萨拉托夫开展了伏尔加河左岸的

灌溉工作，G. A. Levitsky 原本负责细胞实验室的工作，V. V. Talanov 则将返回中心来工作。生物化学实验室的工作量很大，现在聚集了一批员工，如 N. N. Ivanov、V. I. Nilov、P. A. Yakimov 等。我们有一个很大的植物维生素实验室。

1935 年，像是对作物研究所的工作作总结，N. I. Vavilov 这样写道："作物研究所第一次严肃地提出了一项非常重要的任务：在最短的时间内，动用世界植物品种资源并收到了非常有意义的结果。在这方面，在世界科学中起着举足轻重的作用，这是举世公认的。这里所说的不但是理论研究，而且也是说实际掌握的世界全套品种，我们拥有马铃薯、小麦各种珍贵的物种，目前正在用这些资源进行育种。"

这一时期，一系列的出版物得以问世，内容不但涉及植物学和育种的理论问题，而且涉及世界栽培植物多样性的实际应用。这些出版物既有科研工作者个人的专著，也有集体撰写的汇编—世界农业气候指南，育种的组织和方法、谷类作物、果树—浆果等。

N. I. Vavilov 兴趣广泛，在他组织和领导的全苏作物研究所和由他领导或者受他影响的各个研究机构都有所体现。他多才多艺、知识渊博，使他能够以新的视角对研究的结果加以概括并使之系统化、理论化。他的巨大的组织能力，使他的大部分创造性意图变成了实际行动。

三、N. I. Vavilov——苏联科学的卓越组织者

从 1925 年，N. I. Vavilov 被遴选为苏联科学院通讯院士，他积极参与了筹建农业科学院的工作。1926 年成为全苏实用植物学与新作物研究所所长。他还曾被选为苏联中央执行委员会成员。

1929 年中期，7 月 25 日发布了一份《关于拟在莫斯科组建以 V. I. Lenin 命名的农业科学院》的政府决议。根据这一决议，全苏列宁农业科学院正式成立。同时决定成立了新科学院的主席团的组成：院长 N. I. Vavilov，副院长 N. P. Gorbunov 和 N. M. Tulaykov。正是在当选为农业科学院院长的这一年，N. I. Vavilov 还当选为苏联“农业人民委员”委员会成员和全俄中央执行委员会成员。

N. I. Vavilov 就自己工作繁重一事，在一封信中写道：“……总之我应当声明，因为职务过多，我无法按时出席分部的会议。我担负的职务有：全苏实用植物学与新作物研究所所长、国家试验农学研究所所长，在科学院中担任若干个职务，是科学院系统几个委员会（组织、出版、百科全书等）的主席或成员。而且我还是黍类人民委员、国家学术委员会的成员、良种繁育科学委员会主席。我必须经常因某个职务的需要赴莫斯科和前往苏联各个地区，和下属研究的单位参加咨询会议。”

原来的“全苏实用植物学与新作物研究所”于 1930 年更名为全苏作物研究所（VIR），除了该所之外，全苏列宁农业科学院还有 10 个研究所，即：农业经济所、大型农业组织所、农业机械化所、防病防虫所、抗旱所、土壤改良所、耕作所、畜牧所、渔业所、玉米所和中心图书馆。至 1933 年，全苏列宁农业科学院已经包括 407 个机构，其中研究所 11 个、地区专门站 206 个、综合站 26 个、育种中心 36 个、以及 28 个主要所的分所。

按照 N. I. Vavilov 的提议并在他的直接参与下，全苏列宁农业科学院系统内组建了下列科学研究所：作物研究所、饲草研究所、玉米研究所、马铃薯研究所、棉花研究所、亚麻研究所、油料作物研究所、大麻研究所、大豆研究所、葡萄和茶叶研究所等。

在扩大新机构网的同时，全苏列宁农业科学院必须同时培养干部，N. I. Vavilov 对此十分重视。在这些年里，首先举办了强大的研究生班，他本人积极参加授课。至 1935 年，通过农业科学院各所研究生班学习的人数超过 1300 人。

1935 年，N. I. Vavilov 在作关于全苏列宁农业科学院活动和改组的总结报告中指出，管理更不要说领导如此庞大、分支机构众多、各种各样的研究所遍及全国的系统，即使主席团拼命地工作，也难以合乎要求，让人人满意。这一时期，不但在组织机构方面，

而且在农业科学本身内涵发展计划方面都发生了一些大的事件。

到 30 年代中期，在 N. I. Vavilov 的积极参与下，全苏列宁农业科学院系统的研究所发展迅速。全国实用性和理论性的研究所的数量大增，科技干部培养发展迅速，与外国科研机构的联系加强。

1935 年，N. I. Vavilov 被选为全苏列宁农业科学院院士。同时，由于副院长 A. S. Bandarenko 和院的基层党组织 S. Klimov 关于研究所活动“似乎有毛病”的一纸告密信，N. I. Vavilov 被解除了院长职务；但是直到 1940 年 8 月，仍旧保留着副院长职务。从 1938 年起，T. D. Leisenko（李森科）成了农业科学院的院长。虽说农业科学院在 1935 年进行了改组，可是其活动远不能符合要求。随着 T. D. Leisenko 当了领导，农业科学院实际上变成了一个行政机构，这种状态一直延续到后来。

1930 年，在当选为苏联科学院院士一年前，在 U. A. Filipchenko 逝世后，N. I. Vavilov 接任了遗传实验室的负责人。在其后的十年里一直领导着该实验室。

最初，N. I. Vavilov 曾经在列宁格勒寻找到一个地点作为实验室的新址，他看中了药剂师岛，那里是植物园的所在地。在写给 E. M. Pruzhanskaya 的信里，N. I. Vavilov 这样写道：植物园附近有不少很好的撂荒地段。我简直迫不及待了，植物园存活了 200 年，在它的附近，不可能再找到这么漂亮的地段了，面积有 10 公顷。

我想为了科学院的利益，得到所有这些地，有利于在这块地上发展我们的生物学研究机构……

为这件要紧的事，我求您，因为这事关系整个生物学协会的利益……

如果我们在秋季之前办成这件事，就是一大胜利。届时我们就完成国际遗传学研究所建设的第一阶段了。

1933 年末，苏联科学院全体会议决定，将遗传学实验室改成遗传学研究所，后来在 1934 年研究所迁到了莫斯科。因此，N. I. Vavilov 大大地拓宽了科研活动。

就遗传学实验室改成遗传学研究所这件事，N. I. Vavilov 于1933年给苏联科学院主席团写过一个报告，称："……微不足道的遗传学实验室现在已经不可能令科学院满意了。实际上这个实验室很久以来已经突破了自己的房舍，扩展到了温室、田间；实验室的大部分工作转移到了不同的地区。实验室已经往中亚的几个（加盟）共和国和蒙古派出了考察团。实验室在植物园附近有自己的培养室和自己的用地。最近正准备建试验田，以便扩大实验工作。很多外国有实力的遗传学家曾经和仍在实验室工作，如 K. Bridges 博士、D. Kostov 博士、H. Muller 博士……

现在我请求审核这一问题并批准从1934年1月1日起将遗传学实验室改组成为研究所。

在1934年苏联科学院二月会议上，N. I. Vavilov 谈到遗传学研究所的科研活动时，提出了5个基本方面：

（1）深入研究突变学说及与之相关的基因问题；

（2）种间杂交；

（3）遗传的物质基础；

（4）数量性状的遗传；

（5）家畜和栽培植物的起源。

参加研究所工作的，既有本国的科学工作者，如 A. A. Sepegin、G. A. Levisky、A. A. Shmuk、T. K. Lepin、Y. Y. Luss 等，N. I. Vavilov 还邀请了外籍学者：K. Bridges、H. Muller 和 D. Kostov，另外还有从1930年起不止一次从美国邀请的 F. Dobzhansky。1933年 N. V. Timofeev Resovsky 受邀，后者在第二次世界大战结束前一直在德国工作。

H. Muller 从美国到来时，与他同来的还有阿根廷遗传学家 Offermann 博士。他们的到来大大地加快和扩展了突变研究工作的实验进展。这项研究吸引了一批年轻的科学工作者和研究生。著名的遗传学家、细胞学家 D. Kostov 应 N. I. Vavilov 的邀请来自保加利亚，他曾主持烟草的种间杂交研究。G. A. Levisky 领导了遗传的物质基础研究，它运用新的方法揭示了染色体结构的细节。小麦

数量遗传性状研究，开始由 T. K. Lepin 和 U. A. Filipchenko 合作承担，继而与 N. I. Vavilov 共同合作进行。

这一时期，N. I. Vavilov 还曾邀请别的杰出遗传学家来遗传学研究所作短期访问。关于此事，他给苏联科学院主席团写信称：为举办普通遗传学讲习班，苏联科学院遗传实验室拟邀请美国著名遗传学家 K. Bridges 教授前来授课。K. Bridges 是摩尔根博士的亲近同事，即目前在理论和实验遗传学领域占主导地位那个学派的博士……

因此，在苏联遗传学人才奇缺的情况下，邀请 Bridges 教授是非常必要的。我们已知，他原则上同意来苏联几个月。我们获悉，Bridges 博士对苏联持同情态度，我们也不怀疑，他的到来将对提高苏联的遗传工作水平会有不小的帮助。

关于自己工作负担过重，N. I. Vavilov 1934 年在给 D. L. Rudzinsky 的信中写道："除了作物研究所之外，在 U. A. Filipcheko 逝世后，我不得不主持科学院的遗传学研究所。从美国来的 J. Muller 教授已经在这里工作了一年，他负责突变和基因问题。在这里工作的还有保加利亚遗传学家 D. S. Kostov，他的专长是远缘杂交。我的助手 A. A. Sapegin 从敖德萨来到列宁格勒。最近几个月内，科学院主席团有可能迁移到莫斯科去，遗传学研究所也将随之移过去。我本人跟过去一样，还是全苏列宁农业科学院的院长，所以经常待在莫斯科，科学院主席团也在那里。"

30 年代末，遗传学研究所会同全苏作物研究所开展了谷类作物、豆类作物和亚麻循环杂交。关于此事，前面已经谈起过。

N. I. Vavilov 作为苏联科学院和农业科学院的两院的活跃院士，从来没将研究工作割裂开来，两个科学院都在进行研究，一个在生物学基础方面，另一个在农业特别是在实用方面，他认为，这些研究是紧密相连的。关于这一思想的出处，N. I. Vavilov 在 1925 年在俄罗斯科学院 200 周年纪念会上作了追溯：

第一批植物杂交试验是 Koelreuter 于 18 世纪 50 年代末在圣彼得堡的科学院进行的。1761 年末回到德国，Koelreuter 任荣誉院士。他的许多杂交著作都发表在《俄罗斯科学院通报》上，时至今日仍具有异常重要的历史价值……

科学院以 S. I. Korzhinsky 院士为代表最早提出生物起源的突变理论；S. G. Navashin 院士深入研究了受精过程的实质，现在还领导著名的细胞学派，该学派的研究方法和研究结果为这一领域的世界科学奠定了基础……

全苏科学院更大的贡献还在植物科学的开发上。林奈曾经写过“Gmelin 院士一人发现的植物比很多植物学家的发现加在一起还要多。”

Pallas 的经典研究、Trinius、Rupreht、Bunge、Maximovich、Korzhensky、Voronin、Borodin、Komarov 和其他人的研究触及了植物学的广泛领域，为我国植物学的深入研究打下了基础……

最早关于必须成立实用植物学研究所的想法，是植物学家—院士 A. S. Famitsein 和 I. P. Borodin 倡议的。一些院士开始了俄罗斯栽培植物的植物学研究。Pallas、Rupreht、Middendorf、Korzhinsky 等在担负其他领域的重要研究工作的同时，也关注栽培植物。他们的贡献是不朽的。

N. I. Vavilov 非常关心苏联农业发展的实际问题，而一些论敌却指责他不关心农业生产。他不但指出了农业存在缺陷的原因，而且还曾经为全国，也为他自己提出过具体的任务，后来这些任务都得到了圆满的解决。他在报告稿中提到的许多见解至今仍然没失去现实的意义。

N. I. Vavilov 于 1930 年写道：“苏联的农业进入了新的世纪，新世纪开辟了新的前景……，决定农业生产近期发展的途径，”主要有如下几个方面：

(1) 决定苏联农业生产短期内好转的首要的和最根本的因素有两点。这便是农业生产的合作化，同时要实行机械化。正如近两年大胆的试验所显示的，分散、贫穷、落后导致生产进入了死胡同，而通过集体化道路，加之工业的帮助，就可以转变为大型合理的、有科学数据的生产。

(2) 第二个决定苏联农业短期命运的主要因素，是尽力使农业生产工业化，大力发展农业机械和机具，首先是建立拖拉机工厂。

(3) 苏联的潜能巨大、自然资源异常丰富，陆地面积目前才耕种了不足5%……将来只需再开垦5%，使种植面积达到10%，这在技术上并没有什么困难，完全能够实现，可以把种植面积扩大到2.4亿公顷……粮食问题通过开垦新的耕地，在短期内会变得轻松起来。

(4) 在扩大面积的同时，当前在黑钙土的主要农区，刻不容缓的任务是将农用开发地带向北方推进……

(5) 我们拥有大量尚未被利用的中亚水资源……如能注意将那些小的灌水网加以整顿，那么在最近几年内随着状况的好转，大型设施改善和利用阿姆河和锡尔河的宏伟方案的落实，这些看上去像乌托邦的事必将成为现实。

(6) 农民是成就农业前途的重要因素。统一在集体当中，他们的主动精神、进取精神被调动起来，“对土地的眷恋”将开辟几乎无穷的空间……

(7) 潜在的可能性具有巨大的甚至决定性的意义。不但就人的集体、自然历史条件而言，而且从能量利用的方向性来说，都是这样的。我国所有的重要措施的基础应当成为作计划的起点。

(应当指出，N. I. Vavilov 是反对强制集体化的。20世纪80年代末“公开化”时期披露的文件证实了这一点)。

(8) 为了作计划，必须了解而且多多了解。在我国，做计划特别困难。要做好计划，必须掌握大量的材料和知识，包括用于各个区、州的有差别的、具体的知识，适于整个辽阔国土的综合性的知识，还要尽可能多地掌握全世界的知识，需要站在世界科学水平上。为此，近期在农业生产领域要组织广泛的研究，使科学不是跟随在生活的后边，而是走在生活的前面。与此相关的则是干部问题，只有干部积极参与，农业改造才能实现。

(9) 农业的大进展，不单单是播种面积的扩大，农田构成成分本身、农田的分布也应有大的变化。通过扩大种植面积、广泛推广优良品种，可能很好地解决谷物问题，我们还应当解决广义的农业生产资料问题。

(10) 尽一切可能利用各地区的珍贵资源，进行栽植。我国的亚热带地区，不论其干旱也好，湿润也好，都应当最大限度地、全面地利用各种各样的资源，种植珍贵的作物。对新作物，如罗布麻、苎麻、岩白菜、儿茶、花生等，应予以重视。

(11) 尽力发展畜牧业，为此，必须十分注意饲料基地、草群的发展、自然草甸和放牧地的利用。不应当像目前这样放任，必须在查明资源地理分布的基础上，有计划地放牧。

(12) 毫无疑问，农业不可能脱离整个生产体系。在我们这个缺乏道路的国家必须提高修路的水平；发展汽车业，不能还像现在这样如同乌龟爬行，要认真地转入新的轨道之上；城市要建设，生活要安排。这一切都与农业息息相关。当然，在现实中，我们不可能把精力分散到千百件事情上，应当关注近些年对解决经济任务最急需和至关重要的路线。

1930 年，N. I. Vavilov 在给自己的外国同行的信中谈及科学院国际合作的计划：苏联农业科学院计划在美国、德国（柏林）和意大利（罗马）三个国家设立不大的科学代理处。

设立科学代理处的主要目的是，向我国学者和农业问题专家提供其他国家农业研究和发明的信息。我们尤其感兴趣的是农业和畜牧业、农业机具和农业生产组织问题。

这些科学代理处的主要任务之一，是在我国与美国各农业试验站和研究所之间建立起科学联系以及科学文献、种子、植物等经常的交换等。为此，已经为这些代理处挑选了出国的后备人选。遗憾的是，这一计划并未实现。

虽然自己的行政事务异常繁忙，N. I. Vavilov 还是承担了大量的社会—科学活动：他是全苏东方学会主席团成员、全苏植物学会理事、莫斯科自然科学者协会荣誉理事，等。N. I. Vavilov 从 1930 年起直到生命终结，一直是地理学会的理事长，他非常支持该学会的活动，出版学会的著作，扩大学会的图书馆，在历次考察之后，也亲自在学会作报告。

不仅如此，N. I. Vavilov 在国际科学界享有极高的声望，1924年，已被选为国际农学研究所（意大利）科学委员会成员；1929年，英国生物学家协会名誉理事、德国哈雷“Leopolidin”自然实验者科学院通讯院士和国际农学研究院外籍院士；1932年，接受马德里研究所 Cajal 教研室的邀请；1936年，他被遴选为 Brno（捷克斯洛伐克）高等农业学校荣誉博士和捷克斯洛伐克科学院院士；1937年—印度科学院荣誉院士和苏格兰科学院荣誉院士。除了上列称号之外，N. I. Vavilov 还是英国科学院皇家协会外籍会员、伦敦林奈协会、纽约地理协会、美国植物学会、墨西哥农学会、西班牙自然科学研究者协会、保加利亚 Kirilo-Mefodiev 协会的外籍会员和索菲亚大学名誉博士。

N. I. Vavilov 在全苏列宁农业科学院院长、全苏作物研究所所长、苏联科学院遗传学研究所所长岗位上孜孜不倦地工作，对苏联生物科学和农业科学的发展产生了巨大的影响，同时在国内和国际上声望越来越高。

四、作物研究所的国际交流

与外国和苏联内部很多组织和专家在生物学方面的国际交流，是作物研究所工作的重要部分。

1934年以前，N. I. Vavilov 经常在国外，他与很多生物学领域的顶尖专家相识。在自己的书信里，他曾准确地描述了专家们本人及其从事的工作。在给 G. D. Karpechenko 的信里，他写道：在国外访问和会见像 Vinkler、Correns、Nilsson-Ehle 特别是 Gerberg Nilison 这样的专家是值得的；Baur 则不太好接近，他很忙。我们很抱歉，只好采取了“行政手段”。另外，我们还参加到了商业企业中……

原来，约翰逊正在撰写新版的《元素》一书。您一定要去看望一下 Vinge；一般斯堪的纳维亚人是富有好奇心民族，他们平静地劳作，有见识，很干练。在英国到处寂静无声。荷兰人则好奇心很强，而对像 Lotsi 和 De Vries 等人，我们只是从书本上了解的。我曾经跟您说过，出国很有趣，学点儿语言，收集一些材料，可以看到一些大人物，令人激动；但是却没有什么可学的。最要紧的是，多读书和全面掌握好语言，为的是避免整天爬词典。我怎么想的，就怎么直截了当地说了……但是，我们还很贫穷，但我们仍然表现的有点儿水平。

在写给 N. V. Kovalev 的信中，N. I. Vavilov 继续描述了欧洲的研究者们：您要从国外尽量多带回一些东西，您要到处看看，特别是玻璃板下面；一定要去见见 Leits 或者 Tseis（Golibenk 在此事上会帮助您，还要找一下 Levenslebin、Baur（Dalem）。如果有机会，去莱比锡看看 Zade，并代我向他问候，他是一位朋友，是研究饲草的。

在另一封写给 D. N. Borodin 的信中，N. I. Vavilov 描写了美国专家的特点："……Dobzhansky、Filipchenko 的助教已经在 Morgan 处工作了。Morgan 这个人是相当孤僻的。在生物学的文献中，他已不再有报道了，因为这关系到世界所有的遗传学家……"

Ist 其人，据我所知，很抑郁，是一位马尔萨斯主义者；当然也是一位卓越的学者。对于他，我了解得很少，平生大概只见过大约半个小时，或许更短一些……Morgan 和 Ist 的实验室——像一所修道院。到那里去，必须带着出家修行的心情。

不但 N. I. Vavilov 和他的同事们出国要收集植物资源和科技情报，而且外国专家前来列宁格勒或去苏联各地，也是为了收集栽培植物和野生物种的植物多样性。在这里，他们也会详细地了解 N. I. Vavilov、作物研究所以及试验站的科研活动。

（一）英国和美国的来访者

1924 年被遴选为通讯院士的 W. Bateson 于 1925 年应苏联科学院的邀请，前来参加科学院 200 周年院庆，并访问了列宁格勒和莫斯科。在列宁格勒，他了解了实用植物学与育种实用植物学委员会的工作，参观了该所在儿童村的试验田，访问了 U. A. Filipchenko

领导的动物学与植物学实验室。在莫斯科，他了解了 S. G. Navashin教授的细胞学研究工作；访问了实验生物学研究所，了解了 N. K. Kolitsov 和 A. S. Serebrovsky 两教授的工作，还在彼得洛夫斯克—拉祖莫夫斯克的莫斯科农业科学院会见了 D. N. Pryanishnikov 教授。关于在列宁格勒参观研究所的印象，W. Bateson 写了一篇《Science in Russia》，发表在 1925 年的《Nature》刊物上："Vavilov 教授所从事的研究工作已经取得了很大的成功，参加工作的人员多达 350 人，其中科研人员 200 人。他在考察阿富汗和其他国家期间，同样采用邮购的方式收集到小麦、大麦、黑麦、黍、亚麻和其他作物的大量样本资源。作物研究所的中心办事处在列宁格勒，占用一座很大的楼房，这座楼房在很大程度上是经济植物的活博物馆。涉及小麦的标本计有 13 000 份之多。这个国家的不同地区共有作物研究所下属的试验站 20 个。这些站在 3 年内都在繁殖材料，使大部分标本都有生命力。在该所，除了由 Levitsky 教授领导的细胞学部门之外，还有气象、统计学等部门。作物研究所非常注意研究栽培植物的地理分布，特别是其起源问题。在这方面已经出现了新的结果。儿童村是距离作物研究所最近的育种站，这里有一座美好的楼房，原来曾是维多利亚女皇的别墅，楼房四周则是实验室和附属设施。"

W. Bateson 访问苏联并发表了此次旅行的印象之后，N. I. Vavilov 本想向客人展示最好的东西，因此多少有些失望地写道："Bateson 先生所写的对俄罗斯科研工作的印象——一篇短文，我并不中意，但是文章讲的都是事实"。

美国农业部植物产业局的研究者们为了搜集饲料、果树、蔬菜作物，曾经访问了俄罗斯帝国传统的、如今苏联的领土。譬如，1929 年，按照植物产业局的倡议，组织了对苏联全境的综合考察，他们调查了突厥斯坦（今"独联体"中亚各共和国）领土，收集了抗细菌病的苜蓿品种和种群，同时收集了野生果树和蔬菜。

参加 1929 年考察的植物产业局的两位专家是：苜蓿研究专家、高级农艺师 Harvey L. Westover 博士和 W. E. Whitehouse 博士。

这次旅行遇到了很大的困难，因为当时苏美之间还未建立外交关系。在克服了诸多困难之后，于 1929 年 7 月初，美国专家到来，H. Westover 在自己的汇报中写道："我们在列宁格勒逗留了 3～4 天，参观了实用植物研究所的标本室、植物园、植物保护研究所、实验站和儿童村的实验室。作物研究所不少人会说英语，向我们仔细地讲解了自己的工作"。旅行全程由 N. N. Kuleshov 教授陪同。

列宁格勒之行之后，他们到达莫斯科，在这里他们参观了良种繁育合作组织。该组织对苜蓿非常关注，对外国专家前来获取资料也予以满足。后来，客人们访问了基辅、哈尔科夫及附近的瓦尔卡实验站、萨拉托夫、"红色库特"实验和萨马拉。在当地了解了作物实验站的工作。从萨马拉客人们又前往塔什干。

H. Westover 在其汇报中是这样描写的："来到塔什干，我们见到了 T. Belov 博士，他在棉花委员会的育种站里研究苜蓿，该站距城里 5 英里（1 英里＝1.609 千米——译者注）。我们在这里逗留了一段时间，熟悉了当地的研究工作。研究是在邻近的四个站里同时进行的，还收集了若干苜蓿样本"。

塔什干活动之后，美国专家们访问了伏龙芝和阿拉木图。在阿拉木图附近的山地，采集了种子样本。H. Westover 写道：

"在这次山地旅行中，我们收集了许多苜蓿样本以及其他作物和野生禾本科和豆科植物标本……在阿拉木图期间，我们遇到了 Vavilov 博士，他是前往中国西部进行考察的，'因为出现了一些情况'而滞留在此地的。后来美国人返回了伏龙芝，在那里继续收集样本。回到塔什干，又访问了当地的几个苜蓿种植地区。"

H. Westover 写道，有时候他们很难收集到种子，因为农民认为，我们是国家的公职人员，是在搜集情报，目的在于提高农产品的关税。

从塔什干开始，考察团分开了。Whitehouse 博士和伴随人员去了安集延，收集野生梨和黄连木；而 Westover 则在 N. N. Kuleshov 陪同下前往锡尔河、饥饿草原、费尔干和撒马尔罕收集苜蓿种子。离开撒马尔罕后，考察团汇合，又一起调查了布哈拉和查尔

朱。H. Westover 这样描写了他们穿越卡拉库姆沙漠的情形：“全程由‘列诺尔特—萨哈拉’国家交通公司组织，配备了可在沙漠条件下工作的专门汽车，这些车供我们穿过沙漠到达希文绿洲。旅行两天后，到达乌尔根奇。我们在棉花委员会的地方站舒适地度过了一晚，次日参观了希瓦，夜晚住在城外的实验站”。

后来的路线是通过塔沙乌滋到普罗苏——对美国考察团来说，这是最有趣的区域。“军队司令不允许我们再往前行，因为这个地区有土匪出没”。经判断之后，给考察队派了两名战士作保卫，考察人员才得以上路。在没遇到太大的麻烦的情况下，收集到了大量的苜蓿样品。后来，回到了查尔朱，接着乘坐火车到达阿什哈巴德。大家又乘火车向西，到里海，再搭汽船抵达巴库，在当地坐上另一路火车去到黑海岸边的索契。在短暂休整后，搭乘汽船到苏呼米，这里有实用植物学研究所的一个试验站，是研究热带果树、香料和药用植物和树木栽植的一个站。从苏呼米，他们返回索契，先坐汽车，后乘火车返回莫斯科。

整个考察于 1929 年 9 月初结束。收集到大量苜蓿种了、野生果树，各种蔬菜、瓜类种子特别是在当地享有盛名的南瓜地方品种种子。

下一个美国专家考察团由美国农业部植物产业局的 Morse 先生和 Dorset 先生组成，于 1930 年来访。当年来作物研究所访问的还有威斯康星州立大学的植物病理专家 L. R. Jones 教授、美国的 J. Dickson 先生和来自日本的遗传学家 Matsuura。

1930 年还有一位美国农业部的专家 W. Dickson 来到苏联，他的收集计划包括抗各种锈病的小麦及其他谷类作物。

当 1930 年 N. I. Vavilov 前往英国和美国考察的时候，曾邀请英国果树专家 Benyard 和美国果树引种家 C. Swingle 来苏联中亚和高加索进行考察和搜集活动。

N. I. Vavilov 关心他们在苏联旅行安排的怎样，于 1931 年写道：收到了 Benyard 从英国的来信，他是一位优秀的果树栽培行家，是欧洲最内行的果树专家，他谈了对中亚和高加索之行的看法。我在代表会议上所作的小小宣传，从引起大家的兴趣方面说，起了一点作用，而我所担心的是，Benyard 的请求（这还是头一个），一事还应当尽快兑现。

在美国时，在同 Swingle 的交谈中也涉及这一课题，他是一个很机灵的人。当然，他最大的兴趣在黄连木（*Pistacia* L.）上。不过他确实是一位有学识的果树引种专家。

1932 年，收藏过大量种子材料和文献的乌拉圭生物学家 T. Henry 和英格兰动物学家、软体动物专家 Mesley（此人后来曾到过西伯利亚）访问过 N. I. Vavilov 及其领导的作物研究所。就这次旅行，N. I. Vavilov 曾给 L. S. Berg 写信称：如您所知道的，Mosley 博士打算去西伯利亚。就我们的条件来说，此事并不那么简单，我们会全力支持……

总的说来，Lev Semenovch，最好安排一下，让 Mozlei 能有效地、不费太大气力地完成他打算做的事情。很抱歉的是，在西伯利亚，我并不认得什么人。

1932 年，N. I. Vavilov 赴美，他受农业人民委员的委托，与专家们谈判，希望他们来苏联协商农业生物学和遗传学问题。受他邀请的人有：S. Harland 博士、皇家不列颠棉花试验站站长（特立尼达岛）、著名棉花遗传育种家，著作丰富，曾经深入研究过种间杂交正常结实的新方法；H. J. Muller 博士，现代大遗传学家；H. W. Alberts，阿拉斯加试验站站长、北方农业专家。

后者（Alberts）表达了欲前来工作的愿望，因经济危机，阿拉斯加试验站面临关闭。N. I. Vavilov 曾试图邀请他来作物研究所分部黑宾，然后到伯朝拉或者其他地区。这些地方农业的“北方化”活动方兴未艾。可惜的是，H. W. Alberts 未能抓住这一机遇。

1933 年秋天，应 N. I. Vavilov 的邀请，著名的遗传学家、棉花专家 J. Harland 教授访问了苏联。为了熟悉棉花育种的情况，也为了征求这位客人对棉花产业的意见，N. I. Vavilov 陪同他到巴库（阿塞拜疆），还访问了乌兹别克斯坦以及苏联的一些棉花产区（当地有许多棉花科研和育种单位。这里还有 N. I. Vavilov 从埃及、中

美和南美搜集来的大量棉花资源）。J. Harland 和 N. I. Vavilov 的理论指导和咨询建议对苏联棉花科研和棉花育种起了积极的作用。1934 年，N. I. Vavilov 收到 J. Harland 博士的来信。信中，表达了拟前来苏联长期工作的愿望；但是，这一计划未能实现。

1933 年秋天，H. J. Muller 来到苏联，为的是在科学院的遗传学实验室工作。1934 年 6～7 月份，N. I. Vavilov、H. J. Muller 博士及来自阿根廷的助教 Offermann 赴高加索旅行。N. I. Vavilov 在一些信里曾提到过这次出行："我们和 Muller 博士及他的助教 Offermann 到达高加索。大致的路线如此前已拟定的，如果您要同我们在弗拉季高加索汇合，——我们将一同沿着沃耶诺奥谢廷公路前行：我们配有汽车。从克拉斯诺达尔—科斯托夫，前往图曼年。从列宁格勒起程时共 4 个人，外加两名司机，从克拉斯诺达尔起，又增加了 2 人，共计 8 人，还是能坐得下的。也可能在干哲汇合，以便去亚美尼亚。"

在另一封信里，他又写道：我已经通知过您（Novoselov），到您那里将有两辆车。我们从罗斯托夫乘车，车上有美国教授 Muller 博士和 Offermann 博士，稍后，还将有 Kostov 博士。此行的目的是了解北高加索和外高加索科研机构的工作……

我和 Muller 大约在 22 日从基辅通过电话告诉您我们到达的确切时间。

这次旅行，他们访问了基辅、罗斯托夫、克拉斯诺达尔、巴库、干哲和亚美尼亚。

H. J. Muller 博士在 1966 年 6 月 16 日写给 M. Popovsky 的信中这样回顾了那次旅行：这是一次很难得的机会，旅行是从高加索至外高加索，汽车上除了 Nikolai Ivanovich 外，有我、他的儿子 Oleg，还有亚美尼亚的一位农艺师（Tumanian）和我的助教 Offermann。旅行期间，我们访问了作物研究所下属的育种站。Nikolai Ivanovich 还向我介绍了青年旅馆、集体农庄和国营农场、拖拉机工厂（乌克兰基辅）和许多难忘的地方。有一次，我们还乘坐飞机（或者可叫做试飞）从干哲到巴库。临近起飞的时候，被告知，因风大（约每小时 86 英里，1 英里＝1 690.34 米——译者注），飞机无法降落，引航员宣布，飞机需返回，而燃料却不够返回之用了。我们中间有人害怕了，只好写遗书。Nikolai Ivanovich 却相反，令人惊奇的是，在当时的情况下，他什么忙也帮不上，软弱无力，竟很快地进入了梦乡。引航员小心翼翼地把飞机降落在一个小丘陵边的一片平地上。这个地方距离一个小城镇不远并有铁路支线。当天晚上我们乘坐火车到了巴库。这是唯一的一次大事件，显示了 Nikolai Ivanovich 遇事不惊的性格（今天生物学界的学究们把类似的行为取了一个时髦的词儿，叫做“体内平衡”）……

接下来的一次，美国农业部种植产业局的工作人员来苏联是在 1934 年。考察团成员有：Harvey L. Westover 博士、Charles R. Enlow 博士，他们考察了中亚地区。

1934 年 5 月中旬，美国农业部种植产业局的两位工作人员来到莫斯科。5 月末，他们访问了列宁格勒，在那里，N. I. Vavilov 解答了一些问题，并加快了他们的行程。在 Westover 写给 Morrison 的信中这样写道：N. I. Vavilov 博士组织我们参观作物研究所的试验站，他全程陪同。

我们来到列宁格勒，因为参观了几个研究机构而感到满意。为了使我们延缓的时间不白白地流失，过得充实，N. I. Vavilov 博士和他的同事做了能帮我们做的一切。

H. Westover 在写给 Pieters 博士的信中谈到对 N. I. Vavilov 研究所活动的印象：

我们在儿童村（作物研究所在当地进行大量实验）度过了有意义的两天，向我们展示了春化现象的细节。我们听说，有数百万公顷的耕地种植了经过春化的种子，大多数是春小麦。种子经过春化处理后，每公顷据说可增产 1.75 公担小麦（1 公担＝100 千克——译者注）。冬小麦春化是一项比较麻烦的措施，不过其优点却相当显著，足以弥补额外的投入。现在他们对大麦春化很感兴趣。列宁格勒周边，北边很少种植大麦，可是经春化后的类型将获得好的产量。在生理学方面特别是小麦的生理灼伤和对日照长度的反应也做

了大量的工作。在 Karpechenko 指导下进行的育种工作很有趣味。用秋水仙碱处理甘蓝植株，引起了染色体加倍，用这些植株上的种子长成的植株，体型繁茂，花朵大，叶球加长。在天竺葵（*Pelargoniam* L.）上也获得了类似的结果。在育种工作中特别关注类型的地理原产地。栽培植物的起源和地理分布是 Vavilov 博士的“业余爱好”之一。

我还忘记说这里所从事的一项研究工作，那就是与在德国 Kaizer Wilhelm 研究所做的研究一样：培养不含生物碱的羽扇豆。我不了解在德国是怎样研究的，但在这里，样本分析却相当简单：用锋利的小刀切下种子的一小块，滴上碘溶液。如果种子含生物碱，其颜色变暗，反之，如果不含生物碱，种子的颜色不会发生变化。这样，他们在田间就可以检验数以万计的植株，将不含生物碱的植株分离出来。他们有很多这样的种子，现在他们正在为下一茬播种繁殖种子。

6 月 10 日，考察团出发去中亚。考察路线如下：阿什哈巴德—杜尚别—列别捷克—阿拉木图—塔什干 伏龙芝—阿拉木图—伊塞克—切尔卡尔。8 月 28 日考察团返回莫斯科。考察团收集到谷类、豆类、饲料、蔬菜等作物种子 1000 余份。H. Westover 在后来的一封信中谈到了对 N. I. Vavilov 的印象：N. I. Vavilov 博士是我们这次旅行的极好帮手，我们想请农业秘书处和美国种植产业局的领导人 Ryerson 先生给 N. I. Vavilov 写一封感谢信，我相信当 N. I. Vavilov 收到这封信时会很欣慰。星期五的早晨，我收到 Alekseev 的电报，说 N. I. Vavilov 准备在第二天会见我，因为他将在当晚离开列宁格勒几天。我乘晚上的火车回列宁格勒，与 N. I. Vavilov 博士一起度过了非常愉快的一天。他就即将开始的考察提供了若干十分中肯的建议。他表示相信，我们对中国的新疆未必有兴趣，并且说，旅行是很辛苦的差事。他说，亚美尼亚境内有很多地方值得研究和搜集植物资源，他提议，如果我们有兴趣，考察工作可以在明年夏季继续进行。”

从 Westover 的信中还得知，Hansen 教授 1934 年也在阿尔泰考察，他曾不止一次访问过俄罗斯和苏联。在这一年里，正像 N. I. Vavilov 给 K. A. Visotsky 的信里所说，作物研究所里的“外国专家纷至沓来，其中不乏一流的遗传学家”，譬如，英国细胞遗传学家 C. Darlington 拜访了作物研究所。

（二）O. Frankel 和其他学者访问作物研究所

1935 年，当时尚年轻的新西兰育种家 O. H. Frankel 博士访问了作物研究所。他于 1935 年 7 月 2 日在致 N. I. Vavilov 的信里谈起了自己来苏联的目的：“我们新西兰科学与工业研究处派我来，尽可能多地看看你们在小麦和饲料作物方面的研究，此外，我本人对育种、遗传和细胞学抱有浓厚的兴趣。看到南方的小麦面积那么广阔，着实把我吓呆了，我相信，在这么短的时间里，拜访的机会这么多，收获非常大。”

20 世纪 90 年代，Otto H. Frankel 在同作者（I. G. Loskutov—译者注）谈话中回忆起当时的苏联之行。他说，那时他是一个从新西兰来的不知名的年轻学者，而 N. I. Vavilov 非常好客，情愿拨出时间同他交流自己的想法。Frankel 曾有机会同 N. I. Vavilov 一起在列宁格勒、在作物研究所或试验站度过了 6～7 天。Frankel 曾经参观了列宁格勒郊区的儿童村马铃薯田间资源圃、在乌克兰哈尔科夫的作物研究所试验站以及莫斯科、基辅的许多地方。在作物研究所，他曾经见到过马铃薯专家 Bukasov、小麦专家 Flyaksberger 和作物研究所的其他科学工作者。当时，N. I. Vavilov 正值中年，宽肩膀、头发乌黑，给人以深刻的印象，他彬彬有礼、不慌不忙，却精力充沛、思维敏捷，总是重复说一句话：**“生命短促，做事从速”**。N. I. Vavilov 曾经跟 Frankel 说，每天睡眠不要超过 4 个小时。Frankel 还指出，每当晚上送他到宾馆的时候，N. I. Vavilov 手里总是拿着一摞杂志，这些是他夜间必须浏览的，有一天傍晚 Frankel 看见他手里拿的是新西兰的农业杂志。

关于 Frankel 访问莫斯科之事，有 N. I. Vavilov 从苏联列宁农业科学院发出的一份电报为证：“请在 26 日（7 月）为作物研究所

的专家 Tupikova 配备一辆车，她将陪同新西兰育种家 Frankel 到沙波沃的饲草苗圃参观”。

从 1935 年 8 月 20 日 N. I. Vavilov 写给已在英国的 Frankel 博士的信可以断定，当时还年轻的学者曾对作物研究所某些工作人员的工作提出过改进意见。对此，N. I. Vavilov 回应说：“感谢您的善意批评和建议，我们将认真研究，我已向相关的化验人员说起了这件事。不久前，在生理学代表会议上，我也曾与 Adberhalden 博士、Bertrand 博士提起过这件事情。我确信，我们的工作将会改进”。

对 N. I. Vavilov 及其研究所的活动，不但育种家和遗传学家感兴趣，科学史专家也从国外前来访问。1935 年 N. I. Vavilov 在写给考古学家、语言学家 I. I. Meshaninov 的信中写道：我把年轻的法国学者 Audricour 先生介绍给您。他是受人民教育部派遣前来列宁格勒进行科学考察的。此人对农业历史、作物起源、语言学在农业上的应用都感兴趣。他在我们作物研究所已经工作了 8 个月，参观了高加索和中亚地区最大的试验单位，他打算撰写出版《La geographie humaine》一书，书的选题是文明与栽培植物史。恳切地希望您能帮助 Audricour 先生了解农业史科学院的工作以及语言学在农业名称方面的运用。他已经着手作各种语言的栽培植物名称的比较研究。

1937 年，瑞典农艺师 E. Obeg 为了了解育种和实用植物学方面的工作，访问了作物研究所。关于这次访问，N. I. Vavilov 给 T. D. Leisenko 写信称：他（Oberg）在列宁格勒工作了 3 周，正在准备写一部关于（中国）西藏大麦、小麦的著作，已整理了 1934—1935 年瑞典大考察团的考察结果。他对粮谷作物尤感兴趣……他可支配的时间大概只有几个小时，您最好拨冗 2～3 个小时，向他介绍一下您的工作（指小麦春化——译者注）。

（三）G. Hawkes 访问作物研究所

1938 年，从 8 月 28 日至 9 月 10 日，J. G. Hawkes 教授访问作

物研究所，会见了 N. I. Vavilov。他回忆了自己对作物研究所的访问：我访问的目的是，研究由 N. I. Vavilov、S. M. Bukasov 和 S. V. Uzepchuk 组成的俄罗斯考察团赴南美搜集马铃薯的结果，完成帝国农业委员会 1938—1939 年的搜集计划。俄罗斯在这方面做了大量的工作。N. I. Vavilov 给我的直接印象是，他是一位与众不同的人，一位善于交际、出色的交谈者。

交谈中，N. I. Vavilov 提到了 T. D. Leisenko，因为当时他们之间的分歧已经超出了科学辩论的范畴："N. I. Vavilov 认为，T. D. Leisenko 很走运且富有直觉；但完全不是一个学者，当然更不是遗传学家，对现代遗传学问题及其术语，他有自己的看法。T. D. Leisenko 只知道三个权威：①达尔文，②布班克（美国），③季米里亚捷夫（俄罗斯）。其余的，不是资产阶级学者，便是反达尔文主义者。T. D. Leisenko 有惊人的当众表演的本事。借此，他赢得了人缘和当局的赏识。他从来都会让自己的活动迅速地得到结果。他认定，孟德尔的理论和染色体理论都是臆造出来的，杂交种性状的遗传遵循别的途径。有一件事令 N. I. Vavilov 担心，即：T. D. Leisenko 得到的资金资助远远地超过 N. I. Vavilov。同时，政府总是责难 N. I. Vavilov，让他用钱赶紧出成果……"

下边 Hawkes 接着写道：后来，他（N. I. Vavilov）给我看了一本叫做《春化》的杂志（T. D. Leisenko 主编）。其中连篇累牍地反对遗传学。

T. D. Leisenko 在光天化日之下把孟德尔主义和摩尔根主义说成是伪科学，而孟德尔主义只是自然所得平均值的表现而已。N. I. Vavilov 打算撰写反驳的论文；但是怀疑恐无处发表。第二天，我与 N. I. Vavilov 共进早餐，他向我出示了关于我来俄罗斯的一小段报道，文章是这样开始的，G. Hawkes 博士，帝国植物遗传学委员会副会长，搭乘"菲利克斯·捷尔任斯基"号内燃机船到达俄罗斯，是来看望俄罗斯遗传学家的，并为俄罗斯遗传学家带来了许多马铃薯薯块样品。后来，我们一起到达普希金城，这里有作物研究所的实验地。首先，N. I. Vavilov 向我介绍了世界各地的小麦

样本，都是无芒类型。当时我想，这可能是新的物种，但实际并非如此。N. I. Vavilov 相信，在一定的地带，植物的进化可能是平行的或者相似的。也就是说，在中国也可能有无芒小麦。这些类型在表型上惊人的相似，虽然它们的遗传型无疑是各不相同的。各种突变的走向不同，在一定的环境条件作用之下被选择。这样，各种基因组合便在表型特征上表现出来。这一理论结论有着极大的实际意义。例如，我们已知无芒大麦在同一区域出现的概率必定也很高。这种现象并不始终出现在所有的特征上；但是，周围环境在很大程度上会将偶然的突变塑造成一定的植物型，这不但涉及野生植物，同样适于栽培植物。关于栽培植物最早起源中心与人类文明发祥地相契合的问题：或者是人类的活动促进了大规模的进化；或者相反。尚不清楚究竟是哪些条件。受生态制约的区域内各种类型在原始起源中心都存在，毫无疑问，这是物种传播（多样化）过程的重要因素。N. I. Vavilov 则认为，物种分布的规模，不太取决于地理障碍，而是另有原因，即与染色体变化产生的障碍有关。而染色体的变化，一种可能是染色体数目产生了变化，另一种可能是着丝粒(Centromere）组的排列因减数分裂过程中染色体断裂、易位、置换发生了变化……

J. Hawkes 在谈到自己在作物研究所最后一天的情形时，写道："N. I. Vavilov 向我介绍了作物研究所进行的许多研究。他激起了我对这位难得的务实的合作者和深邃的理论家越来越强烈的景仰之情。他从作物研究所的角度对俄罗斯进行了综合生态学研究，并提出了各个地区的最佳栽培方案。他保存在作物研究所内的世界植物资源及种子数量巨大。为保持这些资源的生活力，需要很多的工作人员。种子每 3 年在全国相应的各个试验站繁殖一次，遍及全国各地……他希望能参加 1939 年的遗传学会议，让我向英国，确切地说，向 Haldane、Crew 和其他人转达，如果他能突然出现在代表会议的会场的话，这不取决于他本人，而取决于从政府获得出差许可。经费的问题，他急忙让我相信，他这一次得到的预算比以往还多些。但是他与 T. D. Leisenko 之间的斗争一直还在持续，这一点使他与当局的关系有些紧张。现在 T. D. Leisenko 得到政府方面的支持。当 N. I. Vavilov 申请去英国，他可能被 T. D. Leisenko 周围的政府人员拒绝。现在我在想，为什么政府把 T. D. Leisenko 抬的那么高？T. D. Leisenko 在政府的眼里，已经不再是一个人，而是一种思想。从一个普通的农民被抬高到了苏联精神生活的巅峰，成了院士。是否值得为此花费时间和精力—这是另一个问题。令人惊讶的是，一个人仅凭自己的价值就可以登上高位。但是主流思想在于，把 T. D. Leisenko 提拔至高位可以满足某人的意志。N. I. Vavilov 并不同意这一看法，他革命前曾在英国和美国接受过教育，他无所求。而 T. D. Leisenko 则是革命给了他一切。在任何情况下，N. I. Vavilov 都是一个伟大的人。

J. Hawkes 从英国给 N. I. Vavilov 发来一封感谢信，信中写道："我想再一次感谢您，是您帮助我度过了在俄罗斯的愉快时光。非常感激您的盛情……我热切地期盼明年能在国际遗传学代表会议期间见到您……再一次感谢您的善意"。

20 世纪 90 年代，在编辑俄罗斯遗传资源史期间，J. Hawkes 在同作者的谈话中总是热情地回忆起与 N. I. Vavilov 的相识，他高度赞扬 N. I. Vavilov 是一位高尚的人，一位大学者。

（四）外国同行记述 N. I. Vavilov 的活动

下面引证的，对 N. I. Vavilov 的评价出自 A. D. Hall 教授的叙述，她在 30 年代 W. Bateson 逝世之后出任约翰·因耐斯园艺研究所的所长，她曾多次与 N. I. Vavilov 会见。作者曾在英国诺里维奇的约翰·因耐斯档案馆与她会见。A. Hall 说："N. I. Vavilov 在 1913—1914 年曾是约翰·因耐斯研究所 Bateson 的学生……他曾仔细地拟定了一种方法，用于确定物种的起源中心，即利用特定的基因变异在一定的多样性中心地理分布的方法。他认为这个多样性中心也就是其起源中心。他将自己的这一方法用于所有栽培植物，在世界各地进行考察。这一切让他做出了这些栽培植物起源中心的结论。运用这一方法的最有说服力的实例是小麦。正如人民久已熟

悉的，小麦栽培类型被分作两个不可交配的组。四倍体的 *Triticum durum*、*T. turgidum*、*T. polonicum* 和六倍体的 *Triticum vulgare*、*T. compactum*。N. I. Vavilov 发现，六倍体的，起源于中亚中心，而所有四倍体的则起源于另一个中心—北非。小麦的这两个组距离人类文明的两个路线都很近。N. I. Vavilov 这一方法的最大价值、“遗传变异的同系定律的重要性和他所规定的植物育种原则正开始被肯定，而他发表的著作，是继达尔文和德康多尔以来研究植物自然多样性最重要和最系统的尝试……在他的指导下，他的研究所组建的试验站网遍布整个苏联。N. I. Vavilov 利用自己的权威，使遗传学、细胞学、生理学和分类学牢固的协调一致，在他的领导下 2 000 多位科技人员从事国民经济中植物有效利用问题的研究。作物研究所进行的风土驯化、杂交工作结果证实了工作是成功的。而成功恰恰是上述方法与经济保障、热情和组织工作互相配合而取得的”。

H. J. Muller 教授在致 M. Popovsky 的信中，对 N. I. Vavilov 作了详尽的评述：所有认识 Nikolai Ivanovich Vavilov 的人都会感受到，他无比乐观、气度高雅、善于交际、态度友善、兴趣广泛，而且活力十足。他是一个光明磊落、有魄力、随和自然的人。他以自己的勤奋工作、积极进取、愉快合作感染着他人。我不知道还有谁像他那样，创造、指导并将自己的活动发展到如此广泛的领域，同时对所有的细节都那么重视。同时，N. I. Vavilov 非常知人善任，他会利用自己内行的领导方法，吸引大家到他活动的轨道上来。令人注目的是，他在作物研究所、在各个试验站从事研究工作，对遗传学和农业科学的各个方面可谓了如指掌；可是他仍然不知疲倦地在读书、写作，组织各项研究，而且还亲自比较和评价大量的试验数据……N. I. Vavilov 有一次对我说，“如果我要委托某人做什么事情，我会挑选对所托办之事十分负责任、并能竭尽全力去完成任务的人”。他还补充了一句，“这样的人能克制自己，以便以后能做更多的事情”。N. I. Vavilov 本人正是遵循这种精神，不知疲倦地工作着。他一年内，在苏联各地长途旅行，到他领导下的上百个育种试验站检查指导工作；他一年内，还要多次地访问莫斯科的遗传学研究所（他兼任该所的工作）……不论从科学的角度，行政的角度，还是从一个人的角度来评价，他都是一个伟大的人。与一些“有天赋的人”不同，他是一个性格完全外向的人，他没有任何性格缺陷，情感优势鲜明。在他的身上，工作、事业、分析整合和解决问题的能力、远见卓识和对细微事物差异的感知、洞察力和美学融为一体。他的学问广博而深邃，而仍然热爱生活，乐观豁达，富有活力。在我以往所熟悉的人中，仅他一人。他的勤奋和榜样不会被遗忘。

Ch. B. Davenport 博士在写给美国国务秘书的信中，对 N. I. Vavilov 所有的广泛活动作了概括：N. I. Vavilov 受到所有遗传学家的尊敬，不论这些人在哪里工作，N. I. Vavilov 是苏联遗传学家的领头人。他学识渊博，视野宽广，他的巨大能力，不但是苏联不可估量的财富，而且对全世界的农业科学来说，也是不可估量的财富。因为遗传学的进步与国家的农业成就之间，以及与国家生活的各个方面之间密切相连。干预像 N. I. Vavilov 这样人的工作，不但等同于民族自杀，而且是对人类文明成就的沉重打击。

第四章　1922—1940 年 世界各地考察

N. I. Vavilov 对植物遗传资源的收集和研究给予极高的评价。他亲自参与或者组织策划了世界许多地区和苏联全境的考察工作。他可以流利地讲几种欧洲和亚洲的语言和方言。在考察中，他又是一位出色的、寻根究底的科学家。N. I. Vavilov 本人曾亲自对世界上 60 多个国家和地区进行过考察研究。

N. I. Vavilov 本打算撰写 1938—1940 年自己的旅行特写，称之为《五大洲》，并为此拟定了写作计划纲要。因为作者于 1940 年 8 月突然被捕，未能完成拟议中的《五大洲》手稿。后来，于 1962 年在莫斯科出版了这部著作，接着被译成英文和多种文字发行。

N. I. Vavilov 及其同事对苏联全境和国外进行考察的任务，归纳起来，除了研究栽培植物、收集种子、研究这些植物生长的生态学之外，还包括对这些国家和地区的地理学记述、自然条件评述以及各地气象资料。N. I. Vavilov 认为，对一个地域的考察，假若缺少了风俗文化、历史、考古信息以及与作物品种、物种地方名称相关的语言学资料，其结果是不完整的。考察中收集来的大量资源，均按照统一的方案，在遍布苏联不同气候带的作物研究所试验站进行测验和研究。所获取的资料由作物研究所的科研人员进行汇总，并在作物研究所的《著作集》上发表，或者由具体的作者出版专著。全部植物资源的收集和研究直至所有细节均由 N. I. Vavilov 本人直接指导。一些有针对性地收集到的物种及综合研究结果成为 N. I. Vavilov 很多工作和理论观点的论据。

N. I. Vavilov 认为，地理学原则是进行考察的基础。他在 1924 年给 G. K. Meyster 的信中写道：“现在，我们已经明确了以地理学的态度研究栽培植物，逻辑上我们将对苏联各个地区特别是对与苏联接壤的国家进行调查研究。”

N. I. Vavilov 对各个古代农业文明地区和山区最感兴趣。在 1916 年对波斯（见第二章）进行考察并对其邻近地区作过调研之后，开始明确，最具有价值的材料在其东南部。他的设想被西伯利亚育种家 V. E. Pisarev 的研究资料所证实，后者受他的邀请到彼得格勒参与了此项工作。

一、蒙古

V. E. Pisarev 在研究了大量谷类作物的实际材料之后，得出结论，实际上西伯利亚所有的地方品种均属于南部起源。作为论证这一假说的第一步，根据 N. I. Vavilov 的提议，实用植物学与育种委员会组织在 V. E. Pisarev 和 V. P. Kuzimin 的带领下对蒙古进行了大规模的考察。这一时期正逢蒙古内部战争，使样品收集复杂化。考察队步行了 3 000 千米，调查了当地的农区，收集到上千份有意义的作物样本。N. I. Vavilov 在当年的一封信中写道：“从蒙古考察队 Pisarev 处收到有意思的信息。在蒙古西北部发现了新的珍贵的一组红穗（并非花青素）大麦、红穗小麦类型，迄今文献中尚无记载……后来又找到一组红籽粒燕麦。”

“刚才仔细察看材料，发现了迄今未知的新的裸燕麦变种……所有这些材料均出自中国的农田，这表明，在中国有望看到新奇的燕麦。无论如何，可以认定，*Avena sativa* 的一个分支出自中国，而裸燕麦的主要基地集中在中国。”

Pisarev 考察队查明了春黑麦的起源问题，证实了我此前提出的冬黑麦源自杂草，确切些说源自混杂在小麦和燕麦田间杂草的观点。Pisarev 的资料证实了我们关于栽培燕麦源自混杂在二粒作物田间杂草的设想。总的说来，Pisarev 的植物地理学考察收获是巨大的。

在蒙古西北部发现了不论就植物学方面说，还是从实用方面说，都有价值的白籽粒小麦、像野燕麦（*Avena fatua* L.）一样带蹄口的野生黍和此前不了解的带壳燕麦和裸燕麦变种地方组。业已认定，蒙古农区是受中国中部有山省份影响的，由此还可以确定，西伯利亚的品种资源是从中国经蒙古而来的。

尽管实用植物学委员会的事务繁忙，N. I. Vavilov 并未离开俄罗斯境内资源的收集和调研工作。N. I. Vavilov 在 1922 年致 W. E. Pisarev 的信中写道："本年度，我完成了包括 Archangel、Pinezhi、Holmogor、Mezen、Linkur 在内的 7 个县的调查研究。"

1924 年，N. I. Vavilov 开展了更大规模的栽培植物的收集工作：他规划自己前往土耳其，E. N. Xinskaja 赴阿尔泰，A. A. Grossgeim 赴美国接续 E. A. Stoletova，在 1925—1926 年进行资源收集。1924 年，E. N. Xinskaja 考察了阿尔泰，此前当地的植物资源无人研究过。从当地获得了为数众多的豆类、油料和纤维作物样本总计达 900 余份。E. A. Stoletova 在美国收集到非常有价值的谷类、豆类、工艺作物、蔬菜、饲用和制米作物的地方品种和类型。N. I. Vavilov 在给 S. M. Bukasov 的信中赞扬道："E. A. Stoletova 从美国带回了非常珍贵的资源（1 700 份）。"

二、阿富汗

第一次最大的国外考察无疑是 1924 年下半年组织的阿富汗之行。该国特别吸引 N. I. Vavilov，1916 年在与伊朗和阿富汗边境调查栽培植物之后。张罗此事花费了大约一年半。首先要克服进入阿富汗的障碍，N. I. Vavilov 最初计划在 1923 年 5 月的下半月出发考察，为的是到达坎大哈干旱地区适逢谷物成熟和收获季节。在这一时期，他勤奋地学习波斯语，因为阿富汗的上层是讲波斯语的。在准备考察期间，N. I. Vavilov 撰写了《论栽培植物起源的东部中心》论文。实际上，该论文是研究栽培植物起源地理中心的预报。N. I. Vavilov 以极大的懊恼写道："赴阿富汗考察，可惜拖延了不知多长的时间。原因是政治方面的：现在进入阿富汗变得非常困难。原来障碍不只是来自英国人，而且来自阿富汗人。目前我们与阿富汗的关系紧张。非常遗憾，考察的准备工作已经做了 9/10，甚至经费已经攥在手里，在最后时刻，根据外交人民委员的建议，考察搁置了下来。”

1923 年夏季，因政治原因，出访阿富汗未能成行：苏联与阿富汗的关系依然紧张（Kerzon 勋爵照会苏维埃政府）。1923 年末，N. I. Vavilov 曾计划，如果 1924 年还不能进入阿富汗，那么就调查与之接壤的地带，对最有意思的、未曾研究过的地区作“横向切割”，以便收集栽培植物。在调查（苏联）突厥斯坦时，N. I. Vavilov 曾打算通过边境哨所进入阿富汗。他曾自我鼓励地写道：“我想，我终归会到达阿富汗的。4 月份，先去突厥斯坦……无论如何，即使徒步也能到喀布尔。最有趣的是，从喀布尔经巴达赫南，上帕米尔，在那里，我想会发现许多新奇的东西。早在 1916 年，曾经在帕米尔发现了无叶舌的谷类作物。”

“现在没有经费，甚至以后不再会有。不得不卖掉部分书籍、部分光学仪器，纵然是徒步，也要去阿富汗。”

旅行之事受挫折之后，N. I. Vavilov 在致 P. M. Zhukovsky 的信中谈到以后的计划：“如果您今年考察小亚细亚，而我们考察突厥斯坦（阿富汗），可以弄清楚许多事情。今年的成功将决定前往中国和非洲的可能性。”

进行考察的许可和经费直到 1924 年初才下达。而去阿富汗的签证受阻则使出发的时间又拖延了几个月。不得不一而再、再而三地向阿富汗使馆请求，而该使馆自己也不能颁发考察签证，需援引英国和其他国家相应的要求。多亏外交人民委员会出面，给予此次考察以特殊的协助，考察队队员被编入苏联赴阿富汗全权代表处：N. I. Vavilov 教授的身份是与阿富汗进行贸易谈判的顾问，萨拉托夫糖业托拉斯育种种业委员会的育种家 V. N. Lebedev 和农艺工程师 D. D. Bukinich 二人则是外交人民委员会的信使。

最终，于 1924 年 7 月 19 日，考察队经库什克进入阿富汗。

1924 年 8 月和 9 月，阿富汗发生了战争，波及该国的南部。“巴斯马奇分子”叛乱活动波及了阿富汗半个国家。为了有成效的工作，考察队必须依靠保护、雇人的费用由考察队支付。平时，考察队由 2～3 名阿富汗士兵伴随，在有些地方，护卫人员增加至 10 人。因为只有在护卫下，考察队才能全面完成所担负的任务。在那一年，终究还是完成了预期的考察路线，在综合调研之后，经原路，12 月 1 日返回了库什克。

此次考察涵盖了阿富汗全境，一些地方是全体考察队完成的，另一些地方则是考察队员分头完成的。路线的总里程约 5 000 千米。考察队走遍了阿富汗的各典型地区，此外，还到达了当时连欧洲人 Kafiristain 都不知道的地方（该国的东南部）。从栽培植物分布的极限（海拔 3500 米）到亚热带甚至与印度毗连的热带地区，都进行了考察。

第一次顺利完成了对与突厥斯坦相邻的广大地区的农业调查，迄今为止，这些地区对于俄罗斯来说还是完全陌生的。这里是软粒小麦最大的多样性所在地。在根杜库什山外，邻近印度的地区发现了大片完全独特的、不为欧洲所知的小麦和黑麦品种。在这里还收集到大量豆类、油料植物和蔬菜。在世界各国中，阿富汗以软粒小麦（*Triticum aestivum* L.）多样性最大而著称。在此地还发现了 *Triticum compactum* Host.（密穗小麦）的变种，蔬菜的多样性巨大。看来，在收集到的材料中，有新的物种和数以百计的新品种，都是欧洲农业中不曾见过的。总计收集到不下 5 千～6 千种各种作物的种子样本，其中甜菜样品有糖用甜菜、饲用甜菜和菜用甜菜。考察收集到的资源被汇总在 N. I. Vavilov 与 D. D. Bukimich 合著的《农业阿富汗》一书中，同时也写入了《五大洲》专著中。N. I. Vavilov 在《农业阿富汗》中描写了自己对这个国家的印象：“阿富汗东南部，和与之邻近的印度处在主要粮食作物—软粒小麦品种资源的核心。在这里，还发现了栽培黑麦的真正祖先”，同时也写入了《五大洲》一书当中。

至于其他谷类作物，N. I. Vavilov 在阿富汗未找到大麦的独特类型，而燕麦，在当地根本没有。然而，阿富汗外根杜库什山地区很多其他作物的地方品种多样性则饶有趣味。譬如，原来不知的蔬菜、油料、药用、工艺植物、果树和某些树种。在很多栽培植物上能够看到其进化的所有阶段。令人惊奇的是，在豆类作物中发现了类型的极大多样性。其中，如蚕豆、豌豆、兵豆、山黧豆—这一切表明，这里有一个这些作物的形态形成中心。在高山地区曾看到在株高和分枝性方面接近栽培亚麻的中间类型。还曾发现特有的阿富汗油菜（*Eruca* Mill)、独行菜及其从野生到栽培的过渡类型。在多样性方面，甜瓜及其由野生到栽培的各种过渡类型俱全，由此可以辨别出该作物形态形成的最初分布区。类似的情形在别的作物上也曾发现过。这些栽培植物如小麦、豌豆、蚕豆和其他大田作物和蔬菜多样性主要区域多半处在海拔 1000～2000 米的高处。未经过人工选择、带有粗糙半野生性状植物类型的主要资源分布在阿富汗东南部和与印度西南部交界的地区。这里处在根杜库什山和喜马拉雅山之间的地质褶皱之上，带有惊人的条件多样性、栽培植物基因丰富性和各种各样人类部族。N. I. Vavilov 把这里划作农业文明的最初发源地。

阿富汗考察的初步结果和对收集到的作物的进一步研究完全证实了关于西南亚古代近山区和山区农业发源地重要意义的推测。

N. I. Vavilov 在一封信中兴奋地描写了考察的结果："看来，旅行是成功的，走遍了整个阿富汗，还钻进了印度、俾路支，到过外根杜库什山，在靠近印度（现为巴基斯坦—译者注）的地方，挣扎着爬上海棠树，发现了原始黑麦，见到野生西瓜、甜瓜、大麻、大麦、胡萝卜。我们曾 4 次翻越根杜库什山，有一次是按 Aleksandr Makedonskii 的路线翻越这座山的。"

考察返回之后，N. I. Vavilov 曾作过几次公开演讲，其中一次是在俄罗斯地理协会作演讲的。该协会曾授予他 N. M. Przhevalisky "地理贡献"奖，以表彰他在阿富汗艰难而危险的旅行。

但是，为了反映全貌，必须尽可能地调查中亚的绿洲。N. I. Vavilov 1925 年在给 P. M. Zhukovsky 的信中写道：大约 7 月 1 日，

我将去突厥斯坦，在那里的塔什干附近播种阿富汗的材料，我有意去希瓦、费尔干纳，……有些地方还不曾去过……在中国西部将与一伙同伴会合，他们计划前往喀什、和田，我则从那里独自动身去乌鲁木齐和伊宁。领事馆开馆、外交人民委员会方面曾约请对中国西部进行调查的事已经提上了日程，调查任务也纳入了对全中国进行调查的议程。

1925 年，N. I. Vavilov 在 V. K. Kobelev 农艺师陪同下前往花剌子模绿洲。苏联的这一地区的封闭性和带有古文化遗迹对他有吸引力。1926—1928 年期间，将收集到的 1 500 余份植物资源播下去之后，N. I. Vavilov 在《希瓦绿洲的栽培植物》一文中公布了自己在花剌子模考察的结果（见《植物学—农学论文集》）。

对花剌子模栽培植物构成的分析使 N. I. Vavilov 作出了结论称，这里的作物是固有的。将花剌子模作物区系与伊朗、阿富汗、塔吉斯坦、乌兹别克斯坦和突厥斯坦的作物区系作比较，证实了它们之间有亲缘关系。这样，花剌子模栽培植物需从上述地区寻找其来源。N. I. Vavilov 在一封信中谈起了自己的计划："我要通知您，我们近期的考察如下：地中海沿岸、中国、小亚细亚、中国新疆喀什、印度的西北部"。以后 N. I. Vavilov 计划考察方向是去中国西藏。

三、外高加索和土耳其

除了阿富汗之外，N. I. Vavilov 对与苏联领土毗连的国家和地区的栽培植物非常感兴趣。因此他从 1922 年起便计划考察外高加索和小亚细亚，寻觅一直未能找到的波斯小麦这件事呼唤他越来越向东，再向东。1922 年，N. I. Vavilov 在致 P. M. Zhukovsky 的信中写道："寄给你的材料很有意思。首先，关于 *Triticum persium*，您的鉴定是对的。对它研究的越多，越令人惊奇。我在我们作物处里开玩笑说，我很早之前就筹备写一部与波斯小麦有关的小说。我们曾经对其做过细胞学、组织学、杂交和技术方面的研究，然而直到今天我也未能弄清楚这种小麦的产生和地理原产地……您成功地确定了这一物种的栽培地点，甚至还找到了新的变种。想必您当然知道，这一事实对于我们有多大的意义。……可能你在格鲁吉亚还会发现其他的类型……您在高加索周边地区、土耳其、亚美尼亚以至整个小亚细亚临近地区的考察是极其必要的。黑色小麦的重要多样性集中在非洲，老实说，您在外高加索发现的很多类型，对于我们是重大的新闻。也是高加索迄今少有的惊人事件。"

从 1924 年起，N. I. Vavilov 着手筹划赴小亚细亚考察的经费："最近几年的调查完全确定了，欧洲和美洲的农业经常采用的也是价值不高的农作物品种，育种家们采用的也是这类品种。而调查却从另一方面表明，自然界存在许多农作物品种却未被利用，其中在亚洲西南部、前亚和高加索等地区还有大量大田作物类型至今仍未被科学和文明国家的实践所认知。亚洲和高加索的谷类作物具有特别重要的意义。它们不自动落粒、耐旱、籽粒的透明性良好、对土壤不苛求（耐瘠薄）、对许多寄生菌免疫……作物处向品种种子实用植物学委员会建议于今年（1924 年）夏季对小亚细亚和南高加索进行考察，以收集和带回所有大田作物的播种材料。实用植物学处已责成学术专家、原梯比利斯植物园主任、外高加索栽培植物行家 P. M. Zhukovsky 在很久之前即对这一边区进行过研究。我们建议的路线如下：梯比利斯、Borchalin 县、Aleksandropoli 县、戈克恰湖地区、Novobajazed 县、Kapskaja 州、Sorokomoish、Airzurum、Trapezund、Batum（巴统）、Achalkalak 县、Bakuriani、Borzhom、梯比利斯。"

你看，最终理想变成了现实："这几天我收到了通知"。—N. I. Vavilov 在一封信中写道"说的是乌克兰农学委员会拨出经费拟对小亚细亚进行考察。这些地区对农学的重要性如此之大，还可以从我几天前从华盛顿农业部长发来的信中看出来，信中提出要求，想与我们方面共同组织前往小亚细亚、波斯、亚美尼亚和邻近地区进行考察。"

P. M. Zhukovsky 的土耳其之行是在 1925 年，后来持续到

1926 年和 1927 年。这是一场对古代农业文明国家的考察，是调查和收集栽培植物及其野生亲缘种链条中的一个环节。

考察之前，N. I. Vavilov 提出了广泛的却又相当具体的任务：除了小亚细亚之外，Petr Michailovich，最好能在今年内调查一下亚美尼亚。我简单地概括一下我们对小亚细亚的愿望。首先，当然是大田作物和蔬菜。果树栽培无边无际，暂时不必触及、或早或晚，我们将派出专门的果树考察队，在这方面无须牵涉太大的精力。大田作物是最要紧的。对小亚细亚，我们实际上一无所知，大概您将发现全新的类型。恳请您特别关注一下并登记所到之处的亚麻，收集豆类和十字花科植物的材料。

特别请求的还有大麦。虽然我并不指望小亚细亚会蕴藏着什么特别的大麦；但是作为一种地理样本则是有用的。恳请您注意亚美尼亚和小亚细亚的块根作物、它们的种植条件。关于块根作物的起源问题还有很多未知之处。油料、十字花科和块根类的地理划分，是一个诱人的课题。不论怎样，每一种作物都要尽可能多地从各种不同的地区和条件下获取种子样本……**生命短暂，问题无穷**，因此获取所有的一切是值得的。

在考察的第一年，调查研究了小亚细亚的整个西部，包括吉利基亚、安卡拉地区，后来的两年，调查了北美索不达米亚和罗得岛。P. M. Zhukovsky 在总结中提到走完了 12000 千米，收集到 10000 份种子样品。它们是可以纳入世界植物资源的珍贵的软粒小麦、硬粒小麦、高蛋白大麦、拜占庭燕麦、菜用和罐头用豌豆、鹰嘴豆、兵豆、抗炭疽病的菜豆、特早熟山黧豆、高产苕子、柔茎苜蓿、枝形烛台状冬亚麻、高油芝麻、芥菜和冬油菜以及高吗啡鸦片罂粟、高糖甜瓜——kassb 和 kantalup。为了正确鉴定收集到的资源，P. M. Zhukovsky 于 1928—1929 年先后在柏林植物园和巴黎自然历史博物馆研究了蜡叶标本，查阅了相关文献。

土耳其植物资源研究的总结反映在 P. M. Zhukovsky 的许多论文和重要著作《农业土耳其》之中。该著作的几乎一半出自他之手，其余部分由合著者撰写，这些合著者也曾在苏联不同地区收集研究过植物资源。《农业土耳其》这部专著至今在有关小亚细亚的科学文献中仍是难以企及的。

四、北非

在访问美国并熟悉了阿比西尼亚（今埃塞俄比亚）的收藏品之后，N. I. Vavilov 不止一次地提出访问非洲的必要性。1922 年在给 U. N. Voronov 的信中，他写道："我本人对南方的作物感兴趣，并建议由作物处在 1925 年组织考察队赴北非。应当尽可能获得更多关于南部各国的文献，对非洲，我们主要是研究其大田栽培植物。"

N. I. Vavilov 为自己提出的重大任务是，访问地中海沿岸和东非各国。他希望在那里收集尽可能多和完整的地方品种材料，研究农业文明的历史和条件。可是要实现预期的意图却非易事。多数非洲国家是殖民地，没有英国和法国的核准，是不准入境的。一般外交关系在当时无助于问题的解决。N. I. Vavilov 必须自己出面获得出入境的签证。

除了许可和签证，出访还需要金钱，而钱始终是不足用的。这样一来，迫使 N. I. Vavilov 还要像考察阿富汗时那样寻找附加的经费。在给糖业托拉斯的信中，他写道："今年 3 月中旬，实用植物学研究所拟派我出差收集抗旱作物资源，前往地中海沿岸的阿尔及利亚、埃及、突尼斯、叙利亚、巴勒斯坦、希腊、意大利，如果可能的话，还要去阿比西尼亚……现提请糖业托拉斯董事会批准于今年 1 月 26 日拨给我经费 6000 卢比。"

收到苏联政府的许可和用于如此长期旅行虽然微薄却很必要的旅费，N. I. Vavilov 只能在 1926 年夏初启程去伦敦，并在朋友 C. Darlington 特别是 Zhon Innes 园艺学院院长 D. Hall 博士的帮助下得到了去巴勒斯坦和 Kipr 岛的签证。

N. I. Vavilov 在 1926 年的一封信中这样写道："我们签证的事是顺利的，因为 Bateson 在临终前曾请 Hall 博士（农业部科学工

作的负责人）尽量帮助我们。”

在给 A. D. Hall 的信中，N. I. Vavilov 写道：“我斗胆请您写信给外交部和英国驻莫斯科大使馆，帮助我获得去地中海国家的签证。我知道，Bateson 先生准备答应我的请求，而现在我向您请求帮助，劳驾您替我说情。我从未与政治打过交道，而我即将进行的旅行一是纯科学的。”

在法国，N. I. Vavilov 向外交部提出的申请未获成功。Chevalier 院士和著名的 Vilimoren—Andrie 家族农场的共有者 J. Vilimoren 家族给予 N. I. Vavilov 以不可估量的帮助。公司领导者的妻子 Vilimoren 夫人亲自找法国总统 Poankap 和总理 Brien，张罗发给 N. I. Vavilov 赴阿尔及利亚、摩洛哥、突尼斯、叙利亚的签证。

N. I. Vavilov 就这一情况曾写道：“昨天出乎意料地给我发了赴叙利亚、阿尔及利亚、突尼斯和摩洛哥的签证。同时还替我向全权代表处、巴黎科学院和当地最大的 Vilimoren 家族企业斡旋。暂时还未获得赴索马里的签证，而没有这个签证就无法进入阿比西尼亚……5 天后我将去叙利亚，从那里再去巴勒斯坦。关于完整的考察，我就别想了。去殖民地考察不被允许，我的整个心思是怎样才能进入阿比西尼亚。我在考虑一条迂回的路线。去埃及的签证也未得到，如果能获得去苏丹的签证，大概只能通过阿拉伯这条路了，不过此事只能在巴勒斯坦才弄得清楚……我希望用半年的时间掌握地中海的作物并得到我们所需要的东西。但是这太少了。无论如何也要去埃塞俄比亚。”

1926 年 6 月中旬，N. I. Vavilov 已经在从马赛港去阿尔及利亚的路上。关于自己的阿尔及利亚之行，他在《五大洲》中写道，这是最炎热的季节，几乎没有人会到这个国家来旅行。而他与 Trabut 和 Ducellier（二位法国植物学家，曾在阿尔及利亚工作过）曾约定过这样一次旅行。N. I. Vavilov 在旅行期间认定，北非领土分山区、山麓区和近海区。在近海地带的田野上，N. I. Vavilov 看到了硕大的鳞茎（圆葱），重量可达 2 千克。蚕豆、兵豆、山黧豆、小麦、大麦、亚麻、野生胡萝卜、杂草苕子，均以体形硕大著称：

花大、种子大、果实大。地中海燕麦和混杂在燕麦田里的野燕麦体形都很大。据 N. I. Vavilov 看，这是自然选择和人类生产活动的结果。在塞提夫、蒂木加达、提亚雷特地区有一个真正的硬粒小麦“王国”，N. I. Vavilov 在 Ducellier 和 Trabut 的协助下，搜集了样本。

N. I. Vavilov 从阿尔及利亚奔赴摩洛哥。在那里逗留了 10～12 天，以了解这里的主要农业区。在前往阿特拉斯山时，N. I. Vavilov 看到了硬粒小麦籽粒轻微散落的独特类型，以及黑麦、大麻、豌豆和山黧豆。这一切说明，非洲山区农业不仅与伟大的地中海文明，而且与西南亚文明之间有着毫无疑义的联系。

关于自己在地中海沿岸国家的经历和艰难，N. I. Vavilov 在许多信件中多次提到过。同时，他无休止的旅行的主要目的地，是梦幻而诱人的阿比西尼亚。他在一封信里说：“在结束了对摩洛哥的旅行之后，借助汽车、卡车，纵横穿越了整个国家，找到了不曾见过的新奇的小麦品种……热浪难耐，也值得了。只有疯子才在这段时间来非洲旅行。”

在另一封信里写道：“我终于踏上了非洲的土地，来到了大阿特拉斯（山脉），到达了马拉喀什、离开了摩洛哥，明天去机场，返回阿尔及利亚，从那里去撒哈拉、去突尼斯。而去埃及、去苏丹、去阿比西尼亚的签证依然没有。”

在第三封信里，似乎是在作某种总结，N. I. Vavilov 写道：“收拾了粮食和蔬菜的大量材料，寄出了 1000 余份样品。西北非，我们已经掌握了……签证的事遇到了许多不愉快。为了弥补路程缩短，不得不采取荒唐的路线，或者取道不需要证件的地方过境……叙利亚、巴勒斯坦、塞浦路斯考察在即，而这些地方何处能放行未知……凭良心说，在瞎忙活，边境上那些行政长官们尤其令人厌烦。必须尽快地离开这里，怎么办都好。我是希望进入苏丹，接着去阿比西尼亚，但是目前还没有什么希望。”

在突尼斯，从植物园园长 Boeuf 教授处，N. I. Vavilov 得到了一大批栽培植物物种和品种，并陪同他一起完成了全国的旅行。在

这一季节作这类旅行最为惬意：山区收获刚刚开始，庄稼尚在田间。临近山地的突尼斯地域开阔。高原区种植的是硬粒小麦。这里种植的全部都是当地古代的老品种，许多麦种混杂在一起，形形色色。与阿尔及利亚和摩洛哥一样，突尼斯的农业也相当原始。在整个北非都有某种一致性。植物地理学分析表明了地中海文明的独特性，原有的地方大粒硬粒小麦和六棱大麦占优势。近海地区集中种植的是大粒豆粒作物、种子很大的亚麻。阿特拉斯山地区受西南亚中心和地中海文明的双重影响。所种植的作物比较单一、农耕粗放证实了文明起始不在这里。它的粮食谷类的源头应当到前亚去寻找。

五、中东

北非调查之后，N. I. Vavilov 又回到马赛。他拥有前往叙利亚的签证，很快起航去贝鲁特。在叙利亚的旅行路线，N. I. Vavilov 还在伦敦和巴黎时就已经拟定了。重要的是如何到达该国的腹地、叙利亚的南部与巴勒斯坦毗连的地带、进入山中，1906 年，植物学家 Aaronsohn 最早在此地见到过野生小麦。据已有的报道，霍拉纳高原是栽培谷类的重要地区之一，同时也是野生小麦的故乡。在这里曾经收集到硬粒小麦的特别变种，后来被称之为霍拉纳小麦。此外，在当地还曾发现了野生小麦（*Triticum dicoccoides* Koem.）草丛。

疟疾暴发严重地干扰了科学家继续搜集散落型野生小麦和野生大麦（*Hordeum spontaneum* C. K.）。N. I. Vavilov 不顾病痛，继续收集他感兴趣的种子资源，并将其寄到大马士革。由于德鲁兹人起义引起大马士革实行戒严，N. I. Vavilov 只限于在城里的种子市场上或者就近在有限的几处田间做调查研究。所找到的小麦品种构成极其五花八门，反映出其受西南亚和地中海的影响。还曾发现了特殊的山黧豆的山区—地中海类型。在当地，山黧豆代替饲用大麦做饲料。N. I. Vavilov 将收集到的大量材料交付邮寄之后，又到了叙利亚北部美索不达米亚地区，打算乘坐汽车，穿过幼发拉底河河谷。

主要以种植小麦、二棱大麦的这一整个地区，是叙利亚的粮仓，也是一个地中海耕作类型的地带。其作物品种的构成完全有别于西南亚和伊朗—突厥斯坦区域。在拉塔基亚和黎巴嫩山发现了新奇的野燕麦、多年生黑麦、野豌豆、野生悬钩子和长角豆。

1926 年 9 月 23 日，N. I. Vavilov 从大马士革寄给 W. E. Pisarev 的信中讲述了自己旅行的苦恼："很遗憾，我要跟你说，不记得是在克里特（岛），还是在塞浦路斯，我患了疟疾，状况狼狈不堪。于是赶紧回到贝鲁特，在那里开始抽搐。叙利亚开始屈服了，军政府允许前往与巴勒斯坦交界的前线地带。我在当地找到了 *Triticum dicoccoides* 。看来它在叙利亚和巴勒斯坦分布很广"。

为了等待去埃及和阿比西尼亚的签证，科学家不情愿地只好去巴勒斯坦和特兰西奥尔达尼亚待上两个月。N. I. Vavilov 和农艺师 Aitingin 在拟定了去耶路撒冷和特拉维夫的旅行计划之后，便奔赴艾兹德拉的奥谷地。巴勒斯坦的小麦与霍拉纳小麦差别很大：麦穗和小穗大，与栽培小麦相似，但是麦芒粗糙，而麦粒较大。

"野生大麦与野生小麦生长在一处这一点表明，巴勒斯坦与叙利亚一样，属于世界最重要的谷类——小麦和大麦的主要故乡。"

按着日程，该去埃及旅行了。关于自己尝试获得前往该国的签证，N. I. Vavilov 在《五大洲》一书中是这样写的：无尽无休地尝试得到去那里的签证，未能得到正面的回应。Bankir Mossari 虽然以其本人的影响力仍未得到正面的许可，在大马士革的阿拉伯科学院院长 Kurdali 帮忙也未奏效。英国最大的农学家 D. Hall 和 J. Russel 出面请求也无助于事情的解决。

我从管理外国人入境的英国上校 Aleksandria 那里得到相当恭谨地回答，在当时的局势下，入境是不可能的。我提出，我有警察局的许可，而且只是去进行考察，仍然无济于事。

于是，N. I. Vavilov 只好采取迂回的办法，按照自己在意大利收集作物资源时的助手、罗马大学学生 M. N. Gaixinsky 的提议，

派遣意大利大学生 R. Gudzoni 在埃及收集栽培植物的种子和果实。R. Gudzoni 给予 N. I. Vavilov 以非常大的帮助，在埃及搜集了大量种子资源，并寄回了苏联。关于此事，N. I. Vavilov 是这样描述的："我聘请精明能干的意大利大学生 Gudzoni 作为助手，对他进行了培训，为他提供了必要的收集用的物品、真空模盒、工具，责成他收集所有必要的文献，并将他派往埃及。Gudzoni 以最好的苏联方式完成了自己的使命，按照指定的路线，通过所有的农业区直至上埃及的阿斯旺水坝。"

六、阿比西尼亚和厄立特里亚

接下来，N. I. Vavilov 竭尽全力要得到进入阿比西尼亚和厄立特里亚的签证。关于此事，他是这样写的：预先在巴黎的商谈没有成功。De Vilmorin 女士答应给在亚的斯亚贝巴的法国大使写信。如我后来确信的，她做了这件寻常的、而对于她来说是善意的事情。麻烦出在，在当时，阿比西尼亚在欧洲并没有外交代表处。从各个国家给阿比西尼亚政府挂电话或写信的尝试都不够顺利。我们的朋友、美国农学家 Harlan 博士 1923 年曾到过阿比西尼亚，并受到埃塞俄比亚执政省的愉快接待，他尝试以自己的影响，从华盛顿帮助我们；但是很明显，也被令人气愤的阿比西尼亚外交部的置若罔闻所断送。看来，进入阿比西尼亚的乌托邦想法只能搁置起来；然而，我对此无论如何都无法容忍—须知，根据我们的理论判断，东非显然是一个独立的作物区系，迄今尚无人进行过相关的研究，已知的只有区系研究的零星片断。

我曾向国际罗马农学研究所寻求帮助以获得进入意大利殖民地厄立特里亚的签证；但是，对方声明，与阿比西尼亚相关的事不是其管辖范围。不过这件事反而使我感到了希望。

通往阿比西尼亚，还有一条路——通过法属索马里。这条路通火车，从吉布提港，沿红海海岸可抵达阿比西尼亚首都亚的斯亚贝巴。但是，为了抵达，用法国签证乘坐轮船可前往吉布提港。为此，N. I. Vavilov 必须再一次从巴勒斯坦返回马赛，横渡地中海。需要提及的是，N. I. Vavilov 一生都无法忍受海上颠簸摇晃，每次都要经受晕海之苦。这次多余的渡海证实了 N. I. Vavilov 为了达到自己的目标竟如此执著。

他在致 N. P. Gorbunova 的信中读到了自己无比的艰难，可是马上又说到下一步的计划："今天从罗马去马赛，从那里再前往索马里，如果能放行进入阿比西尼亚，那么就直接到那里去，如果不放行，我还有进入厄立特里亚的签证，这里也是阿比尼西亚的一个部分……法国人坚决反对我的埃塞俄比亚之行。巴黎的外交部还拒签了我去索马 里（从这里可以进入阿比西尼亚），可是，意大利使馆却不知道这一点，他们看了叙利亚的签证，便给了我赴索马里的过境签证。后边就有了保障。如果进不了阿比尼西亚，我会借道它的邻国……生活的计划就是这样。2 月、3 月份在阿比尼西亚，4 月中在厄立特里亚。4 月末，第二届国际会议在意大利召开，小麦是唯一的议题。我的报告题目是《小麦的世界中心》。估计下一届国际代表会议将在我们那里召开。我将作些宣传鼓动。"

1926 年 12 月 27 日，N. I. Vavilov 从吉布提出发乘车去亚的斯亚贝巴，因为没有去阿比西尼亚的签证，他不得不中止乘车，步行沿哈拉尔前往阿比西尼亚的首都。这里的一切都很特别：包括栽培植物的构成和野生区系、农业技术和气候。这里的小麦是非同一般的变种甚至物种。小麦和大麦田呈现出形形色色的变种。N. I. Vavilov 发现，这里独有的地方谷物——埃塞俄比亚画眉草（*Eragrostis abyssinica* Link），可以磨出非常好的制煎饼的面粉；油用植物、种子呈黑色的小葵子（*Guizotia abyssinica* Cass），还有很多其他独一无二的作物。这里还有高粱类型的少有的多样性。

N. I. Vavilov 在哈拉尔旅行一周后，往列宁格勒发出了第一批计 40 个箱子，每箱 5 千克各种各样的粮食谷类以及其他植物种子。种子到达亚的斯亚贝巴之后，旅行者预先要得到受访国国家元首、族长摄政王塔法里的允许方可出入境。在法国大使的帮助下，事情得以圆满的解决。该大使此前曾收到了 De Vilmorin 夫人从巴黎发来的信件。N. I. Vavilov本人得到了一份所谓的公开信件，称其为埃塞俄比亚的客人，有了这份证件，便可以在全国旅行。他受到族长塔法里的接见（即后来的埃塞俄比亚皇帝海列·谢拉希耶一世，统治该国40余年——作者注），二人之间进行了长时间愉快的交谈。N. I. Vavilov曾这样描述过这一次交谈："塔法里族长以极大的兴趣询问了我们的国家。他尤其感兴趣的是革命、皇室的命运。我们向他讲述了所有知道的历史事件。很难想象，听者竟是那样的认真。埃塞俄比亚的执政者像听有趣的故事一样，听取了我们国家的故事和这个国家发生的故事。"

在亚的斯亚贝巴逗留期间，N. I. Vavilov在专门选定和给予指导的人员的帮助下考察了首都的周边地区，导游人员为他收集了不少栽培植物种子。这样一来，获得了很少到达的地方的材料。结果得以看到许多有价值的类型和变种。为了搜集资源，还利用了城市市场（巴扎）。准备在阿比西尼亚的考察终于结束了。1927年2月7日，N. I. Vavilov带领的14个人的考察队在佩带步枪和梭标的士兵和12匹骡子从亚的斯亚贝巴出发，向 安科别尔进发。旅行时间的选择，不但考虑到适逢粮谷作物的成熟期，而且这个季节对于人的旅行也是适宜的。

N. I. Vavilov写道："在阿比西尼亚内地，像贡德尔地区一样，到处都是地方物种，成片种植的埃塞俄比亚画眉草，有趣、独特、各式各样的埃塞俄比亚小麦，类型之多难以置信，大麦田相当混杂，其中还有黑色的裸粒类型，除该国之外，世界上任何地方都未曾见过，偶尔还能碰到当地独有的兵豆、鹰嘴豆、山黧豆的埃塞俄比亚类型。在建筑物附近，常常生长着野生蓖麻的巨大株丛。当地还有独特的白菜—芥菜，其种子数量庞大，然而其主要用途在于食其叶片。带壳小麦类很多。"

接着，N. I. Vavilov写道："与阿比西尼亚不同，厄立特里亚的气候、土壤和其他自然条件呈现出极大的多样性……"

"粮谷类、食用豆类与阿比西尼亚的特点相一致；但是仍有某些差异。山地厄立特里亚从品种构成多样性的角度说，弥补了阿比西尼亚的不足。这里更多地显现出欧洲的影响。北部阿比西尼亚和和厄立特里亚在 19 世纪被葡萄牙占领。这一侵占的痕迹至今在宫殿、道路的样式以及作物的构成方面保留了下来。辣椒（*Capsicum annuum* L.）正是葡萄牙人带进来的。如今已经变成了厄立特里亚和埃塞俄比亚人自己的了。”

从 1926 年 12 月至 1927 年 4 月，长达 4 个月在阿比西尼亚和厄立特里亚旅行之后，N. I. Vavilov 作了如下的总结：”毫无疑问，这块相对并不大的山地是一个农业文明的发源地。虽然现代历史学家和考古学家们倾向于认为，阿比西尼亚文明是外来的，派生出来的；而栽培植物物种和品种成分以及农业技术的研究却证实，事实恰恰相反。亲缘独有物种如画眉草、油菊、埃塞俄比亚思赛特香蕉（*Ensete ventricosum*（Welw）Cheesm）、芥菜—白菜（*Brassica carinata* A. Braun）、在细胞学、组织解剖学上有特点、综合特征上有区别的完全原本的小麦种—所有的比较研究必然且合乎逻辑地做出结论：山地阿比西尼亚发源地是一个独立的、应当单独划出来的发源地。独特的家禽、绵羊和山羊、带有长犁辕的犁、独具风格的一套工具、保持用锄作业、全部日常生活、酿酒直至食物、药用植物如 *Hagenia abyssinica* Willd——所有的这一切清楚地证明，阿比西尼亚发源地有极大的自主性：产生了许多作物（画眉草、油菊、香蕉）；但是，这里既没有野生小麦、野生大麦，也没有野生豆类，这些植物的根源，可能与相邻的其他地区首先是广义的前亚相关联。可是，没有任何疑问的是，栽培物种在阿比西尼亚被孤立起来，是很久很久以前的事了。小麦籽粒呈紫色、埃塞俄比亚大麦胚芽鞘中维管束数量很少等地方性特征都证明了上述论点。”

对旧大陆各农业文明发源地进行比较之后，N. I. Vavilov 认为，有必要将阿比西尼亚及其相邻的山地厄立特里亚作为一个独立的发源地分离出来。这里没有旧大陆的果树和蔬菜的多样性，说明阿比西尼亚农作物的独创性。直接研究表明，埃塞俄比亚大麦弥足珍贵，对欧洲传染性病害具有抗性，它抗倒伏，籽粒大，对热量要求不高。阿比西尼亚的豌豆值得关注，特别是饲用豌豆，其营养体

产量高，还适于作绿肥。无芒硬粒小麦具有极大的意义。N. I. Vavilov 指出，阿比西尼亚像山地厄立特里亚一样，植物界进化无异经历了比较类似的路径。按照 N. I. Vavilov 的结论，就种属组成而言，从（南非）开普地方、到阿比西尼亚和山地厄立特里亚，直至喜马拉雅山和地中海，有许多相同的成分。对这一地带及邻近地区进行全面研究实属必要。也门的植物区系带有西南亚和阿比西尼亚的成分，弄清楚与也门的关系也有必要。这是很明显的。N. I. Vavilov 从（埃塞俄比亚）阿斯马拉寄出了 80 个装有种子和麦穗的包裹（每包 5 千克）之后，从那里启程到达红海岸边的马萨瓦。

七、地中海

调查了非洲大陆之后，摆在 N. I. Vavilov 面前的任务是：研究欧洲南部的三个（巴尔干、亚平宁、比利牛斯）半岛和地中海中的几个大岛。希腊国土的大部遍布葡萄园和油橄榄种植园。雅典的种子市场，在很大程度上是从西欧和美洲引进品种的集散地，是与地中海当地作物的替换地。N. I. Vavilov 沿菲沙林谷地旅行，查看了无边无际的小麦、大麦、豆类作物田，当登上山区时，农作物的品种组成和物种出现了变化，低处是软粒小麦的世界，高处则是硬粒小麦，而山脚下，随着降水的增多，英国小麦（*Triticum turgidum* L.）（从拉丁文学名看，即圆锥小麦——译者注）。

典型的地中海栽培植物组成已经消逝了。看到的是向马其顿、向南欧草原过渡的类型，至少艾腊达算不上大的农业中心，这里的作物主要是木本植物油橄榄、长角豆（*Cearatoria siliqua* L.）和葡萄。N. I. Vavilov 从雅典到达克里特岛，那里的农田种植的是粮谷作物，而南部山区大部分农地则以种植葡萄和长角豆为主。在岛上可以看到豆类的当地类型特别是山黧豆。地中海大花、大粒亚麻占据面积很大。

谈到自己的收获，N. I. Vavilov 这样写道：“这里出产诱人的无叶舌硬粒小麦地方类型。海岛环境促使了特有的‘简化的’，被称之为多样性上的‘隐性’类型。至于软粒小麦，如我们所见到的，无叶舌小麦的形成中心在帕米尔—中亚的隔离带。对地中海硬粒小麦来说，岛屿起了隔离作用。”

在塞浦路斯，N. I. Vavilov 比在任何地方都详细地观察了环境在栽培植物类型和品种形成方面所起的巨大作用。岛上小麦的多样性竟如此的不寻常，在这里能够看到几百个变种：以小穗、无叶舌类型到巨大的、类似北非类型。塞浦路斯的很多地区都被烟草田占据。

N. I. Vavilov 从塞浦路斯前往意大利，他曾不止一次来到这里。他访问了西西里岛，从巴勒莫到卡塔尼亚，并详细考察了撒丁岛。N. I. Vavilov 坚信，为了弄清地中海文明的发展，研究意大利及其岛屿有着重要的意义。

八、西班牙

N. I. Vavilov 从意大利前往西班牙。1927 年 6 月，他从热那亚轮渡到巴塞罗那。在科学界和农学界，特别是在昆虫学家 P. Bolivas 教授和他的儿子，以及植物学家 Krespi 教授处，N. I. Vavilov 受得了最亲热的接待。Krespi 曾陪同 N. I. Vavilov 在西班牙多处旅行。像在其他地方一样，在西班牙，N. I. Vavilov 为自己提出的任务是，熟悉西班牙的所有农区，为此，必须通过不同的方向穿越这个国家，尽可能多地收集大田、菜田及其他作物的 播种材料。

N. I. Vavilov 在自己的 著作《五大洲》中回顾了一个有趣的情节。那时候，苏联公民是受歧视的，在自己的见闻录中，不止一次地提起此事，他回忆道：“他（指 Krespi 教授）难为情地走近我，宣称要跟我说一件机密的事情。原来，在入境时就跟随我的两个间谍怀疑我的和睦意图，让 Krespi 教授同我谈判签订一份协议。两个间谍宣称，俄罗斯教授在汽车里走来走去，在铁路沿线和上山的时候步伐太快，令他们疲惫不堪。因此，他们为自己的身体担忧，要求 Krespi 教授协调，作如下妥协：俄罗斯教授应当及时地通知

他们旅行的路线和地点，登山的时候，他们不再陪同，而是在约定的地点、宾馆，即在城里等候；作为补偿，他们承诺，全力协助预订车票、宾馆、并帮助寄出包裹。鉴于这一情况，经过考虑，我决定签订一个协议。我们结交了，见到了早已熟悉的、戴圆顶礼帽、穿普通西装的两个人。协议签订后的最初几天，事情进行得比较顺利。我不得不在山区活动，而他们则满意地待在城里、住在宾馆。后来，他们得寸进尺，要求住在市中心更高级的宾馆，想要舒适一些，协议被迫中止。”

在马德里，N. I. Vavilov 参观了著名的马德里植物园，熟悉了早在 1818 年由 La Haska 搜集的独一无二的植物标本。他写道："La Haska 的植物标本是栽培植物老标本中最好的，根据它们可以在很大程度上复原 19 世纪初西班牙栽培植物的组成。就栽培植物知识而言，西班牙当时是站在其他各国的前列。"

N. I. Vavilov 接着写道："我不由得想起，La Haska 一家和 Cavanilles，我曾向这个家庭请求帮我得到由这个家庭出版的一本稀有的书。为了回答我的请求，给我写了一封令人感动的信，信中说到，家里只有一本，但是经过商量，还是决定把这本植物学家们需要的著作赠送给俄罗斯教授，并祝苏联科学繁荣。"

N. I. Vavilov 把自己返程的出发点选在马德里，从那里起，他完成了对西班牙中部各地的长期考察。这些地区普遍种植粮食作物。这样，他几乎有机会访问西班牙的各个省，并且可以路过葡萄牙。他从该国东南部开始考察，而在北部的加利西亚、阿斯图里亚斯和巴斯考尼亚结束。加利西亚是西班牙降水量最多的省份，拥有森林和草甸植被。大田作物与该国其他地区相比，完全是异类。N. I. Vavilov 称二倍体糙伏毛燕麦（*Avena brevis* Roth，*A. strigosa* Schreb.）是加利西亚型的一流地方种。这种作物在当地和葡萄牙西北部地区的成因，有学者将与之起因相近的野生燕麦联系起来。在加利西亚，还看到过在遗传上与栽培种很近的野生亚麻株丛以及多年生叶白菜。与西班牙南部和内地不同，山黧豆、兵豆、鹰嘴豆和豌豆品种，其起源明显地属于亚洲的、引进的，大概是很久以前从外高加索或者从西南亚引入的。它们不同于西班牙南部独特的大粒类型，区别明显。偶尔还遇到在西班牙中部和 南部没有的纤维用亚麻田，以及马铃薯、大麻和玉米。

在这个国家的最北部，还保留着真正的似二粒、士卑尔脱小麦（*Triticum spelta* L.）。在当地，它比起 Tiroli 和 Bawar 小麦，乃是另一类，它不属于冬小麦，而是春小麦并且是有芒的。

N. I. Vavilov 写道："我们来到阿斯图里亚斯，恰逢似双粒小麦的收获季节，令我们惊奇的是，原来收获这种作物并不用镰刀，而是用木棍将麦穗折断，抛在篮子里。我们曾在 60 个国家考察，从来未曾遇到过这样的收获方式，后来只有一次在西格鲁吉亚的一个叫列奇故米的小地方看到过类似的收获方法。不久前，在这个地方曾见到过很好的地方小麦群，其中包括一个特别的种，在遗传上非常近似于真正的双粒小麦。"

在 N. I. Vavilov 看来，阿斯图里亚斯及其农业进化的历史阶段，在欧洲是独一无二的，毫无疑问值得研究者们高度重视。N. I. Vavilov 从卢戈去了潘普洛纳—斯托兰、巴斯考夫，这里的大田作物组成出现了很多奇特之处，当地是双粒小麦的王国，有在别的国家未见过的奇特的燕麦。巴斯考尼亚与西班牙东部截然不同，小麦多种多样，所谓英国小麦（*Triticum turgidum* L.）也不少见。牧草—苜蓿、红三叶草田遍地皆是。在潘普洛纳附近，N. I. Vavilov 发现了软粒小麦与山羊草（*Aegilops* L.）天然杂交群体。在巴斯考尼亚不种植真正的双粒小麦。

结束了对西班牙和葡萄牙的农业和植物学考察之后，N. I. Vavilov 得出了如下结论："西班牙是一个对于了解欧洲农业发展很有意义的国家。在这里，有许多属于比利牛斯半岛的特有的地方作物；莜麦、兵豆的特别物种、真正的二粒小麦（*Triticum dicoccum* Schrank.）、饲用植物荆豆（*Ulex europaeus*）、欧洲栗。并且，某些作物在其发展过程中经历了将其他物种排挤出去的野草阶段，成为古代作物。这在燕麦一例上很好地体现出来。"

在西班牙，可以追溯农业迄今为止，从原始的耕地、收获、脱

粒的不同阶段。对前亚和其他国家进行比较研究表明，西班牙的绝大多数主要作物是从外地“借用”来的。这种借用始于几千年之前。罗马、叙利亚、埃及和阿拉伯文化的影响清晰可见。西班牙吸收了所有的地中海农业文化，部分地将其改造，创造了自己的新品种。说到这里的品种资源，则基本上是传入的，其零散性和缺乏完整的物种系统证实了这一点。

依照 N. I. Vavilov 的看法，西班牙东部和南部的集约农业无疑促使了育种家们特别关注的瓦连西亚大圆葱、大粒豆类特别是鹰嘴豆、蚕豆、山黧豆以及油橄榄优良品种的育成。国家古老和作物的多样性决定了品种丰富多彩。在研究了西班牙的栽培植物组成，并将其与欧洲其他国家、亚洲和非洲国家的品种进行比较之后，N. I. Vavilov 彻底弄清了迁徙和借用外来物种对它的影响。与此同时，他指出，西班牙也有自己独有的作物。在这方面，比利牛斯半岛乃是欧洲最重要的部分之一。

1927 年 8 月的下半月，N. I. Vavilov 离开潘普洛纳，通过港口城市圣塞瓦斯蒂安进入法国，从那里前往德国。在德国，他与 Baur 教授完成了对维尔茨堡山区的短期考察，旨在弄清与真正的双粒小麦起源的相关问题，最后于 8 月末返回祖国。

1926—1928 年，热带植物专家 W. W. Markovich 按照 N. I. Vavilov 的方法指南考察了巴勒斯坦、旁遮普、克什米尔和阿沙马。W. W. Markovich 还成功地访问了印度的一些邦，到过爪哇岛、锡兰岛（今斯里兰卡）。结果为作物研究所搜集了约 3500 份标本，其中主要是热带栽培植物和野生物种以及蔬菜、果树种子。

九、远东

根据 N. I. Vavilov 的倡议，1928 年秋和 1929 年春，E. N. Xinskaya 完成了两次日本之行。为组织 1929 年的再次考察，N. I. Vavilov 总结了第一次考察的主要成果，并提出了再一次考察的任务：全苏作物研究所需要再一次赴日本，以便研究栽培植物（块根、纤维、油料作物），并收集这类作物的种子。此次考察之所以必须进行，是因为日本的气候条件使作物几乎可以全年生长，而E. N. Xinskaya 在去年秋季考察时未能收集到许多作物的种子，这些种子必须在春季收集。因此，作物研究所认为，她应当4～5月份再继续进行一次考察……

E. N. Xinskaya 两次短期考察的结果，为作物研究所带回了十字花科、纤维类和油料、块根类作物的很多样本，并且还极大地充实了诸如小麦、大麦、燕麦、玉米、水稻、高粱、大豆、大麻、苎麻，此外还有西瓜、甜瓜、南瓜的资源（多达2 000个样品）。在这些材料中有许多新的类型对于苏联具有极大的价值。E. N. Xinskaya引进的日本柑橘可以作为作物研究所苏呼米试验站培育耐寒品种的材料。在日本收集到的柿子资源，栽植在阿塞拜疆的扎卡塔雷，而梨的插条被全苏作物研究所迈科普试验站用于嫁接。

在对地中海和东非进行长期考察之后，N. I. Vavilov 不得不暂时停下来，以便将收集到的科学资料进行整理，并且对这一期间积累下来的若干科研—组织问题予以处理。可是，就在1929年N. I. Vavilov 会同植物学家 M. G. Popov 又开始了赴中国西部（新疆），然后又独自去中国台湾、日本和朝鲜的考察。在前往中国西部的途中，他们还调查了吉尔吉斯、哈萨克，以便查明中国西部与毗邻国家的作物区系，尽可能多地、更全面、无遗漏地收集材料——这是考察的目的所在。

关于考察的目的和任务，N. I. Vavilov 曾在一封信中作了比较详细的说明，他写道："考察的主要任务是，对中国的西部进行农业研究，收集栽培植物特别是大田和菜田作物的样本。中国西部包括天山、昆仑山两大山脉之间的地区，这里与古代农区相毗邻，克什米尔和吉德拉尔也令人感兴趣……作物研究所早已有进行这一考察的想法，这一地区距离我们很近，且容易到达……考察的路线也已确定……基于这一考虑，今年的考察拟在短期内完成中国新疆的调查，将来我们将转向中国中部和中国东部进行考察……为了节省

时间，考察从（苏联）费尔干纳前往克什米尔，那里有我国的总领事馆和外交人民委员会的代办处。在那里分成两个组，一个组沿昆仑山山麓考察，另一组沿天山山麓考察，这里恰好是中国西部的主要农业地带。”

在1929年的一封信里，N. I. Vavilov更加详细地叙述了这次考察的重大意义：“根据外交人民委员会的建议，最近我被指定到中国新疆进行调查，这个地区与突厥斯坦—西伯利亚大道相连，准备从喀什直接奔向谢米列奇耶，以便附带熟悉一下这个目前非常重要的地区。调查中国西部的主要任务是继续作物研究所正在进行的世界栽培植物的考察……

喀什栽培绿洲与帕米尔和天山毗邻，距离亚洲栽培植物主要形态形成中心较近，因此对当地进行考察具有非常重要的意义。此前，驻喀什领事Dumpis同志曾提供了一些材料，从这些材料即可看出，对喀什地区的调查有着很大的实际意义，我们不必对印度北部地区再作调查了……中国西部的意义还在于，当地距谢米列奇耶很近，而谢米列奇耶又与突厥斯坦—西伯利亚铁路相近。大面积种植水稻、棉花与中国新疆有直接的关系，灌溉谢米列奇耶的几条河流上游正是从这里开始……对中国新疆—突厥斯坦谢米列奇耶同时进行调查，有利于解决谢米列奇耶的所有农业问题，而我为自己确定的使命也可以兑现……全苏作物研究所及其领导人应当帮助国家对农业的实际远景确定方位。在这方面，谢米列奇耶便是在最近将来的一个相当重要的地区……种植水稻和大豆的广阔远景迫使我们在不久将来的任务中发挥知识才智……从符拉迪沃斯托克……赴日本正是为了获得东亚农业的知识。在近期内，作物研究所在这一领域理应担负起监护的责任，因为作为品种资源的世界基地，有着不可推卸的责任。只说一点即可，地球上一半的人口正是依靠东亚和东南亚的农业而生存的……”

虽说N. I. Vavilov在处理所有组织问题上总是相当顺利的，但是每一次出差的经费，从来都是非常紧张的：“按照作物研究所委员会认定的国外考察计划，我请求拨给我赴中国和日本考察所需经费 1 500 金卢布。关于到中国（西部）出差的问题，经外交人民委员会同意，将发给我和我的随行同事外交护照……我们只能携带现金，因为中国新疆喀什没有银行，所以我请求在莫斯科交给我 1 500金卢布。我们拟于 6 月的最初几日启程。同行者是专家—学者 M. G. Popov 和实验员 A. G. Grumm-Grzhimailo”。

除此之外，他还给棉花总公司写信：“拟于 6 月初前往中国新疆考察，准备对这一地区的农业进行调查，我申请为我提供 1 000 卢布作为这一区域的棉花调查费。

1929 年 6 月，考察队整装奔向南吉尔吉斯，沿阿赖依谷地向边境站伊尔凯什塔姆，接着朝第一个考察目的地—喀什绿洲上海拔 1 200 米喀什城。论文《苏维埃吉尔吉斯的作物栽培业及其前景》是对吉尔吉斯的调查总结。

在这篇论文里，N. I. Vavilov 描述了这一区域的自然景观和植物资源：“穿过艰难的山隘，考察队进入苏维埃吉尔吉斯的边境。几小时后，自然景观完全变了，到处是茂密的植被，高大的禾本科植物掩盖了半个马身；辽阔的草原被美丽的草甸草所覆盖。此处的降水量比天山南麓丰沛的多。这里是游牧民族的黄金国。从别捷里山隘到卡拉科尔，考察足足用了几天功夫。我们从长满绿色植被的美妙牧场旁边驶过，很难想象，相毗连只被一座山脉隔开的苏维埃吉尔吉斯与中国新疆之间的反差竟如此之大。如果说，当沙漠地带仅有的贫乏资源被利用殆尽，最后生命集聚到不大的绿洲之上时，那么苏维埃吉尔吉斯取得了广阔的超富饶的牧场，为放牧、为农业、为集约生产带来了极大的可能性。”

在这里收集到大量的野生苜蓿、饲用谷类植物，值得将其引入栽培。吉尔吉斯拥有丰富的染料植物、含香精油的植物、含麻醉品的罂粟以及许多新植物。在相邻的哈萨克斯坦还发现了珍贵的橡胶植物橡胶草（*Taraxacum koksaghyz* Rodin）。

吉尔吉斯考察过后，进入了喀什绿洲。考察的前几日使 N. I. Vavilov 得以确定了中国西部植物区系的特点，而对绿洲栽培植物区系组成的分析让他作出了一定的结论：与中亚和费尔干纳（苏

联中亚费尔干纳盆地）无疑是有联系的。这里出现了中亚小麦和大麦。不过多少经历了一些改变，按 N. I. Vavilov 的形容，经过了“萃取”，结果是，植物区系的组成比较贫乏，变种和品种数量较少。然而在考察队面前呈现了惊人的画面：以往从未见过的成片的小白花亚麻、花瓣狭窄、种子白色。本应是浅蓝色花、棕褐色种子的亚麻好像得了某种“白化病”。在当地还发现了黄色和白色的胡萝卜。

N. I. Vavilov 和 M. G. Popov 在野生植物区系中发现了同样的现象，一些种、属明显地发白，花的颜色也如此。普通的骆驼刺（*Alhagi sameloru* Fisch.）开红花，在这里却变成了黄花或者甚至呈淡黄色。在考察中看到了明显的近交绝缘作用。喀什被大的山脉与中亚和印度隔绝开来，山脉屏障使大多数植物无法逾越。在西边，帕米尔和阿尔泰山脉是这样的屏障；南边是昆仑山脉和西藏，北面是绵延的天山。这样便形成了理想的地理隔离。

随着考察的结束，N. I. Vavilov 已经可以确认，中部亚洲与作物的起源没有关系。作物是从西南亚或者从中国传入的。这里受到伊朗和中国文明的明显影响。

较早之前，他曾指出：“中国对于弄清许多植物地理学问题有着重要的意义。例如，还在蒙古考察时已经知道，在中国有自己的一批燕麦，既有裸燕麦，也有有壳燕麦。原来燕麦问题吸引北非、欧洲和全亚洲的关注。”

从中国喀什到日本这一路上，N. I. Vavilov 访问了俄罗斯广袤的领土。他在一封信中写道：“我将在 7 月末至 8 月初在谢米列奇耶（哈萨克斯坦），请您在与边区的联系方面予以协助。我正在撰写《苏联的大田作物》一书，希望用两周时间亲眼看到谢米列奇耶的农作条件，了解当前的作物生产状况以及近期的前景。”此处他继续写道：从谢米列奇耶我将去东西伯利亚和远东，我打算在谢米列奇耶待上 3 周，并去伏龙芝和奥乌里—阿塔。

1929 年 10 月，N. I. Vavilov 通过远东前往日本。关于此次考察的目的，他在一封信中写道：“……我本人拟在本年度 8～9 月份赴日本，了解该国遗传学、作物种植和农业……”

为了继续我们对世界农业和栽培植物的研究，同时为了了解日本目前正在进行的重要的遗传学研究，本年度我将去日本和中国某些地区（东北和北京）进行为期 4 个月的访问（信中是 N. I. Vavilov. 的打算，实际上他未曾到过我国东北和北京——译者注）。

由于 N. I. Vavilov 在国外的知名度非常高，他与日本同行相遇相当友好，在日方的帮助下，他得以顺利地实现了事先想到的所有计划，在东京，Nogai 领导的非常美丽的东京植物园 Kato 博士和育种家 Terao 为首的优越的试验站、与遗传学家 Ikeno May 及其他学者相识，把 N. I. Vavilov 很快地带进了这个国家农学和植物学的生活圈子。日本植物类型的无比的多样性令他惊讶。N. I. Vavilov 以极大的兴趣熟悉了自己此前从未见过的许许多多的植物种和属，诸如各种各样的竹子可食种、中国薯蓣、各种各样的萝卜、芜菁、别种块根类、芥菜、食用牛蒡、水板栗、莲、慈姑、欧菱、食用百合鳞茎、千姿百态、稀奇古怪的白菜、奇特的蔬菜“UDO”、大黄、中国“多年生葱”（韭菜）、莴苣、“UISUN”、特有的小茄子、大黄瓜、食用丝瓜、食用菊花“Shiso”、结瘤天门冬，还有很多很多。日本的各种果树也让 N. I. Vavilov 惊奇，有着不同寻常的类型，譬如中国梨、日本和中国李、中国樱桃、中国榅桲等。

在 Hokaido 岛上，N. I. Vavilov 遇到了世界作物名录第一部的作者 Akemine 教授，N. I. Vavilov 同他一起横穿 Cannopo 和岛上的各个农村。在 Kioto，N. I. Vavilov 作为著名细胞遗传学家 Kiharei 教授的客人，在这里研究了由 Kato 教授从全世界收集的、为数众多的水稻资源。从 Kagosima 到达 Sahuradzima 岛，恰好遇上当地萝卜收获，N. I. Vavilov 称赞这种萝卜是人类的“杰作”。

在归纳自己对日本作物栽培业的印象时，N. I. Vavilov 写道：对栽培植物组成的收集和研究让我亲眼看到了一个完全独有的栽培区系的特征。这个区系无疑是独立的，未受过西南亚古老农作的影响。几百种植物原是中国的或是日本的特有种。其中很多至今在中国或日本还有其野生亲缘种……

在农田中，第一位的是水稻，其次是小麦和大麦。大面积的柑橘、梨、榅桲成为了乡村的底色，在日本，柑橘和甜橙，就如同苹果在欧洲。

像中国农业的发源地一样，日本的大多数植物有温和亚热带的代表，南部也有热带植物的特点……

以栽培植物土著物种的丰富程度而言，日本和中国在世界其他古代农业发源地中是很突出的。而且，这些物种一般变种数量众多。大豆、小豆、柿子、柑橘类的多样性简直是数以千计。如果再将除了栽培植物之外，在中国还将很多野生植物利用起来，那么上亿人口在这里生活，在一定程度上就可以理解了。

中国的台湾虽然被日本强占了，但是实际上它始终是属于中国的。N. I. Vavilov 对中国台湾有不小的兴趣：由于自己的地位，这里的中国农业文化保留了下来，几乎未受到触动。N. I. Vavilov 在台湾大学受到著名柑橘专家 Tanaka 教授相当盛情的接待。当天就拟定了周游中国全台湾的路线图，深入到该地区的最南端。首先，N. I. Vavilov 感兴趣的是樟脑树木（*Cinnamomum camphora* L.）。

在位于 Kagi 的热带试验站，N. I. Vavilov 了解了橡胶植物（*Castilloa elastica* Cerv.）、红树、倒捻子植物园，了解了热带柑橘及其他植物种的优势资源。N. I. Vavilov 在市场上、在菜园里也看到了蔬菜和药材植物的丰富资源，这些特有的物种还从未有人进行过研究。在 Tanaka 教授的帮助下，N. I. Vavilov 从中国台湾带回为数众多的栽培植物种子样本，其中包括工艺作物和药用植物种子。

N. I. Vavilov 从中国台湾乘船抵达朝鲜半岛，到 Seul 之后，确定了在朝鲜的旅行路线。计划横穿半岛，以便了解栽培植物的多样性，尽可能多地收集种子样本、插条和其他繁殖材料，并在如此短的时间内研究朝鲜农业的特点。朝鲜的作物构成与日本大体相同—水稻、大豆。据 N. I. Vavilov 观察，越深入朝鲜的腹地，越未开化。在这里可以看到，由野生类型向栽培类型的中间阶段，从而让人领悟很多中国栽培植物的起源。在朝鲜，能够看到籽粒很小、荚果炸裂的野生大豆。N. I. Vavilov 认为，这便是我栽培大豆的野生亲缘种。

关于对东、西地区考察的印象，N. I. Vavilov 是这样描写的：认识中国文化，根据在其边缘的中国新疆、在中国台湾当地、在朝鲜和日本所作的研究，使我们得以作出一定的结论：它是一种完全独特的伟大的文化，栽培植物种类全然独一无二；农业技术素养独创；是完全独立的古代东亚农业的起源地，这个起源地是以自己独创的植物物种、属的基础之上形成的。

中国富饶的植物区系还很少被研究，仅有欧洲和美洲旅行家们少量残缺不全的研究和报道，无疑还蕴藏着巨大的价值……

中国文化在季风气候条件下、在数千年间，在引进此地的小麦、大麦类型的基础上创造了自己独有的亚种。水稻的原产地是印度（这是作者所持有的一种观点，实际上苏联也是水稻的重要起源地——译者注），在那里，至今仍可观察到这种作物与其亲缘种之间的联系，水稻进入中国之后成为独特的，更加符合栽培的品种。中国是许多粟类作物的发源地，从非洲来的高粱在中国变成了独特的亚种——高粱（*Sorghum nervosum* Bess.）……

还有大量的工作摆在前面，中国的植物资源需要详细研究，关于这些资源的知识应当进行综合。历史科学家曾经论述过作物，世代相传的研究道路应该面向东亚、东南亚，在这里，几千年来集聚了农业人口的基本大众。

在经历了两个月的旅行之后，1929 年 12 月的下旬，N. I. Vavilov 通过朝鲜边境，经符拉迪沃斯托克返回祖国。1929 年考察的科学结果和实际成就是巨大的。调查的面积达 6 万千米^2，收集到的种子样本和蜡叶标本约 3 500 千克，拍摄了数千张照片，记录着中国西部和台湾，日本、朝鲜的农业和地理风貌。

十、北美和南美

1925 年，最高国民经济委员会组织以 U. N. Voronov 为首的

科学考察团赴南美收集橡胶植物。N. I. Vavilov 申请作物研究所的 S. M. Bukasov 加入考察团。他解释说，作物研究所特别关注收集此类植物样本，而它们的出产地正是南美，诸如马铃薯、花生、玉米、向日葵、棉花、烟草、番茄、菜豆、南瓜等等也产于南美。此次考察团到过墨西哥、危地马拉、古巴、巴拿马、哥伦比亚、委内瑞拉和智利、秘鲁的部分地区，持续到 1926 年结束。从这一年开始，作物研究所收到许多邮包，总计收集到大约 5 000 份各种农作物的种子样本。所收到的资源，有玉米、棉花、菜豆、辣椒、南瓜和其他作物，为重新建立这些作物的分类成为可能，而且距离其起源问题的解决也更加为期不远了。利用丰富的原始材料可以完成原则性的新的育种规则。但是，最重要的考察结果乃是由 S. M. Bukasov 在作物研究所的各个试验站组织了马铃薯样本的全面研究获得了特别珍贵的结果。

这份研究资料由 U. N. Voronov 于 1928 年公布在其专著《墨西哥、危地马拉和哥伦比亚的栽培植物》之中。鉴于对智利、秘鲁这两个最重要的国家未能进行全面的考察，1928 年，作物研究所又组织了以 S. V. Uzenchuk 领导、S. M. Bukasov 参加的第二次考察，旨在继续收集玉米、马铃薯、棉花和其他南美作物的样本，以便引入苏联种植。S. V. Uzenchuk 调查了秘鲁、玻利维亚和智利的作物。N. I. Vavilov 在研究了他的资料之后，在 1930 年和 1932 年自己考察南美时将其采用。

1930 年，N. I. Vavilov 作为苏联代表团参加农业经济学家代表团的领队，访问了美国，此次会议在伊萨卡举行。会后，N. I. Vavilov 开始了对美国南部各州、墨西哥、危地马拉和洪都拉斯的考察调研。他的主要任务是，弄清楚北美重要作物的最早物种和类型形成的位置。为此目的，除了探访威斯康星、伊利诺、密苏里、俄克拉荷马州的一些主要试验站之外，还调查了佛罗里达、亚拉巴马、路易斯安那、亚利桑那、得克萨斯、加利福尼亚各州以及墨西哥、危地马拉和热带洪都拉斯的部分地区。这次考察加之此前 S. M. Bukasov 和 S. V. Uzenchuk 的考察结果一样反映在 1931 年出版的《墨西哥和中美洲是新大陆作物起源的重要中心》论文中。

N. I. Vavilov 以他本人和前人所收集的资源为根据，得出了结论：新大陆和旧大陆的作物区系差异很大，共同的栽培植物属和种较少，譬如棉花、菜豆、李子、葡萄、苹果、山楂等。在哥伦布之前，旧大陆所有现代种植的粮食作物、豆类作物如豌豆、山黧豆、苕子、兵豆、鹰嘴豆、饲料作物—苜蓿、三叶草等均不为新大陆所知。直到欧洲殖民之前，美洲也不知道大多数亚洲、地中海的果树、亚麻、大麻以及旧大陆的大多数蔬菜。

哥伦布之前的美洲，其农业和作物栽培也完全独立于旧大陆之外，北美和南美独特的地方区系证实了这一点。N. I. Vavilov 在其著作《育种问题·欧亚和新大陆在栽培植物起源中的作用》中写道："作为研究整个北美大陆的结果，我们现在可以肯定一个事实，即：新大陆范围内绝大多数栽培植物物种形成和最初类型形成的过程，在地理上是隔绝的。

从北美起始的栽培植物地方物种的极大多样性，其最初的变异潜势以及近缘野生种都与中美洲（含墨西哥、危地马拉、洪都拉斯、萨尔瓦多、尼加拉瓜、哥斯达黎加和巴拿马）联系在一起，而且须从这一不太大的区域减去辽阔的尤卡坦的一大部分。

据 N. I. Vavilov 的数据，地球上许多植物资源起源于北美的这一地区。如玉米、陆地棉、南瓜的若干种、菜豆、佛手瓜、可可、亨列肯龙舌兰、木瓜、许多观赏植物（几种大丽菊、波斯菊、百日草、万寿菊）。栽培马铃薯出自南美，它起源于智利，虽然在墨西哥和中美洲也有 30 多个马铃薯野生种。只有向日葵和菊芋属于现今的美国和加拿大。

接着 N. I. Vavilov 写道："南墨西哥的栽培植物地方种最为丰富，迄今这里还集中着玉米的最大的品种多样性；而且只有在这里才能看到数量众多和多种多样的假蜀黍（*Euchlaena mexicana*）。"

在这里还曾发现麻盖龙舌兰、hikan、番茄（*Lycopersicon cerasiforme* Dum.）、多花菜豆、大粒玉米品种、*Curcuibita moschata* Duch.、*Parthenium agrentatum* A. Gray.、*P. ineanum* H.

B. K.、亨列肯龙舌兰、可可、香子兰及其他作物。

按照 N. I. Vavilov 的看法，在像洪都拉斯、危地马拉这些地方，当时未能进行过仔细的植物区系调查研究。他认为，在旧大陆未被广泛利用之前，新大陆的多数栽培植物（许多地方物种，如 *Ullucus tuberosus* Lozaro、*Oxalis tuberose* Molin、*chenopodium quinoa* Willd 等）是从中美洲和南墨西哥开始引到旧大陆的。

N. I. Vavilov 在给自己的朋友 H. V. Harlan 的信中谈到了自己的课题和印象，他写道："我刚到达印第奥（加利福尼亚州），我在亚利桑那州逗留的时间比原定的时间长一些，在亚利桑那，我跑了足足 1500 英里。现在我好像成了该州的植物区系通了。

一切都很顺利。没有一天闲着（包括星期天），难道不是嘛？想什么都看到，生命却太短暂……"

我很幸运，开始了解了美国印第安人的农业生产，玉米真是一个奇妙的植物……

他接着写道："一切都很好，只有一点难处，在萨利纳斯，Mc callum 博士告诉我，目前没有纽约当局的特别许可，任何一个植物学家和农艺师都不能访问试验站。我有 W. T. Swingle 博士、H. M. Hall 博士和 E. B. Balocock 博士的信件，——但是，这还不够。"

最终："一切都顺利解决了。墨西哥移民机构耽误了我三天。他们完全没有这个权力，因为我全都合乎规矩；但是这是通常的事，我已经习以为常了。"

我研究过西班牙语。现在我也能说一些。我曾在诺加利斯听了 10 堂课。我开始在写哥伦布前的农业哲学。

工作很多。

自 1930 年 8 月至 1931 年 12 月在北美和中美考察的结果，往苏联邮寄了很多植物的播种材料。第一批收集和寄出的，是墨西哥、危地马拉和洪都拉斯的植物新类型。N. I. Vavilov 每调查一个地区，都注意收集当地的农业和植物学文献。

1932 年，在第四次国际遗传学代表会议后，N. I. Vavilov 即着手实施美洲大陆考察计划。

出发之前，N. I. Vavilov 像以往一样，提出了全面征集遗传资源的宏伟计划：在即将出发赴美国出席国际遗传学和育种代表会议（我被遴选为来自苏联的代表会议副主席）之前，我拟前往南美，了解那里的主要农业国（秘鲁、智利、阿根廷、乌拉圭和巴西）的现状。

在秘鲁，我们最感兴趣的是收集金鸡纳树的播种材料……

秘鲁、智利两国马铃薯品种的抗病性和耐寒性突出，对于我们有重要的意义。

目前在种子市场上，阿根廷是我们的竞争者，最近几年种植面积飞速扩大，广泛采用新的机械，并以大型农场著称……

巴西是植物橡胶的国度，迄今已占世界植物橡胶产量的 10%。

棉花长绒品种，南美是领先的（还有埃及棉），我们非常需要。

前往南美，我们打算收集对我国有用的许多重要的工艺作物播种材料，并且可能提出关于这些国家农业生产状况的详尽报告，以便用于我们的社会主义经济。

在南美，N. I. Vavilov 挑选秘鲁多样性中心。他写道：“以地方种的数量而言，秘鲁中心可以与南美和中美中心相比拟；然而，与 Cook 的意见相反，我们认为，以栽培植物的数量和组成而言，后者更重要些。”

该研究者（Cook——译者注）对中南美洲植物资源的研究，眼下只运用了原始农业文明的经验，主要局限于对热带山区的植物，当地是古代美洲最初文明的所在地。

大量的物种资源聚集在中美和南美的热带地区，尚未被人类所知。巴西、秘鲁、委内瑞拉和哥伦比亚的植物区系具有物种成千上万的特点。原始人类回避了这些地区，热带自然界的巨大威力阻止了他们。直至今日，人类依然惧怕热带令人恐怖的自然力造成的疾病。据判断，20 世纪及以后的几个世纪热带“恶魔”将得到控制，并将发现巨大的植物资源，为人类所用。

N. I. Vavilov 在许多信件中同收信人交流了旅行中的印象：

“目前进入了最不痛快的时期——为了取得赴阿根廷、智利、巴西、乌拉圭、古巴、厄瓜多尔的签证……在大学里举办了讲座，可惜是无偿的……经费勉强够用，而购书和种子却没有钱……10 月 10 日之前——在华盛顿，签证。10 月 11～12 日，前往南美……”

北美结束了，将奔赴南美。最难的事是签证—几乎没有了希望。代表会议给予了帮助；育种家、遗传学家们。路线确定了。为了加快速度，漫长的道路只能以航空代之……

总算好，一个半月没有白白度过。关系非常融洽。作为苏联的代表，合上报纸，觉得我完成了共产国际的使命。

除了加拿大和美国，N. I. Vavilov 还访问了古巴、墨西哥的尤卡坦、中美的西海岸和特立尼达岛。

1932 年，N. I. Vavilov 从秘鲁写给 N. V. Kovalev 的信中写道：“在研究秘鲁正在开花的马铃薯田时，我深信，所谓的地方品种还可以分成上百个类型……”

一句话，植物学上的品种和变种在这里是成千上万。我们对安第斯山马铃薯的无知真的令人吃惊……

野生的物种多到了极点，而栽培种则只有这一个。

虽说我曾经看到过物种“繁盛之地”，却从未见过野生物种如此集中之处。

来到了尤卡坦，现在对全中美洲已有所了解……

收集了所有的一切……

对于玉米，很明显——中美洲。我想，棉花对于我们，兴趣最大的去处——在中美洲。我带领几个秘鲁人，寄出了几个邮包，每包 5 千克。我不能不将它们邮寄出去。一想起马铃薯的重量，着实让人害怕，每一个品种最少也要取 30 个薯块，每个邮包至少也需要邮费 7～8 个金卢布，这还不包括人工费。

明天将到玻利维亚边境……

在山链之中我将寻找作物和品种的实物，过一个月后，我将在阿根廷和巴西研究世界农业的未来。

我很匆忙。

从 1932 年 8 月起到 1933 年 2 月在北美、中美和南美考察的结果，往苏联寄回了很多个装有新植物资源的邮包。在阿根廷获得了一整套粮食作物选育品种，其中包括：近年来育成的亚麻、玉米、小麦优良品种；金鸡纳树种子，足够在苏联黑海之滨建起一个种植园之用；栽培棉花和野生棉花品种、物种的数量很多，借助它们，在中亚各加盟共和国和外高加索的棉花育种必将取得不寻常的成功；一套牧草，其中有适于苏联亚热带种植的草木樨新品种，可以用作绿肥种植；马铃薯新资源；还有一整套抗病的粮食作物品种。首次收集到秘鲁、玻利维亚、厄瓜多尔、萨尔瓦多、巴西和特立尼达等国的许多新的作物类型。N. I. Vavilov 在这些考察过的国家还收集到当地出版的农业和植物学文献多达 2 000 余种。

十一、其他短期旅行

N. I. Vavilov 的计划并未能全部实现，他本来计划访问埃及、苏丹、印度、伊朗和一些其他国家。关于此事，1932—1935 年，他在一些信件中向自己的同事和志同道合者流露过："我想在本月内去埃及和苏丹，为的是熟悉那里的农业，就棉花生产，访问重要的科研机构。"

"现在（1933 年）我的全部想法集中在印度、东南亚；总结世界哲学、植物的分布，我们正是合乎逻辑地指向了这一地区，而所有其他地区，已经或多或少地比较清楚了。我本人在过去和今年完成了对中美、南美的考察，对西南亚也有了较多的了解。一般说来，最后必须认真地考察印度，印度支那和中国……"

"我们对印度的兴趣正逐年增长（1935）。近日我将寄给您（L. N. Stark）一本总结了我们的工作的小册子及地图，从中您将看到为什么我们的视线注视印度。"

1932 年，N. I. Vavilov 写下了拟议中的考察："近来正在拟定地理协会的对波斯进行大考察，此次考察有着全国性的意义，考察得到了农业人民委员的全面支持。"这次考察将在两年之后成行。

关于此次考察，他写道："今年（1934年）秋，我本人未能去波斯，因为农业科学院全面改组的事落在了我的身上。但是，事情不能放下。我请求您（A. M. Lezhava）允许我能在明年进行这一小范围的旅行……"

在1930年的一些信里，N. I. Vavilov提到过关于拟议中的但遗憾的是未能实现的考察：今年夏季，我们派出了我们的主要植物学家P. M. Zhukovsky教授赴南非研究一些栽培植物和野生植物。Zhukovsky博士对芝麻、野生西瓜、饲用植物、棉花、天竺葵，当然首先是*Secale africanum*（非洲黑麦——译者注）特别有兴趣。

他于7～8月份前往伦敦，从那里马上去开普敦（南非）。他希望在南非逗留6～7个月，以便访问开普、纳塔尔、德兰士瓦省、罗德西亚、北卡拉哈里、南卡拉哈里诸省。

"我们对澳大利亚的若干种植物感兴趣，我们计划于1932年派迁一位亚热带植物专家V. F. Nikolaev（全苏作物研究所苏呼米试验站副站长）前往澳大利亚。"

1937年，N. I. Vavilov有意进行从菲律宾开始的东南亚考察；但是同样未能成功。

在国外收集种子样本并不仅仅是N. I. Vavilov及其同事到境外进行考察这一条途径。此外还利用各种可能，其中包括同事们到国外旅游的机会，访问的机会，到各个试验站、种子生产机构收集种子样本。譬如，1927年，N. I. Vavilov曾派遣F. D. Lichonos用一年半的时间赴国外研究科学果树生产，在科技领先的德国、奥地利、南斯拉夫、意大利、法国、美国、加拿大等国，收集果树和其他作物样本。国外出差是相当有成效的，F. D. Lichonos为作物研究所运回了果树新品种、工业用苹果品种的插条，首次引进我国的还有著名品种Uilsi、Zhonatan、Graima、Ben Devis、Delishes等，总计引进了1000多个新的果树、粮食、纤维作物、蔬菜、工艺和饲用作物的新品种。作为出差的总结，发表了一系列论文，还有专著。其中详细地介绍了不同国家遗传育种的现状，对采用不同杂交方法育成的苹果新品种和野生种都进行了评价。

N. N. Kuleshov 1930 年到美国旅行，在那里他了解了玉米、高粱种植的条件和特点，获得了近 200 个各种作物新推广的品种样本。

作物研究所引进处主任 G. N. Shleikov 1936 年去日本旅行，为作物研究所资源增添了约 1 500 份粮食、豆类、饲用作物以及野生植物、果树和柑橘类样本。

为了补充资源，有时还通过订购样本，或者通过其他植物学和作物研究所的同行收集等途径。

1924—1925 年，苏联科学院中央植物园的工作人员 E. G. Cherniyakovskaya 从哈拉桑（波斯东北部）和迄今很少到达的中波斯的谢依斯坦地区获得了约 1 000 份小麦、大麦、纤维作物和玉米、蔬菜、瓜类及豆类样本。

1925 年，从阿比西尼亚、从缅甸和印度获得了豆类标本资源。

1926 年，从保加利亚的试验机构得到了该国人迹罕至的山区珍贵的小麦地方品种。

苏联驻阿富汗总领事 M. F. Dumpis（N. I. Vavilov 1924 年在阿富汗期间曾与之相识）于 1929 年寄来了从喀什收集到的棉花、亚麻样本。

1930 年，从阿拉伯和也门山区收到了早熟资源。

Tanaka 教授是 N. I. Vavilov 1929 年在中国台湾旅行时结识的，他于 1931 年寄来了柑橘地方材料。

1935 年，地处南京的中国中部试验站应 N. I. Vavilov 的请求，专门收集了中国各地的 400 个品种的小麦资源，多数是抗黑穗病的。

20 世纪 30 年代，N. I. Vavilov 长时间关注中亚各国的植物资源及其合理利用前景问题的研究。

N. I. Vavilov 首次访问塔吉克斯坦是在 1916 年，后来于 1924 年进行过考察。1930 年之前不曾再次到过此地。N. I. Vavilov 著的《塔吉克斯坦栽培植物区系的过去与未来》于 1934 年出版，他写道，塔吉克斯坦的自然植物区系物种极为丰富，尽管地方比较有

限，在苏联境内乃是一个最有意义的区域，与之能够比拟的只有外高加索的某些地区。N. I. Vavilov 指出，在塔吉克斯坦有不少于4 000 种显花植物。为了寻找新的物种和类型（果树、橡胶、挥发油料、药材、工艺作物等），在这一地区有较大的可能性。他对塔吉克斯坦的种植业作了深刻的分析，并指出了其发展的前景。

像去塔吉克斯坦一样，N. I. Vavilov 首次造访土库曼也是在1916 年，当时他沿着捷詹河和穆尔加布河谷并顺着阿特拉克河，1925 年—又在阿穆达里亚河低地，研究了栽培植物的组成。30 年代，他曾数次到地处卡拉-卡腊作物研究所的土库曼试验站、列别捷克沙漠试验站。1935 年，在自己的《农业土库曼》报告中，N. I. Vavilov 对土库曼作物栽培的现在和未来表达了自己的设想。他曾谈到要发展棉花、饲料作物，谷物、瓜类、蔬菜、果树、葡萄，引进新的植物以及土库曼野生果树。

N. I. Vavilov 不止一次地到过高加索，从读大学时出差去过那里，直至 1928 年、1933—1936 年、1939 年进行考察活动。N. I. Vavilov 曾参加苏联科学院综合考察队，领导农业组进行考察活动。考察历时三个月（7～9 月），按照预订方案，对克拉斯诺达尔和斯塔夫罗波尔边区、切尔卡瑟自治州、卡巴尔达—巴尔卡自治共和国和北奥赛梯自治共和国所有的山区进行了调查研究。工作集中在最少进行过调查的高加索山区。

高加索考察的若干工作总结，N. I. Vavilov 赶在 1940 年年初将其收入了《北高加索山地农业及其发展前景》一文中；但该文于1957 年才问世。考察过程中，N. I. Vavilov 发现了一个黑麦新种——穗易折野黑麦，他将其称作 *Secale sereale* subsp. *dighoricum* Vav. 。在迪戈利亚（北奥塞梯）沿乌鲁赫河峡谷中，这种黑麦严重地混杂春大麦，部分地混杂在冬小麦田间，成熟时，其穗子极易折断，非常像野黑麦物种（*Secale montanum* Gus. 和 *S. fragile* MB.）。

1940 年前，作物研究所的科研人员完成了卡累利阿、科拉半岛、白俄罗斯、乌克兰、中央黑钙土各州、下伏尔加河沿岸、西伯利亚和哈萨克斯坦的植物资源收集计划，把对中亚地带、外高加索、远东进行全面研究和样本收集放在了首位，因为，按照N. I. Vavilov的看法，这些地区的物种和种内植物多样性最为突出。作物研究所的资源中，从这些地区得到了在世界任何地方都未曾遇见过的无叶舌的小麦和黑麦、扁桃、无花果、杏的野生类型、野生挥发油和橡胶植物以及多种类型的饲草、野生梨、草原樱桃等。作物研究所的世界资源中也引进了各种栽培植物的古老品种。

从1923年起截至1940年，作物研究所共计组织了180次考察，其中140次是在苏联境内进行的。N. I. Vavilov及其同事进行连续引种工作，从一开始就包括了粮食、工艺、蔬菜、果树及其他栽培植物和野生亲缘种。后来，对诸如油桐、黄麻、橡胶植物和若干药用植物非常注意。从以下收集到的样本数量可以见证引种的规模：到1940年，小麦资源已达36 000份，玉米10 000份以上，豆类23 000份以上，蔬菜—近18 000份，果树—浆果12 000份以上，饲草23 000份以上；在N. I. Vavilov在位期间，样本总数已达250 000份。栽培植物的如此大的多样性都是在作物研究所遍布各种气候条件下的各个试验站进行研究的。

第五章　N. I. Vavilov 的理论建树

N. I. Vavilov 一生深入研究的中心问题是关于栽培植物的世界基因库学说。这个学说包含着一系列的重大理论概括：决定引种理论和实用植物学的新途径、为祖国科学带来世界声誉、并对苏联和国外遗传学和育种学发展起重要作用等。这个学说的理论基础由如下几部分组成：遗传变异中的同系定律，把物种作为系统问题仔细分析，育种的植物学—地理学原理和栽培植物的起源中心理论。

一、遗传变异中的同系定律[①]

同系定律对于认识植物类型的多样性、对于更有效地对其利用有着重要的意义。它为栽培植物分类奠定了坚实的基础，它给予植物学家、植物栽培学家、遗传学家和育种家关于植物世界庞大资源中每一个分类单元以清晰的定位。运用这一定律的结果，已经发现了植物的新物种和新类型，也通过实验创造了植物的新类型，对于作物栽培和育种具有一定的意义。

N. I. Vavilov 的“遗传变异中的同系定律”共有三个版本。1920 年他在萨拉托夫召开的第三届全俄育种家代表大会上作了一个篇幅不大的报告，那是第一个版本；第二个版本是以一篇详细的

① 关于遗传变异中的同系定律的实质，可参见本书第二章“萨拉托夫时期”节的相关论述。——译者注

论文，于1922年刊登在《Journal of Genetics》上；第三个版本则是作为单独的一章编入《育种的理论基础》一书。

其最终的诠释，在报告中作了很大的扩充，其中谈及最初的批评说明。虽然一些批评者认定，这个定律对于实践并没有什么意义；但是很快就弄清了实则恰恰相反。这个定律的发现能有目的地收集栽培植物的新类型，促使人们科学地有战略根据地确定收集品，并为组建作物研究所著名的世界资源提供科学准则。

N. I. Vavilov在萨拉托夫写给L. S. Berg的信中写道：我们研究所的全部精力集中在，在独立的（非杂交的）属（genus）中寻找“系（列）”的存在。苕子与兵豆，与豌豆不能杂交；但是其变异系（列）可以说几乎是一样的。最近从哈尔科夫收到了苕子的新类型，至此，所有系（列）的遗漏都已经填齐。三年来，我们试图对栽培植物的变种作同样的尝试；但是却相当的困难，因为性状实在太多，结果过于庞大。我们曾想采用公式表达，目前未取得满意的结果。这个夏天，在Cucurbitaceae（葫芦科）中补充了几个系（列），尤其是通过了Crucifirae、Eruca和Brassica的解剖学特征，在许多性状上得到了一致的系（列）。研究的对象仍嫌不够，需要对植物界寻根究底。我在1921年秋向国外所有能发到的地方发了信，索要资源材料。看来有必要装备一个赴非洲的考察队，那里的栽培植物几乎还未被研究过。我敢断言，新的工作将会发现新的课题。可是有时这近乎是乌托邦。

1922年，已经处在实用植物学与育种处处长职务的N. I. Vavilov写道：“我们已从美国、法国、英国和德国获得了大量种子样本，暂时大约已寄来了1/4……豆类作物系（列）的效果真的惊人，一方面与不同的（分类学上的）组，比如像苕子和豌豆，很类似，另一方面，与几种菜豆也很类似。”

N. I. Vavilov在自己的论文《遗传变异中的同系定律》英文版中这样写道：“对不同植物组之间的差异和对为数众多的事实进行详细的研究，使我们看清了该课题，并以新的视角，将所有已知的事实纳入共同的定律模型，——所有的有机体均服从于共同的

定律。”

这样一来，在我们的各个试验站，对俄罗斯和亚洲的小麦 *Triticum vulgare* Will 的 3000 个变种进行研究之后，确认，它们在形态和生理上各不相同……

我们知道，大麦至少有 600 到 700 个变种，燕麦变种在 600 个以上……V. P. Antropova 在波斯、俄罗斯、亚洲和欧洲部分不同地区收集到的黑麦（*Secale cereale*），在形态和生理的性状上均有差别……

“栽培种与野生种之间，在多样性的程度上没有实质的差异……”

接着，他注明：“遗传上相近的物种和属具有遗传性状一致的系（列），如同种内已知的系（列）模型一样，带有同样的规律性。这样一来，我们就可以推测其他物种和属内平行类型的出现。物种和林奈分类单位相距越近，系（列）内性状越相近。植物的全部科，一般地说，都具有通过其所有的属和种的变异循环，形成这些科的特点，……”

“类型无数、杂乱无章，迫使研究者们寻找其系统化的途径。划分的过程必将继续增添新的物种和新的类型，更加确认林奈的观点。可是，平行地划分，自然必须另辟关于变种和林奈分类单位认知的一体化途径……”

从所有上述的情况，可以得出结论：据我们的理解，林奈之所谓“种”是综合的复杂的且活动的形态—生理系统，这个系统与特定的环境和区域下的自身起源相联系；同时又与受制于同系定律的种内自身的遗传变异相联系……同系定律教给研究者—育种家如何寻找方向，它能够把握环节位置的准确性，让人开阔视野，揭示物种变异的宽大振幅……

“物种起源问题不能与变异问题相脱节。毫无疑问，数量庞大的类型，只是被称之为最初的类型的那些基因的各种各样的组合。研究变异性使我们有可能确定所有有机体变异的基本系（列）的最初类型。”

“同系定律为我们打下了栽培植物有差别分类的基础。它提供了将类型不寻常的多样性纳入严格的系统之中的可能性，而这些类型乃是被实践分解成众多品种的各个物种。”

由 N. I. Vavilov 在 1920 年天才地发现的“遗传变异中的同系定律”，现在被作为研究乍看起来杂乱无章的植物形态性状的基础。在 20 世纪和 21 世纪初，不但在遗传和分子生物学研究水平上得到了证实，而且已经成为现代基因组学（genomics）的基本定律之一。

二、栽培植物的起源中心

要深入研究栽培植物起源中心的想法，N. I. Vavilov 还在大学时代就已经萌生了，在大不列颠见习后和参观了物种起源理论奠基人 Ch. Darwin 私人图书馆之后，这一想法更加固定（N. I. Vavilov 一生自认自己是 Ch. Darwin 的学生——作者）。自己对栽培植物起源问题的相关研究结果，以《论栽培黑麦的起源》最早发表于 1917 年。论文是根据 1916 年在波斯和帕来尔第一次考察结果撰写而成的。这一思想的进一步发展体现在，在对蒙古和外高加索地区进行调研和对从亚洲、非洲邮寄来的资源材料进行研究之后，于 1917 年发表的《论栽培植物起源的东方中心》论文中。在形成本文期间，即 1923 年，N. I. Vavilov 在一封信中写道：“在反复阅读 Dekandolle、Darwin、Hehn 不下十次后，凭良心说，我觉得，我们比 Dekandolle 稍微超前了一些。”“我们成功地查明了栽培植物的起源中心问题。以大麦为例，看来中心有两个：东亚和非洲；亚麻的中心则在北非和西南亚。文化中心、栽培植物的起源中心似乎并不在大江大河流域，如以往所想象的那样，而是相反，在山区。”由 N. I. Vavilov 本人及其同事从全球每一个考察地点获得的资源以及关于植物资源分布的资料，都先后反映在 N. I. Vavilov 撰写的论文之中。

在《Darwin 之后的栽培植物起源学说》一文中，N. I. Vavilov

写道，当1913—1914年他在Darwin私人图书馆期间，他有幸看到，作为学者的Darwin曾勤奋地研究文化历史前辈和植物育种前辈的著作。正是在这里，他提到，Ch. Darwin在着手研究栽培植物的变异和进化时，曾首先引用了A. Dekangolle的著作《合理的植物地理学》。但是，与A. Dekangolle不同，Ch. Darwin的兴趣在物种的进化，和被引进栽培时所经历的遗传变异；A. Dekangolle感兴趣的则是，建立一个栽培植物的家园。

"Darwin的伟大而不朽的功绩在于，他非常注意变异、遗传和为先进育种发现可能性的选择。正因为如此，Darwin的著作成为育种理论与实践的基础，成为创造性工作的根据。在Darwin之前，变异性和选择的巨大塑造作用这一思想，从来未曾如此清晰，如此明确，如此理由充分。"

Ch. Darwin逝世后，A. Dekangolle的《栽培植物的起源》一书出版，该书是这一领域的奠基之作。A. Dekangolle的经典著作充满了大量的实际内容，在N. I. Vavilov看来，它偏向于论述栽培植物的最初发祥地及其与野生原物种或亲缘物种的联系。与A. Dekangolle不同，N. I. Vavilov像Ch. Darwin一样，更关注物种发生的主要区域，以及在栽培、环境条件的作用下、在自然选择和人工选择影响下，物种迁移过程中所经历的进化阶段。根据Ch. Darwin和A. Dekangolle理论的主要论点，N. I. Vavilov形成了他领导的作物研究所在相当长的时段内的研究任务和活动的基础，这便是：根据Darwin的地理进化思想，有计划地研究主要（栽培）植物及从能够跟踪其与野生类型相关联的原初地带开始的所有进化阶段，借以确定各种野生物种与栽培类型之间的种系发生（phylogeny）相互关系，监视物种的下一步迁移直至现代育种的终极环节。当然，这一任务只能由按着既定的、以进化原理为基础的计划工作的研究者们同心协力才能奏效。

接下来，地球上的大部分耕地都被纳入研究之列，当然首先被注意的是苏联本土及其临国。北美和南美的所有土地被比较详细地做了研究，科迪勒拉（山脉）一线、非洲的大片耕地和亚洲大陆的大部分耕作区也都曾进行了全面的考察。现已搜集到的极其庞大的资源已经超过了 20 万份，而且都已在不同的条件下，采用所有可以采用的手段进行了全面的研究。

这些研究不但丰富了关于各种栽培植物的知识，而且发现了大量新的物种和为数众多的栽培的种以及不为植物学家和育种家所知的野生近缘种的变种。

在论文的末尾，N. I. Vavilov 写到："80 年来不可动摇的 Darwin 学说是基本的也是唯一的进化理论。植物学家、动物学家、遗传学家、育种家、生态学家和生物地理学家们在其所从事的工作中证实了这一无所不包的学说，只有在它的基础上，才能够理解进化的过程，才能够管理生物有机体。"

1926 年，N. I. Vavilov 在《实用植物学与育种著作集》上公布了自己的主要著作《栽培植物的起源中心》，他将此文献给栽培植物研究者 A. Dekangolle。N. I. Vavilov 基于同系定律，概括了理论研究的结果，强调了不同植物属和科形成过程中的平行性和循环性，以此为依据可以预见这种或那种类型的存在，这在一定程度上简化了它们的起源问题。根据自己深入的理论研究，首次划分出重要大田、菜园和园艺作物的 5 个主要发生地，准确些说，"除了上述主要的中心之外，将来可能还会标出一系列二级中心，更准确地指出其在地图上的确切位置……

主要栽培植物起源和形态形成区域、品种资源的现代发生地，多半处于：靠近亚洲山区，在喜马拉雅山及其支脉附近，非洲东北的山系，南欧（比利牛斯、亚平宁、巴尔干）、科迪勒拉山脉（北美洲-拉丁美洲）和落基山南部支脉附近。在旧大陆，栽培植物的起源区域处在北纬 20°～40°之间的地带。"

条件如此多样：从沙漠到绿洲，从贫瘠的石质土到高山、亚高山草地的丰沃腐殖质，融雪融冰的丰沛水源适于灌溉和浇水，地段封闭，免遭侵害。这一切，在 N. I. Vavilov 看来，促使了当地植被多样性的聚集和形成。

接着，N. I. Vavilov 写道："一般包含许多地方类型以及性状

的最大变异性地区，可以看做是形态形成的中心。明确了形态形成和栽培植物形成和起源的中心，可以客观地对待并确定农业文明的主要发祥地……尽管如同我们所知道的，有的民族或者部落几千年间长期漂泊；然而，植物及其变种若从一个地区到另一个地区却不是那么轻易迁移的。确定大多数栽培植物的形态形成的主要发生地并没有什么难度。在北非和西南亚，存在大量栽培植物的地方组(群)、物种和变种，在它们的基础上形成了独立的农业文明，这一存在决定着这些文化的自主问题，总体上说，也决定着它的文化和历史意义。”

在结尾时，N. I. Vavilov 指出：掌握品种资源的来源，除了直接的实用价值而外，就前述的研究目的而言，还在于试图认真地对待物种形成这个一般生物学问题。进化在空间和时间上一直在进行着；只有贴近了形态形成的地理中心，确定了与物种相联系的所有环节，我们好像才算是找到了林奈对物种作综合的途径，懂得了它是一个类型的系统。遗传学家只有掌握了分类学—地理学的意义，才可能有意识地为杂交挑选原始类型，解决“实验种系”的任务。尔后，物种形成这个问题，不应被看做是个别族（race）的形成问题，而是现今林奈物种这一复杂系统的起源问题了。解决物种形成问题本身自然将引出一种途径，即采用有差别的分类学、植物地理学深入分析综合，并通过遗传学和细胞学方法，确定形态形成的中心。

N. I. Vavilov 把这篇文章看做是下一步研究的开始，进一步研究将更充实、更明确和更精准地勾画出栽培植物起源中心的边界。N. I. Vavilov 在 20 年里在这一问题上做了大量的工作，他认为这是一项最重要的工作。的确如此，1927 年他发表了《栽培植物基因分布的地理规律性》；1929 年他发表了《地球上小麦基因的地理定位》和《栽培植物起源的现代观》；1931 年他发表了《中亚在栽培植物起源中的作用》《苏联亚洲部分和高加索的果树野生亲缘种与果树的起源问题》《墨西哥和中美洲是新大陆栽培植物起源的主要中心》以及《从现代研究看世界农业的起源问题》；1935 年他发表了《育种的植物学—地理学基础》；1939年他发表了《哥伦布前美洲的伟大农业文明及其相互关系》，最后，1940年他发表了《达尔文之后的栽培植物起源学说》。

《育种的植物学—地理学基础》是集体编纂的奠基性著作《育种的理论基础》中的一章，N. I. Vavilov在文章中指出："我们正着手努力研究最艰巨的对象，如小麦、黑麦、大麦、玉米、棉花等全世界普遍栽培、久已脱离了其发生地、被引入栽培的作物……随着对新的对象进行研究，很多新物种甚至新属形态形成的区域越来越相吻合。在不少情况下，几十个物种简直就处在同一个分布区。地理学研究确定了几个完整独立的栽培区域，每一个栽培区域都有其特有的栽培区系。"

苏联作物学家集体在亚洲、非洲、南欧、北美、南美的60个国家以及在苏联全境所进行的考察，和对数量巨大的新品种和物种多样性所进行的细致比较研究，概括起来促使我们确定了主要栽培植物起源的8个独立的世界发源地。这方面的工作尚未结束。对东南亚，我们知之甚少，有必要对中国、印度支那和印度做一系列的考察，以期更准确地查明栽培植物的原初发源地并掌握新的资源；但是，我们毕竟已经达到了十年前不能想象的准确地步。现在，我们可以谈论世界农业的8个主要地发祥地，确切地谈论8个将不同的植物引入栽培的独立区域了。在较早的文章中，我们是根据为数不多的几种主要指示植物，仅限于确定几个农业发祥地。为了详尽无遗地加以确定，则资料尚嫌不足。我们试图在本概要中，尽可能地给出各个发祥地特有作物的清单。过去，1926年我们出版的《栽培植物的起源中心》一书中所提到的、早期形成的概念、必须作认真的修订和补充了。1923—1933年，为了研究世界品种资源，我们进行了多次考察和大量的研究工作。

在这一著作中，N. I. Vavilov论述了世界农业的8个古代主要的发祥地和中心：

Ⅰ. 中国

Ⅱ. 印度

Ⅱa. 印度—马来西亚

Ⅲ. 中亚

Ⅳ. 前亚

Ⅴ. 地中海

Ⅵ. 阿比西尼亚

Ⅶ. 南墨西哥和中美（含安的列斯群岛）

Ⅷ. 南美（秘鲁—厄瓜多尔—玻利维亚）

Ⅷa. 智利

Ⅷb. 巴西—巴拉圭

N. I. Vavilov 为每一个起源中心或发祥地都列出了该地理地区特有的栽培植物物种清单，其中包括：禾谷类和其他粮食作物、粒用豆类、饲用、糖料、油料、挥发油—油料、块根、块茎类和水生食用植物、蔬菜、瓜类、果实类、竹子、含树脂类和鞣革植物、香料、工艺和药用植物、纤维植物、染料植物、各种用途的植物，直至地方特有的植物。

1940 年，在《达尔文之后的栽培植物起源学说》一文中，N. I. Vavilov 写道："亚洲是提供栽培植物数量最多的大陆，在1 000 个经观察过的物种中占 700 种，即占栽培区系的 70%。新大陆占近 17%。澳大利亚在欧洲人到达之前，还不知栽培植物，只是在近百年来，它的桉树（*Eucalyptus* L'Her）和金合欢（*Acacia dealbata* Link）才被世界热带和亚热带地区广泛用于种植。"

在几个大陆内可以分立出下列 7 个主要的栽培植物起源的地理中心：

1. 南亚热带中心 包括印度、印度支那、中国南部热带和东南亚诸岛的领土……这个很大的地理中心或地区可以分作 3 个本地固有的、栽培植物组成差别很大的发生地。

（1）印度（栽培植物区系最为丰富）

（2）印度支那（含中国的南部）

（3）岛屿，包括巽他群岛、爪哇、苏门答腊、婆罗洲、菲律宾等。

2. 东亚中心 包括中国的中东部包括台湾省大部，朝鲜、日本……这一中心还可以分为中国主中心和次中心（主要指日本）。

3. 西南亚中心 其中包括小亚细亚内陆山地（安纳托利亚）、伊朗、阿富汗、中亚和印度的西北部（后者在栽培植物的植物区系方面一定与伊朗相关）、高加索的栽培植物区系与前亚有遗传上的联系。这个中心还可划分为如下几个起源发生地。

（1）高加索有许多小麦、黑麦和果树地方物种。通过对小麦、黑麦进行深入的比较细胞遗传学和免疫学研究已经查明了它们是当地物种。这里是一个最重要的物种起源地。许多欧洲果树的情况也如此。

（2）前亚，包括小亚细亚（安纳托利亚）内地、叙利亚内地和巴勒斯坦、特兰西奥尔达尼亚、伊朗、阿富汗北部和中亚（连同中国新疆）。

（3）印度西北部，含除了旁遮普邦和印度北部与之毗邻的省份之外的俾路支、阿富汗南部和克什来尔……

这里集中着罕见的小麦、黑麦和各种果树的野生亲缘种物种多样性。对于很多重要的栽培植物来说，在这里可以跟踪（追查）到从栽培类型到野生类型的不间断系列，确定迄今为止野生类型与栽培类型实际联系。

4. 地中海中心 包括地中海沿岸的国家……同时在这里可以跟踪到个别作物的起源与一定地域—与比利牛斯、亚平宁、巴尔干、希腊及埃及—之间的联系。每一个发生地都拥有其原本固有的饲用植物物种，比如冠状岩黄芪（*Hedysarum coronarium*）、亚历山大三叶草、大白三叶草、荆豆（*Ulex europaeus*）、单花兵豆、戈耳戈尼亚山黧豆……

5. 非洲独特中心 在非洲大陆境内，出了一个小小的阿比西尼亚，这是一个独立的地理中心，拥有许多地方物种甚至属……这里还与某些独特的山地阿拉伯（也门）发生地有些联系，后者则既受阿比西尼亚的影响，又受西南亚的影响，禾谷类粮食作物，豆类作物和紫花苜蓿都属于极其早熟的类型。阿比西尼亚的特点是，在

有祖传的地方物种的同时，还有特有的小麦、大麦地方栽培物种和亚种……正像植物学家所知道的，从（南非）的开普山脉到喜马拉雅山脉，沿东非走向的所有山区，植物区系的特点是，植物属甚至种都有一定的一致性……

业已确定，在新大陆境内，重要栽培植物的物种形成有惊人的封闭性。

6. 北美中心 在北美辽阔的版图上，最突出的是中美地理中心，包括南墨西哥在内，它还可分为 3 个发生地。

（1）山地南墨西哥

（2）中美

（3）安的列斯群岛

7. 安第斯中心 在南美区域内，与安第斯山脉相连。我们将该中心分为 3 个发生地。

（1）安第斯山脉本身、与之相连的秘鲁、玻利维亚和厄瓜多尔。这个独特的发生地是很多块茎植物的故乡，栽培马铃薯的物种数量巨大……

（2）奇洛埃（阿劳卡）中心处在南智利和与之连接的奇洛埃岛，这里是马铃薯（*Solanum tuberosum* L.）物种的源头，它与秘鲁、玻利维亚和厄瓜多尔的物种有所不同，这里的马铃薯在赤道附近极短的日照条件下可以形成正常的薯块，而普通马铃薯则是在南纬 38～40 度南智利长日照条件下形成的。

（3）巴戈旦中心在哥伦比亚的东部，是由苏联研究者 S. M. Bukasov 博士和 S. V. Uzepchuk 博士确立的。这里的文明处于海拔达 2800m 的高地之上……

实际上，划分的 7 个大的中心是与古代农业文明的定位相符合的。南亚热带中心与伟大的古印度和古印度支那文明密切相关，最新的发掘表明，这一文明非常古老，与前亚文明同步。东亚中心与古代中国文明相连；西南亚中心与伊朗、小西细亚、叙利亚和巴勒斯坦古代文明有关。地中海在公元前几千年已经集中了伊特鲁斯、古希腊和埃及文明，算起来自己已经存在了 6 千年。比较原始的阿比西尼亚文明也有很深的根基，大概与埃及古文明发生于同时，也可能先于它。在新大陆范围内，中美中心与伟大的玛雅文明有关，在哥伦布之前，科学和文化已经取得了极大的成功。安第斯中心与优秀的印加前和印加古文明密不可分。

地球文明和农业起源的历史当然早于考古遗物明文记载的时代，凿刻在岩石上的词句和浅浮雕能够向我们说明过去。对栽培植物及其在地理学层面上差异的了解促使我们把他们起源的时间推移到 5 千年至 1 万年之前的古代。

分析分类学方法让我们有可能跟踪数百种栽培植物的进化阶段并查明它们被引入农业种植的时间。对各种栽培植物所进行的起源研究，使 N. I. Vavilov 提出了新的概念—原初的、较古老的和次生的作物。这样就可以更准确地说明农业的发祥地和作物迁移的路线。在 N. I. Vavilov 的著作中，“中心”的数目从 1924 年的 3 个，1926—1927 年的 5 个，1929—1930 年的 6 个，1931 年的 7 个，到 1934—1935 年成为 8 个，而 1940 年又回到了 7 个。每篇论文都是他对新的事实进行深入思考的结果。在 1934—1935 年的著作中，曾提出将西南亚中心分为两个：中亚中心和前亚中心。1937 年，中亚中心更名为亚洲中部中心，属于亚洲 5 个栽培植物的起源地区之一，其中包括印度西北部、阿富汗、乌兹别克斯坦、塔吉克斯坦和东土库曼斯坦的一部分。后来放弃了西南亚发源地，N. I. Vavilov 以该地带栽培区系成分的共同性作了解释。关于地中海和阿比西尼亚两个中心的概念，从 1926 年提出之后没有大的改变。N. I. Vavilov、S. M. Bukasov、S. V. Uzenchuk 和作物研究所其他科技工作者对美洲大陆所进行的植物学研究确定了，那里是由旧大陆没有的、当地种和属形成的独立的作物发生地。新大陆文明相对比较年轻。N. I. Vavilov 将新大陆分作两个地理中心：中美洲中心和南美洲中心，后者于 1940 年取名为安第斯中心，当地的栽培植物物种形成有着惊人的封闭性。

从《栽培植物的起源中心》一文开始的所有著作中，N. I. Vavilov 为了标志古代农业文明的限定范围，采用了意义相近的

术语起源“中心”或“发源地”（发生地）以及“地区”。这些定义具有重要的意义：地理中心—是重要的独立出现的农业文明的发源地，地理地区—指栽培植物物种群的集中之处。从 N. I. Vavilov 一部部关于栽培植物起源问题的著作可以看出，“中心”“发源地”这些术语，越来越与广阔的地域相联系。因此，N. I. Vavilov 写到起源“中心”这个由达尔文采用的术语时指出了其相对性。在 1940 年刊出的自己的最后一篇论文《达尔文之后的栽培植物起源学说》中，就这一话题，N. I. Vavilov 清楚地区分了“中心”和“发源地”两个概念。按照 N. I. Vavilov 的解释，“中心”讲的是 7 个起源中心，中心又可分为若干个形态形成的发源地。

需要强调的是，N. I. Vavilov 还曾提出过当时革新的见解。按照他的栽培植物起源中心理论，栽培区系是在不多的地域内发生和形成的。这些地域处于山区，是多型性的原初中心，而产生伟大古代文明的江河流域则只是农业发达地带，是栽培植物形态形成的次生中心。同时，按照 N. I. Vavilov 的看法，同一个区域可能是一些作物的起源中心，同时又是另一些作物多型性的次生中心。此外，他还区分了栽培植物形态形成的独立次生中心。

在完成了对地中海几个国家和埃塞俄比亚的考察之后，N. I. Vavilov 产生了基因地理分布规律的概念。这个规律被他在后来证实了。1927 年 9 月，在柏林召开的第五届国际遗传学代表会议上作报告时，以及在此后发表的论文《栽培植物基因分布的地理规律》中，N. I. Vavilov 概括了他对所收集的植物资源进行研究的结果。论文中分析了植物基因分布的地理学，提出了一个基本思想，即：任何一种栽培植物物种的显性基因都集中在其起源的中心（地带），在起源中心范围内，可能遇到带有个别隐性性状的高度集中的种群（Popu-lition）。据 N. I. Vavilov 观察，如果在原初中心的植物具有显性基因，那么物种分布区的边缘的植物自然会显现许多隐性性状。这样一来，形态形成的次生中心还可以为育种提供带有重要隐性基因的作物。关于等位基因（Allele）地理分布的思想，就其意义而言，等同于遗传变异中的同系定律，对于育种具有很大的实际作用。

三、物种的系统与栽培植物的进化

1931 年，N. I. Vavilov 就自己对物种形成所做的富有成果的工作作了总结，发表了以《林奈物种是一个系统》为题的论文，该论文的主要论点曾于 1930 年在剑桥（大不列颠）召开的第四届国际植物学代表会议上作了报告。这篇论文是关于物种学说的新的有重要价值的贡献。

N. I. Vavilov 在自己的论文中写道：实用植物学与新作物研究所（现作物研究所）在最近十年来，按照一定的计划，对大量栽培植物的大批物种开展了广泛的分类学—地理学研究。这些研究的目的在于揭示育种的植物学—农学基础，尽可能地详尽无遗地收集主要栽培植物重要物种的世界品种组成，研究其作为实际的育种原始材料……大批科学工作者按照严格的计划，对数以百计的作物进行了研究，使我们首先把林奈的物种当作一定的复杂系统，即完整的或由相关联的部分组成的、整体或部分相互渗透的复杂系统。对几百个物种作过实际的研究后，发现缺少独模物种[①]，即代表一定小种，一定类型的物种。结果所有的“物种”都成了复杂的、少数或多数类型（基因型）的集合……

“在同系定律的基础上，对物种的组成进行了详细的分析研究，可以发现类型的极大多样性，发现植物学家和育种家以往所不知道的新的变种、小种，其中很多具有很大的应用价值……与林奈的观点，即变种（Varietas）在物种范围之内的观点不同，现在可以肯定地说，变种的形成是有规律的。达尔文、诺顿和其他研究者指出的变异平行论的若干事实，在吸收了大量新的材料并采用各种方法对其进行研究之后显示，平行论乃是决定种内变异的普遍现象、共同规律……”

---

① 独模物种（monotypic species）系指国际命名法规中关于作者只根据一个命名的种级单元建立新命名属或亚属的规定。——译者注

“大量的实际材料促使我们把林奈物种的概念看成为一个复杂的类型体系，而其组成服从同系定律……从现代知识的角度看，物种是许多基因型类型的系统，因此必须具有某些性状变异、遗传差异幅度的知识……在林奈物种范围存在一定的变异规律性，这就大大地简化了多样性系统的研究……”

“林奈物种”是一个合乎规律的系统这个概念，不但对研究栽培植物的实际目的来说，而且就研究进化这个根本问题而言，都是相当重要的。专心致志地研究这一过程，只能把林奈物种作为复杂的系统对待，而不可像通常描述时那样，把它当成一个个的片段。单个物种的遗传本性，单凭从种子公司随机获得几个无标志、无起源地、无证件、最多只有名称的品种，是不可能给出物种的本性的；只有把物种作为一个复杂的系统，在有针对性地选择或挑选资源的基础上，才能确定物种的本性。

“很多林奈物种是生态型或气候型的复杂系统，生态型一是在一个林奈物种范围内，包括许多遗传性状稳定和适应一定生境条件的生物型群。当然，在空间上会发生分化并经受选择的作用，林奈物种均可分多个最适应各种环境的遗传类型……”

“于是，按照我们的理解，林奈物种是独立的、复杂活动的、与自身起源并与一定的环境和分布区相联系的形态—生理系统。”

N. I. Vavilov 的这一著作对于非常分化、多样而又包含各种各样分类单位的作物区系来说有着很重要的意义。

1932 年 8 月，在美国伊萨卡召开的第五届国际遗传学代表会议上，N. I. Vavilov 在所作的报告《栽培植物的进化过程》中论述了这个问题。以 N. I. Vavilov 本人及其同事们考察收集资源的结果为基础，着重讲述了栽培植物的起源问题。他说：“目前，地球上一些区域的植物和动物物种和品种的数量极其丰富。在北美和中美、南墨西哥、危地马拉及其一些邻国是这类区域；在欧洲、高加索、巴尔干国家、意大利和西班牙属于这类区域；相反，在北亚和中亚的辽阔地带，物种的数量相当贫乏。另一方面，中国的东南部、印度、印度支那和波斯、阿富汗、俄罗斯突厥斯坦和小亚细亚，野生动、植物物种多样性则极为丰富。”

后来，他分析了林奈物种的综合性和进化的地理学原则。在此基础上，研究植物资源的工作会变得较为轻松一些。N. I. Vavilov根据同系定律，展示了不同物种间、属间的平行现象，并且讲述了自然选择和人工选择在栽培植物进化中的作用。在结尾处，N. I. Vavilov说道：“为了领悟进化的过程，为了在科学的基础上进行育种工作，特别是在诸如玉米、小麦、棉花这些重要的农作物上加以应用，我们应当对古老的农业国家进行调查研究，那里有了解这些作物进化的钥匙。”

四、栽培植物的农业生态学分类

对栽培植物进行植物学研究之后，研究的结果都综合在几部由N. I. Vavilov领导并直接参与编纂的作物志中，接着作物研究所又开展了广泛的生态—地理学研究。这些研究不仅在形态—分类学方面，而且在生态—生理、细胞学和实际应用方面加深了对栽培植物的认识。

根据地理学研究的资料，N. I. Vavilov着手仔细制定顾及其重要生理和生物学特点并尽量与环境条件紧密联系的栽培植物的农业生态分类。制订这一分类的基本原则和途径，N. I. Vavilov在他预计出版的多卷本《粮食作物、食用豆类、亚麻品种的世界资源及其在育种中的应用》中作了介绍。他为该书写了第一部分，起名为《重要大田作物农业生态观察试验》，这部著作只能在后来，通过E. I. Barulina、F. Kh. Bakhteev和T. K. Lepin通过极大的准备工作之后，于1957年问世。第二部专论小麦农业生态分类的一卷则是在M. M. Yakubtsiner和T. K. Lepin编辑后，于1964年出版的。N. I. Vavilov援引上述研究资料，写道：“现代育种实践要求有广泛的杂交材料，建立现有材料的新的农业生态分类业已提上了日程，在此基础之上，将其作为植物学分类的补充，即必须提供杂交材料的生态学、生理学和有经济价值的性状和特性。”

后来，在《重要大田作物农业生态评述的经验》一文中，N. I. Vavilov 写道：对从不同国家不同条件下收集来的栽培植物许多品种进行的有计划研究，弄清楚了，把它们区分为农业生态组是合理的。当同一物种遍布全球，并在差别极大的条件下种植的时候，情况尤为明显。栽培植物有各种生态类型，野生物种同样也有不同的生态类型。N. I. Vavilov 把主要农作物分为一定的、与一定的农业生态区域联系在一起的生态类型。他还把几个大陆划分为 19 个农业生态区域，这些区域又被划分为 95 个相应的地区。譬如，他把欧洲分作如下几个地区：南欧、西部山区、欧洲中部、西北欧、欧洲平原、东欧森林草原、东欧针叶林区以及西伯利亚的几个地区。为了系统地研究所有的植物资源，他曾列出了供做记载用的性状和特性清单—这些都是在建立农业生态分类时需要考虑的。在进行地理试验的基础上，N. I. Vavilov 标出了植物外貌和生长发育相关的、对不利环境因素和病害抗性、作物的工艺性质等 29 个指标（所有这些指标都成为不同农作物现代分类法的基础。——作者注）。

对全苏作物研究所的工作和对栽培植物农业生态分类作初步总结时，N. I. Vavilov 在他用英文撰写于 1940 年发表（后来译成俄文）的《栽培植物的新分类法》中写道："在研究栽培植物时，我们是一步步推进的。大约 20 年前开始，我们采用的是德国分类学家 F. Koernicke 以较少的和较易辨别的穗子和子粒的各种特征为指标的植物变种分类法，这种分类法被研究者，包括 J. Percival 教授在其小麦专著中采用，这是不够的。我们认为，制定新的、更详细的形态—生理系统是必要的，而这一系统则是以研究栽培植物在其原初地区的进化情况为基础的（原初地区存在植物学亚种的极大多样性）。按照遗传变异中的同系定律，有亲缘关系的物种和属，其变异在很大程度上是相互重演的，借此，我们发现了大量的从前所不知道的变种。作物研究所在苏联境内，对栽培植物起源区域进行过多次考察，对所收集到的资源材料，通过播种的方法，进行了严肃认真和全面的研究。进化的和地理的原则是研究物种分类的基础。我们试图尽可能地从林奈物种分化的源头（原初区域）开始追踪其进化进程。这些区域的范围，在一定程度上可以通过历史、考古发掘特别是植物学资料予以确定。”

N. I. Vavilov 指出，业已发现了很多新的栽培植物物种和变种。“只要举一个例子就足够了。仅一个小麦，已被发现了约 20 个林奈物种和上百个被植物学家们原来理解的植物学亚种。每一个亚种还包括许多遗传类型……。过去只知道一个马铃薯林奈物种（*Solanum tuberosum* L.）而近十几年来苏联的考察队通过细胞学家、生理学家和植物学专家的帮助，发现了 18 个栽培马铃薯新物种和几十个野生马铃薯物种，其中有一些还有很多变种（Bukasov，1933）。”

根据地理试验、循环杂交和 N. I. Vavilov 制定的新的栽培植物种类多样性农业生态学分类法，曾经为苏联各个地理地带选择了最有前景的组合，也加强了科学研究机构的育种活动。这项工作曾在作物研究所的普希金（原沙皇村）、卡敏草原、奥特拉德—库班和杰尔宾特（达吉斯坦）几个站（点）开展了起来。非常可惜，研究工作未能坚持到底。

五、免疫问题

随着物种起源问题研究的进展，在 N. I. Vavilov 的心目中逐渐形成了对物种和类型形成、免疫等许多具有普遍意义的问题的独特主观见解。

N. I. Vavilov 一生中对免疫问题倾注了很多精力。年轻的 N. I. Vavilov 在赴大不列颠游学之后，最初发表的文章多数是关于植物免疫问题的。他注重对自己在莫斯科农学院附属育种站和在大不列颠园艺学院所进行植物免疫实验研究结果的概括总结，将自己的实验数据与详尽无遗的植物免疫参考文献相结合。这一课题要求具有生物学各领域的扎实的知识，它引导年轻的 N. I. Vavilov 学习了广泛、综合和全面的植物学知识。作为多年研究植物免疫的总

结，1918 年他出版了专著《植物对传染病的免疫》，这是年轻学者的第一部较大的专著。

1935 年，N. I. Vavilov 的专著《植物对传染病的免疫学说（适用于育种需求）》问世。最后，在 N. I. Vavilov 去世后的 1961 年出版了《植物对传染病的自然免疫定律（寻找免疫类型的关键）》。

N. I. Vavilov 在这些著作中论证了免疫现象的遗传本质，揭示了寄生物的专化、免疫与植物生态—地理群的联系及其他许多内容。他指出，寄主植物对寄生物入侵的免疫反应决定于寄主的遗传本性。真菌生理小种（亚种或类型）的存在有着重要的作用，因为寄生物的物种或者甚至小种的专化提供了寻找对一定病害具有抗性的品种或类型的可能性。学者 N. I. Vavilov 认为，免疫的物种应当在其起源地寻觅。

在 1935 年的出版物中，N. I. Vavilov 写道：对栽培植物物种及其野生近缘种进行植物学—农学研究，我们当然对物种和品种与重要病害的关系应予以极大的注意。世界和苏联育种所获得的大量实际材料让我们确定了对传染病免疫在栽培植物中间分布的规律性，这样一来，更便于找到免疫的品种。

揭示免疫性的基本规律—意味着查明寄生物对寄生植物物种和属的选择。寄生物的选择能力，通常局限于一定的植物范围。这特别关系到那些分布广泛的担子菌和子囊菌一类专性的真菌（不同种的锈病、霜霉病等）……

相反，真正的寄生物不像锈病那样 *in vitro*（体外受精）繁殖，是极度专化的。一般寄生菌跟细菌病及感染一样，是通过极少的几种专化昆虫传染的，寄生物的专化程度极高，在物种内找到免疫品种的概率更是少之又少。于是，从事免疫育种，不得不首先对寄主植物属和种的感染源的专化程度进行测试。

最新的研究表明，很多真正的寄生物还在分化，即在同一个形态的物种中会形成多个生理小种，外观上虽无差别，但对于寄主却是有差异的，它们各自有其感染的物种甚至品种。

N. I. Vavilov 关于群团或综合免疫的学说具有很大的实际意

义，因为育种家所培育的品种，不应仅仅只对某一个小种具有抗性（免疫性），而应当对整个生理小种种群具有抗性。

在《植物对传染病的自然免疫定律（寻找免疫类型的关键）》论文中，N. I. Vavilov 写道：由于寄生物可分化为生物学和生理（学）小种，常常在不同的区域和地区又有区别，小种的组成还可能年复一年地产生变化……所以育种的难度越来越大。选育免疫的品种，育种家需要考虑，寄生物小种成分可能发生变化这一因素，而这种变化在很大程度上又与天气条件的变化和与新的毒性小种的入侵有关。由此看来，综合的、或集群的免疫，即同时抗若干种寄生物的免疫、抗多个生理小种的免疫有着特别重要的意义。

因此，他为这一研究提供了小麦抗几种锈病的等级表，该表时至今日仍有价值。据 N. I. Vavilov 的资料，一粒小麦可以作为具有自然集群抗性的实例。

在自己的关于免疫性的最后一篇文章中，他指出，业已确立的规律性，实质上是进化学说用于免疫现象上的发展，从而在广泛的意义上说，是把自然免疫理论当做进化或遗传学问题加以理解。

在研究寄生的遗传本性对免疫性的影响时，N. I. Vavilov 发现，小麦的二倍体物种，即具有 14 条染色体的一粒小麦对锈病具有很高的抗性；四倍体的 28 条染色体的硬粒小麦的抗性较低，虽然其中也有诸如 *Triticum timopheevii* Zhuk.（提摩菲维小麦）、*T. persicum* Vov.（波斯小麦）都表现出有高的抗性。最后，六倍体（42 条染色体）的普通小麦则严重感染锈病。他曾指出，同样的现象也见于其他栽培植物物种——马铃薯、燕麦、番茄、向日葵、甜菜、烟草等。

六、遗传研究

从各个起源中心收集植物资源，并在明显相反的条件下对其多样性进行研究，以及在物种分类和进化方面所进行的工作促使 N. I. Vavilov 在栽培植物个体遗传方面作了广泛的规划。这项工作

可以追溯到 20 世纪 20 年代在儿童村（普希金城）时期。

俄罗斯遗传学起步时期，N. I. Vavilov 的《遗传学及其与农艺的关系》一文的报道占有当之无愧的地位，他曾于 1912 年 10 月 2 日在戈尔岑高等女子农业课程班年会上作过演讲。1914 年，他在大不列颠撰写了一篇关于对真菌病免疫是遗传学与粮食作物分类学中的生理标准的文章。在那个时候，N. I. Vavilov 就形成了对植物的多样性进行遗传学研究的设想。当时，植物的多样性还仅限于在历次考察中收集而已。他对这一题目的最终的理解，形成于 1926 年。在致 G. D. Karpechenko（曾受 N. I. Vavilov 的邀请，领导作物研究所的遗传学处）的几封信中有这样一段话："我们非常清楚，遗传学承担着巨大的任务。实际上，这项工作在小麦、大麦、燕麦和十字花科植物上已经开展了起来，现在是要求在果树、瓜类、在草莓上也开展起来……遗传学工作应当面向解决实验遗传学问题，面对各种植物及其各种特点特别是种间杂交问题，写出专题著作来。"

后来，在 1930 年，N. I. Vavilov 已经为作物研究所的遗传学家们提出了更广泛的任务。他试图将分类学与遗传学研究结合起来，使栽培植物资源研究更加充实。

他写道："应当说，我对个体遗传学的现状一点也不满意，Ury Alexandrovich（Filipchenko）写了一本小麦遗传的小册子，也许这是一本很好、很有益的著作……我的想法是，所有的这一切仅仅是开始起步。我们对大麦、小麦以及许多作物种内组成的了解已经相当好（我正在撰写亚麻专著，刚刚完成了《阿比西尼亚小麦》），我非常清楚，我们还在崎岖的小路上蹒跚前行一还未走上康庄大道……大麦一直是我最感兴趣的，我在东亚收集的那些资源使我对这个项目兴趣不减……

Kukuk 在大麦上确定了 5 个连锁群。它们可能或许是理所当然的。不过，我作为一个分类学家、一个地理学家却不能绕开进化问题，看来所有这一切都是片断。我丝毫也不怀疑，在连锁的个别情况下所捕捉到的那些性状，换一个组合便不复存在了。连锁当然是事实，也是存在的；但是事情并不很清楚。看来，需要拥有非常众多的材料（老的地方和现有的品种、品系和植物学变种），才能真正地捕捉到规律性。但是我们需要的是什么—我们要了解整个物种。如果在白和绿之间存在连锁，须知这对于了解大麦的整个系统，论据未免嫌太少了些。

与对西南亚和阿比西尼亚的大麦相比，东亚大麦群的遗传更使我感兴趣。

我正在写亚麻。我搜罗了整个世界。地理类群分化的画面琳琅满目，这些类群在性状上的分化令人难以想象。譬如埃及，有株高超出长茎亚麻一倍的亚麻；又如阿富汗有匍匐矮秆类型的亚麻；还有，阿比西尼亚亚麻则浸透了花青素。”

我在观察，遗传学家们都在做些什么？我在想，分类学家和遗传学家很有必要结合起来。如果说，普通遗传学家们愿意在个体遗传的方面做些工作，不论有多少人这样做，此事足够一代人几百位研究者来做了；但是，机制必须启动，也可能出现好奇心，但是毕竟我们还活着，还在活动。

事业是引人入胜的，国家在前进，不管有多大的困难，我们都在努力。目前困难重重，我们没有了外国的文献，与国外只有只言片语和通过小礼物还保持着联系。

N. I. Vavilov 始终把栽培植物和具体物种的遗传学研究问题与物种内的多样性联系在一起，把地理学原则放在自己研究的一大堆问题之首和中心位置。研究各个物种的遗传学，他致力于得到关于整个物种遗传本质的完整概念。而这一概念不能靠随机地选择几个品种且对其起源不予分析就想得到，而只能在认真地挑选对该物种及其多样性具有代表性的品种，才能获得。因此，N. I. Vavilov 总是在任何一项严肃研究的最初阶段，尽可能在物种内挑选或发现能够代表物种内，有时属内多样性的收集品作为研究的对象。

七、植物育种和引种问题

N. I. Vavilov 关于栽培植物起源中心，关于具体物种的分类

学、遗传学和免疫等所有的理论建树，都得到了实际应用，成为育种家、作物栽培学家和引种家的行动指南。

1934 年，N. I. Vavilov 的著作《育种是科学》出版，讲述的是，育种作为一门科学的理论基础。该著作直至今天仍然未失去它的意义，它是对达尔文进化学说的创造性发展的范例。N. I. Vavilov 在书中写道："育种，就其实质来说，是人对动植物形态形成的干预；换言之，育种是符合人的意愿的进化……"

"从今往后，科学育种的基础应当准确地建立在关于物种和属的品种潜力的植物学—地理学资料之上。"

在本著作中，N. I. Vavilov 分了 7 个育种理论部分。

第一部分，应当将植物学—地理学基础应用于植物资源的分析研究。第二部分——变异学说，第三部分——环境与遗传、有机体与环境条件的相互关系，确切些说，基因型与表现型学说……第四部分——在孟德尔定律和摩尔根染色体遗传理论基础上成功提炼的杂交理论。在这一部分中，育种作为科学，与遗传学最为贴近。

下面，第五部分，我们称之为制定不同类型植物育种过程的原则：自花授粉植物、异花授粉植物、中间类型植物等等。这一部分还应包括开花生物学和授粉生物学等决定育种方法的重要因素—分类学知识……

这几部分涉及植物学和生物学、要分别适用于各类植物育种的需求……

第六部分，关于定向育种学说：涉及化学成分、工艺品质、生理特性、对病害的免疫。这一部分很自然地与生理学、生物化学、工艺学、植物病理学及昆虫学等有着密切的关系……

科学育种的特点正是要综合地吸取对植物采用的不同的研究方法，其中生理学、生物化学、工艺学与育种学相互联系，这样做，不仅仅是把育种作为科学对品种进行评价，而且还在很大程度上是为了揭示重要栽培植物（育种对象）物种间的分化，进而弄清楚它们在重要生理和化学性质形成方面的规律性……

按照 N. I. Vavilov 的想法，最后部分是育种各论—或者各种作物育种学说。各论是把单个植物的知识、它的分化分类和地理学、开花生物学、授粉生物学、因外界因素而变异的幅度等合并在一起。为了掌握植物，育种家应当了解自己的对象，了解其历史和地理的发展，弄清楚其因环境变化可能产生的重要性状的分化……

这便是目前我们所理解的育种作为科学的内涵的大致轮廓……

深入研究育种理论，大约将推出新的章节。育种的发展也不可避免地将带动其他生物科学和农学的学科。为了给前述部分和章节充实更多具体的内容，还需要大家按照一定的计划，做大量的工作。

在结尾中，N. I. Vavilov 写道："那个时候没有疑问，相反，普通遗传学基于当时已有的育种实践，自身的发展受到了极大的刺激。进化论的历史、遗传学本身的历史都证实了这一点。育种科学应当尽可能地在较短的时期内，跨过几个台阶，站在比目前高的高度。只有深入研究育种理论，才能使育种家真正地掌握有机体。这才是现代生物科学的终极目标。"

N. I. Vavilov 极力想对发展中的农业生产提供有效的帮助。他对作物研究所保存和研究的资源寄托着很高的期望。他懂得，这些资源将为幅员辽阔的苏联领土上栽培的作物多样性育种提供原始材料。他在一封信中，对保存和利用这一植物多样性提出了任务：全苏作物研究所的许多重要任务之一，应当是，为广泛开展的实际育种工作，全面调动最珍贵的植物资源。这些年来，特别 1926—1929 年间，作物研究所的考察队收集到大田、蔬菜作物新的大量的品种资源。这些资源让我们看到了不同作物品种的极为珍贵的价值……

所以这些资源乃是国家异常宝贵的财富，一部分是现成的物种，一部分则可以作为有计划育种实践工作的原始材料加以利用。其中有不少对于杂交育种十分有用。很多资源是亚热带植物。

作物研究所拥有非常罕见的资源，只要指出下列数据就足够了：小麦资源 28 000 份以上，大麦 13 000 份，燕麦 8 000 份，豆类作物 22 000 份，玉米 15 000 份，高粱和类高粱 6 000 份，油料

作物在105 000份以上……

为了使国家这一主要原始资源保持有生命的状态和最大限度地用于良种繁育和育种，必须给予它以资金保障……

作物研究所搜集的世界品种资源，是通过艰难的考察，从遥远的国家（如阿富汗、阿比西尼亚、秘鲁、玻利维亚、中国、墨西哥）获得的。平时很少、且完全禁止买卖的。因此，从它们繁殖之初就受到爱惜。我们常常不知道，某个品种在某地刚刚播了下去，某地已经成熟，却不清楚是冬麦抑或是春麦。繁殖的起始阶段，要进行植物学—农学经济评价，一般的作物品种特别是越冬作物和多年生作物，需要进行多年的评价。

全苏作物研究所经理部曾要求将给予作物研究所的拨款列入联邦良种繁育联合企业的定期预算，以支持作为良种繁育和实际育种的国家品种种子资源库。

N. I. Vavilov对作物研究所科研活动的结果在苏联农业生产上的实际利用十分重视。科学研究、育种和其他农业机构接通，只是从1930年至1940年，作物研究所寄出种子邮包500万个。数量如此庞大的原始材料成为苏联各种气候带培育新品种的基础。

N. I. Vavilov期望苏联的育种家们能尽快地有效地利用全苏作物研究所的栽培植物世界资源，他在1940年发表的《苏联时期植物引种及其结果》一文中谈到了这方面的问题。他写道："与从美国引种不同，作物研究所在过去的一段时间里，不仅仅收集和繁殖了资源，而且把它们纳入了严格的科学程序。"

"下一阶段，是通过深入学习挑选组合的方法，将其用于不同条件下的种内和远缘杂交上面。实际上，我们已经在许多作物上这样做了。遗传学的现代发展，特别拓广了原始材料在育种上的利用包括某些物种在内，而且当代的生理学研究也出现了新的前景。"

N. I. Vavilov指出，作物研究所在培育和推广农作物新品种方面做了大量的实际工作。作物研究所本身并协助它的众多试验站已经向生产上推广了254个品种，其中一半为果树和浆果。这个数目还未包括63个经作物研究所根据试验数据，以直接推荐生产引种的方式广泛栽培的品种。除此之外，还有 52 个品种是其他单位利用作物研究所的资源所培育的。在国家品种试验中还有 200 多个品种，已经看出其前景良好。除了所谓“生产引种”（资源直接利用）之外，利用世界品种资源育成的品种目前已经推广的种植面积达到了 200 万公顷。

深入研究苏联极北部地带的生产开发在 N. I. Vavilov 的作物栽培计划中占有很重要的地位。为此，出于科学和实际需要两方面的考虑，组建了作物研究所的极地试验站。这个试验站被用以从外地为极地圈调配作物新物种和新品种，同时也为这些极端的地区探索农业技术措施。因此，N. I. Vavilov 很注意北方农业其中包括阿拉斯加、加拿大、冰岛、格陵兰和斯堪的纳维亚国家的经验。在自己的文章《北方农业问题》中，N. I. Vavilov 写道，世界农业历史的发展，是向着北方，向着热带推进的，从森林那里剥夺了越来越大的空间，从南、北两个方向上开辟了无边无际的未开垦、未被利用的土地。在 N. I. Vavilov 看来，极地的农业生产，随着广泛的施肥、排水、机械化、电力的应用，将来会形成集约型的农业。

N. I. Vavilov 非常关心苏联的亚热带作物栽培。这反映在他死后才出版的著作《苏联亚热带的作物栽培业及其展望》中。在这篇著作中，N. I. Vavilov 确认，全苏作物研究所在研究、收集和引种亚热带栽培植物方面起着重大的作用。沙皇俄国时期，亚热带作物的种植面积不超过 1 500 公顷，到 20 世纪 30 年代已经开发到了近 10 万公顷，40 年代初，国家已经拥有茶园 5 万公顷。里海沿岸的柑橘、柠檬和橙子园的面积增加到了 1.7 公顷，油桐种植已经超过了 1.6 万公顷。到 30 年代末，出现了热带、亚热带药用植物，其中包括金鸡纳树（*Cinchona*）种植。在 N. I. Vavilov 领导下，苏联金鸡纳树的栽植问题成功地得到了解决。由于全苏作物研究所员工集体的努力和不懈的工作，在苏呼米、巴统植物园学会了栽植金鸡纳树的技术。业已引进了新的作物：许多竹子物种、多个桉树（*Eucalyptus*）物种，已在黑海岸边特别是在阿布哈兹、格鲁吉亚和阿扎尔广泛扎根。这一时期，据统计，在全苏作物研究所员工的

参与下，开发了野生亚热带植物资源：在南土库曼、塔吉斯坦境内黄连木（*Pistacia*）丛林面积已确定为 30 万公顷，在西吉尔吉斯、南哈萨克斯坦和山地土库曼，以核桃为主的干果林面积达几万公顷；在阿塞拜疆，有大面积的石榴植丛。

在野生巴旦杏、核桃、无花果中间还发现了值得注意的野生类型，它们可能与外来的栽培品种相竞争。为此，全苏作物研究所及其他机构的重要任务之一是，在这些重要的作物中选择所有珍贵的（不论是苏联境内的，还是外国的）资源，将其引进阿塞拜疆、中亚和哈萨克斯坦的植物园中，将面积扩大 10 倍。要特别注意在高加索主脉南麓开辟欧洲榛子（*Corylus maxima*）的栽植。

在关于植物引种的文章中，N. I. Vavilov 写道："全苏作物研究所的全苏引种圃提出将油桐、金鸡纳树、桉树和许多野生树种引入栽植方面做了大量的工作。索契站正在为亚热带植物向北推移而不懈地努力中。还需指出的是，阿塞拜疆站（全苏作物研究所的成员单位）在马尔达疆阿普歇伦绿化和亚热带果树栽培方面做了大量的工作……连科兰试验站（全苏作物研究所的成员单位）在艰苦的条件下，为了开发亚热带作物而顽强地工作着。取得了很大的成绩，在茶树和亚热带果树种植方面成果丰硕。"

八、农业的起源问题

1931 年，在伦敦召开的第二届科技史国际代表会议上，N. I. Vavilov 作了《从现代研究的角度看世界农业的起源问题》报告。报告中，N. I. Vavilov 引证了科学考察搜集栽培植物的某些结论以及作物研究所对其进行十年研究的结果。N. I. Vavilov 说道：深入研究与栽培植物育种相关的实际问题的同时，我们着手在探讨世界农业的许多历史问题。

我们很清楚，迄今为止，不论植物学家、农学家还是育种家，基本上都未曾触及重要栽培植物的主要世界资源及其潜在的利用价值。直接的研究表明，它们主要来自古老的农业国家。所有的育种，所有的欧洲的和美洲的农业文明都只是根据支离破碎的片段，而其栽培植物的品种组成都来自古老的农业发祥地……

对几百种栽培植物进行研究的结果，使我们确定了重要栽培植物的主要世界发源地。我们认为，已发现的事实有着非常重要的意义。总的说来，研究已经确定了，在地球上有7个主要的独立的栽培植物起源地，同时可以设想，有7个独立的农业文明的发祥地……

农业原初起源地的地理定位非常独特。这7个栽培植物的起源地都主要处于热带和亚热带的山地。新大陆的起源地在热带安达姆，旧大陆则在喜马拉雅、兴都库什、山地非洲、地中海国家山区和中国的山地，尤其是山麓区域。

实际上，地球上只有狭窄的陆地在世界农业历史上起着重要的作用。

从新的研究的角度辩证地看，伟大的原始农业文明，就现代地理学涵义而言，都集中在有限的区域之内。热带和亚热带为物种形成过程提供了最适条件。野生植被的极大物种多样性和动物多样性都以热带占优势……

造山运动在植被分割为物种中无疑是起了不小的作用，也促进了物种分离的过程。隔绝因素、物种和属迁徙中出现障碍对于个别类型和珍贵物种的被孤立当然是很重要的。山区所特有的气候和土壤的多样性正适合于栽培植物的主要起源中心，它同样也促进了栽培植物多样性的显现……

如果说在潮湿的热带是以森林植被为主，那么，相反，热带山地则生长着以草本为主的早期的农作物，其中便有地球上的大多数栽培植物。

热带和亚热带山地有适于人类居住的适宜条件。原始人类害怕潮湿热带的茂盛植被、热带疾病。虽说潮湿的热带土壤肥沃，面积占地球陆地面积的1/3，但它却主要处于热带森林的边缘。热带和亚洲热带山区以其气温、食物充足、没有衣着也可以生活，为最初的移民提供了最适宜的条件。时至今日，中美、墨西哥以及亚洲热

带地区，人还在利用野生植物。在当地，区分栽培植物与其相应的野生物种并不那么容易……

栽培植物和家养动物方面的资料，N. I. Vavilov 在考察期间收集到、且已经被历史学、地理学、考古及其他基础科学证实了的关于不同民族的生活及生存条件的资料，使我们牢固地树立起了农业起源其实也是地球上文明起源的观点体系。

在分析研究 N. I. Vavilov 的学术遗产的时候，很难说清楚，作为植物学家，他的研究尽头在哪里；作为作物学家和民族学家，他的考察研究又是从何处开始的，甚至于无法划定他的育种学、栽培学和遗传学著作的界限。他的所有著作都具有极大的科学价值，并决定了理论和研究方法的转换。他从来都按新的途径向前迈进；他一向以崭新的、无人知晓的视角凝视所研究的植物世界。

第六章　20世纪30—40年代作物研究所遭遇困境

一、李森科在发展苏联农业科学上的作用

1917年伟大的十月革命之后，曾经繁荣的俄罗斯农业开始衰落，这有其客观的和主观的原因。战时共产主义时期的粮食分配、从20年代开始的国内战争、国家的谷仓伏尔加河流域和乌克兰遭受周期性的干旱、工业化和随之而来的直至30年代初实施的集体化致使农业生产领域无法解决的问题摆在了斯大林及其周围人的面前。这些问题需要尽可能地从根本上简单快速地加以解决。正在这个时候出现了一些人，他们提出要有效地通过简单的途径解决这些问题。Trophim Denisovich Leisenko（李森科）就是被提拔的人之一。

T. D. Leisenko（1898—1976年）的初等农业教育是在乌克兰波尔塔瓦园艺学校（1913年），后来（1917—1920年）在乌曼获得的。1921年，他在基辅附近的上尼亚契农业试验站工作时，进入糖业托拉斯组织的农业讲习班，结业后，T. D. Leisenko在白采尔科维试验站工作（1921—1925年），与此同时，他在基辅农学院学习农学。

农学院毕业后，1925—1929年，T. D. Leisenko在阿塞拜疆的甘珍市试验站工作。作为豆类作物育种的主管，他从基辅带来了早熟豌豆，但是在阿塞拜疆的条件下却变成了晚熟品种，T. D. Leisenko对此很不满意。以此事为根据，他得出结论，植物的性状与

基因型的关系较小，与育种过程对其影响也较小，在很大程度上受具体的种植条件的影响。T. D. Leisenko 推测，晚熟性与温度状况有关，当种植条件改变时，植物固有的性状可能改变。为了让各小麦适于春季播种，他提议，在播种之前，将冬小麦种子埋在雪里，这样可以极大地提高子粒产量。T. D. Leisenko 把这道程序称为“春化”（vernalization 或 iarvization）。春化曾为他的工作带来很大的成功，当时的执政者也注意到这一情况。

T. D. Leisenko 的农民出身，与农业科学的其他专家相比较，具有很大的优势。他以春化为基础提出的一些工艺措施，看来为增加苏联的粮食生产指出了一条道路。而这些工艺措施只能在苏联农业的主要角色——集体农庄和国营农场才能实现。

春化观念是 T. D. Leisenko 于 1929 年在全苏遗传与育种代表会议上提出来的，从此，他在科技界广为人知。这一年，他在奥德萨（乌克兰）全苏育种遗传学院生理处得到了支配权。

本来耐寒性方面的工作和低温对植物的影响，早已为人们所熟知，是作物研究所科技工作者耐寒研究的例行项目。生理处在 N. A. Maksimov 领导下，一直在进行低温和湿度以及长光照对粮食作物和其他农作物作用的研究项目；但是，这些足以留下深刻印象且具有科学价值的研究结果，T. D. Leisenk 从未提起过。

1931 年，N. I. Vavilov 在给极地试验站的 I. G. Inphelid 的信中高度评价并支持了 T. D. Leisenko 的工作：“T. D. Leisenko 所做的和正在做的工作有着非常重要的意义，极地试验站应当开展此项工作。”

同时，在给 N. V. Kovalev 的信中，他写道：“T. D. Leisenko 的工作很出色，看来许多事情要重新看待。世界资源要通过春化仔细加以研究……奥德萨研究所的工作很有意义且目的明确。印象良好。曾与 Leisenko 去过一些集体农庄和国营农场；在春化方面出现了许多错误。”

1932 年，农业人民委员 U. A. Yakovlev 责成全苏列宁农业科学院主席团关注 T. D. Leisenko 的工作状况并给予全面的支持合作。

N. I. Vavilov 在写给 T. D. Leisenko 的信中写道："农业人民委员 Yakovlev 同志委托农业科学院主席团对您的工作予以全面的协助。我本人将负责此项工作。"

我请您，首先由您本人或者通过您的助手，简要地告知您的大规模试验，和您本人的工作，以及全面说明需要做些什么，以减轻您的工作。

我想，4 月末我将去奥德萨。

此外，8 月份，将在美国（伊萨卡）召开国际遗传学与育种代表会议，人民委员通知我，如果您愿意出席，则农业人民委员对您出差将予以全力支持。请您准备一份关于您的工作的报告，并准备一份展版，以展示您的工作。最后有必要跟您说的是，（展版）要简短、便于邮寄。比方说，采用 2～3 个表格，占半张瓦特曼（whatman）图纸，外加照片，或者附带数枚植物标本。"

1933 年，在介绍 T. D. Leisenko 时，N. I. Vavilov 写道："现在我介绍的这位 1933 年度奖金候选人是农艺师 T. D. Leisenko。他在所谓植物春化方面的工作无疑是近十年来植物生理学领域及与之相关学科的巨大成就。首先，T. D. Leisenko 同志以异常的深度和广度发现了将冬小麦转变为春小麦、将晚熟转变为早熟的植物阶段进展的道路。他的工作是极重要的发现，因为它开辟了新的、研究完全而可以达到的领域。毫无疑问，在 T. D. Leisenko 的工作之后，随之出现了植物生理学一个部分的发展，他的发现提供了把世界植物各种品种用于杂交、将其向更北的地区推进的可能性。T. D. Leisenko 的理论和实践的发现在现阶段已经具有非常重要的意义。我们拟推荐 T. D. Leisenko 同志为获得 1933 年度奖金的候选人之一。"

N. I. Vavilov 对春化是十分关注的，他始终试图发现这一现象以及 T. D. Leisenko 提出的实际措施的合理内核。N. I. Vavilov 设想，将春化思想运用在南方作物向北方推广、使冬小麦资源当年繁殖或者利用这类条件作为"激发"资源，通过育种选择和采用不符合发育阶段的亲本获得杂交种上面。

1934年，N. I. Vavilov 写信给 T. D. Leisenko 说："我们儿童村的小伙子们表示，非常真诚地希望您以咨询、或者您认为方便和合适的方式，参与他们控制植物发育的活动。我本人也认为，与您建立工作联系很重要而且很宝贵。将有几位特别是年轻的科技工作者将从作物研究所前往会见您，这很有意义。不过联系前往造访之事还在决定中。我好像觉得，您，Trophim Denisovich，每年您能拨冗一两次，每次花费即使一周的时间，到列宁格勒我们这里来，看一看我们在做些什么，并帮助我们特别是年轻的科技工作者，尽快更好地完成春化的研究工作，这项工作在我们这里开展的规模很大。大约您非常清楚，您的参与对于我们、对于您有多么重要。我知道，您的工作非常繁重，苏联的各个角落，就各种问题都在向您发出召唤；可是，我想，全苏作物研究所对您的邀请有所不同。Kostuchenko 负责儿童村的一个部门，前天他又一次在我面前提出欢迎您的到来，届时在各个方面将为您提供最好的条件，以便在一周或者您可能在我们这里逗留的时间里感到适宜，您此次来访的各种费用由我方提供。您第一次来，最好选在6月10～15日，这时播下的材料将处在良好成熟和适于进行前期评估的时候。我等着您就此事的回复，希望收到您正面的回应。顺便说一下，Trophim Denisovich，您在信中曾提及，你们那里正在做橡胶的春化，此事务请费心。我们全苏作物研究所不仅仅是收集了资源并未将其搁置在那里；相反，也在做橡胶研究，当然不是在橡胶的春化方面。"

N. I. Vavilov 在1932年的另一封信里曾提议 T. D. Leisenko 将自己的工作总结刊登在即将编辑出版的"科学院主席团15周年纪念文集"《苏维埃政权15年的科学》上。

"该文集将提交联共（布）中央委员会。论文集给作物学留出7页，主编由 Bursky 担任，而责任编辑和组稿则由我负责，我被责成与拟为文集供稿的作者联络。因此，我请您在一个月之内为论文集撰写一篇不太长的关于植物春化的文章，着重讲述春化作为很大的科学成就，有着很高的经济价值和科学意义。当然，这篇文章也可以由别的作者执笔；但是考虑到此项重要的发现与您的名字联系在一起，于是我直接与您联系，期望您的文章能收进论文集。文章勿许太长，最多只能占3/4版面，以1/2版面为宜。我请您来电话告知我，您同意撰写这篇文章的消息。”

1934年，N. I. Vavilov在继续研究春化现象的同时，曾推荐T. D. Leisenko竞选科学院的通讯院士。他写道：“T. D. Leisenko在春化领域的研究是世界作物学界的一项重大发现。用这种方法，我们可以采用简单的播前处理的方法，变冬性作物为春性作物，变晚熟为早熟。虽说春化的本质还有待进一步的研究，可能还会挖掘出许多新的东西；但是这种方法确实已在现在、在本年度已经在几百万公顷粮食作物和棉花上应用。春化的巨大意义目前已经在育种上显现了出来，它让育种家们开始利用至今在我国条件下从来未种植过的世界南方植物也可成为育种材料。不仅如此，许多南方品种，看来也可以不经过育种，只采用春化的方法直接用于栽培。T. D. Leisenko同志创造的春化学说从根本上改变了我们关于植物生育阶段的概念。春化法在马铃薯上的运用开辟了将这种作物在南方种植的实际途径，此事当前仍是一个难题。T. D. Leisenko同志十年来在同一方向上顽强地工作着。虽然他发表的著作比较少；但是最近的文章对于世界科学则是很大的贡献。为此，我们推荐他为苏联科学院的通讯院士。”

在苏联春化法繁荣的年代（1929—1935年），T. D. Leisenko创造的春化法广泛地用于蔬菜、果树和粮食作物上，30年代初，据官方公布的数据，已在数百万公顷不同农作物上应用。由于这项工作的成功，1934年，T. D. Leisenko成为奥德萨育种遗传研究所的所长和乌克兰科学院的院士。

二、科学观点的争论

春化法的诱人预示着在被广泛用于育种实践的过程中具有极大的优越性，因此便迅速地弥散开来。然而，春化法并未得到宣传家们广为传播的预期的增产效果。即便在这个时候，N. I. Vavilov仍

然继续在自己论敌的论据中寻找合理的内核，并且做到极力保护对苏联遗传学和农业实践有用的东西，以免因为情绪的极度灼热而漏掉些什么。

但是，这样做却越来越困难，因为 N. I. Vavilov 被论敌纠缠着争论，争论涉及整个生物学和农业科学领域。论敌否决遗传学这门科学，否定基因的物质本质，不接受孟德尔定律，不承认遗传性状的表现符合这一定律。但是却想当然地大吹大擂什么环境和各种锻炼（hardening）对有机体的遗传性的影响和只有获得性变异可在后代中遗传。

在全国开始的政治过程笼罩了全苏作物研究所。从 30 年代初开始，N. I. Vavilov 的科学规划已经不被政府支持。当时已经开始检验作物研究所工作人员的忠诚。对此，在 N. I. Vavilov 写给 E. P. Voronov 的信中写道：我们认为，科学组织部分基本上是正确的。我们是按照一定的严格的计划在生活，这个计划是全面且深思熟虑的，看来与生活的需求也协调一致。我们不但不拒绝实际任务，而是勇于承担，我们自认为工作水平是高的，是符合对我们所提出的要求的。由于一些工作人员，如 Talanov、Pisarev、Kostetsky、Govorov 等人的到来，我们与很多实际工作单位联系很紧密……当前面临的问题可能是清洗。我认为，指出下列情况是自己的义务。我们的研究所，从各个方面来看，都是按照苏维埃原则组建的，我想，我们沿着这条路线走，不曾出现过什么严重的过失。换班的问题已经突显了出来，虽说我们还是一个年轻的机构，却也是一个拥有近千名员工的庞大的集体，难免有某些不协调，而我认为，某些甚至于专家中的某些人与某职位不相适应。在某种情况下，录用这些人，是当时复杂的因素促成的。总的说来，若从事情的实质衡量这个问题，我认为，“即将来临的清洗，不会有什么作为。我们这里亲属路线被认为是危险的；但是，我知道，这里的人员组成很好，在作物研究所内没有什么严重的错误。好的应当是大多数。就事业方面而言，许多人都应当是加分的，而不是减分的。我本人，应当说，我不知道我对于事业有什么有害之处。因此，我以为，在这方面我应当谨慎行事。”

除此而外，作物研究所的内部也出现了问题。N. I. Vavilov 于 1931 年曾谈起过这方面的事情：近几个月，全苏作物研究所的生活中发生了一些事情，这些事情迫使我考虑，我还能否留在这个庞大机构的领导岗位上的问题。然而，近一段时间以来，由于一些培训不足的党员同志缺乏考虑，同时又受批评和改革学说的感染，把作物研究所正在进行的所有基础工作置于危险之中。在不少人特别是作物研究所研究生室的组织者们看来，作物研究所脱离了生活，必须施行手术，把它变成参与农业人民委员会的日常工作。相反，同一组织中的另一些同志则主张把作物研究所完全改造成为研究法所，比如说，它可以研究生物化学、遗传学、生理学的方法，而按作物种类分的所有工作则全面交给专门作物研究所，连同数量庞大，尚未经整理的资源一并交出去。

原则问题可以进行争论，也可以通过辩论将其否决；但是，可惜的是事情发展的更糟，实际上运动每天都在继续，部分工作，或明或暗地已经停滞了下来。只是当所长从国外归来之后，事情的激烈程度才有所缓和。应当说，对于这件事，在党的组织中间，看得出是有较大的分歧的。那些最熟悉情况的行政部门的人中间有人知道工作的重要性，他们不同意废除相关的工作。现在，作物研究所及其领导层的工作处于完全不正常的状态。这个庞大机构的工作，还由于今年楼内燃料不足，无法供暖而难度大增。我们的劳动场所大部分几个月来，室内温度在 20℃上下，再加上我们的劳动工资比较低，而对工作人员的要求却比有托拉斯预算支持的专业研究所高……

……作物研究所的任务繁重，涉及所有的作物……非同寻常，多年来，我们已经拥有了一批高级科技人员；然而实际上还未能研发出重大的科研项目。作物研究所有苏联最大的生理学实验室，工作人员（包括服务人员）20 人，有 20 000 卢布预算款额……

一些学者同志提议，将品种资源按照类别经初步处理后转交给专业研究所，这是十分荒谬的，因为，对资源进行认真的植物学—

农学加工只能在像作物研究所这样的机构来做，它可以借助国家植物园的力量，况且我们有相应的造诣很深的植物学专家（非常遗憾的是，灾难性的经费不足和把作物研究所的资源转交给育种家的争论时至今日仍在不时发生——作者）。

从30年代中开始，在国家农业改造的复杂局势下，一些不怀好意的人有意歪曲 N. I. Vavilov 的工作，近些年来打算否定 N. I. Vavilov 的趋势越演越烈。从1932年起，在作物研究所中开始出现逮捕科技人员的事情。先后被捕者有 G. A. Levitsky（后被释放）、N. A. Maksimov、V. E. Pisarev、M. G. Popov、N. N. Kuleshov 等。

1934年，作物研究所的很多顶尖的科学家，由于被嫌疑和不被信任等原因，先后提出了辞职的请求。这些人中有细胞遗传学家 G. A. Levitsky 教授，生理学家 I. V. Krasovskaya 和 V. I. Razumov、遗传学家 G. D. Karpechenko、育种家 V. V. Talanov、植物学家 P. M. Zhukovsky，等等。

关于上述情况，还有一些证据，例如作物研究所40周年纪念会被禁止。虽然事前官方已有决定，N. I. Vavilov 还是给联共（布）中央致信，作物研究所成立40年来，这是第一次召开纪念会。我们已经向苏联各地和国外与我们有联系的部门发出了通知，因此请最后批准庆祝的日期。

离庆祝会仅有4天的时候，我们突然接到通知，说庆祝会要推迟至收获节运动之后，并提议只庆祝与我本人的科学和社会活动巧合的25周年……

实际上，推迟召开的通知已经晚了，因为再发推迟开会日期通知已经不可能。各地已经发来了回复的电报和信件，国外对作物研究所的工作是很熟悉的。近十年来，已有几百位外国学者和国家政要参观过本所。来电中有一封很长的电文，是土耳其部长会议主席伊斯穆特亲自发来的。还有美利坚合众国农业部、保加利亚、芬兰农业部以及世界各地的著名学者发来的电报。最终，这次本来可以为苏联带来世界荣誉的庆祝会未能召开。

N. I. Vavilov 为了与国外建立科学联系，多次申请出国均未能成行。1935 年，N. I. Vavilov 未能出席在巴黎开幕的自然史博物馆 300 周年的庆祝典礼；1936 年前往捷克斯洛伐克布尔诺高等农业学校举办讲座（该校决定授予他名誉博士学位）也未获批准。

当争论正热火朝天的时候，作为对论敌的回应，1935 年，一部集体的专著《植物育种的理论基础》问世（见第三章）。但是学者们在争辩中的论据，并未针对论敌，而在于揭示真理，这些论据无人听到。

1936 年 1 月，在莫斯科召开了全苏农业先进工作者会议，N. I. Vavilov 和其他学者应邀参加。他的发言，像往常一样，有内容且有根有据，在其余的发言中，T. D. Leisenko 的发言受到关注，他宣称，按照既定的目标，采用杂交的方法，在闻所未闻的短期（两年半）内，育成了春小麦品种。他还向与会者们许诺，1936 年 10 月还可以为乌克兰南部地区提供一个棉花新品种。

其实，所宣称的“成就”是不现实的，所采用的方法是站不住脚的。尽管如此，这些承诺还是起到了 T. D. Leisenko 想要起到的作用。后来事件的发展恰如所料，对 N. I. Vavilov 不怀好意的那些人把 T. D. Leisenko 的那一套奉为现实的、符合当时需要的，赞许不已；而 N. I. Vavilov 领导的机构的实际科研成就以及他本人的研究结果则故意不予理睬。于是，科学争论中公认的原则被践踏了。对 T. D. Leisenko 及其同伙的片面帮助和鼓励，不但把农业科学，而且把生物学的许多领域都推到了灾难的境地。

1936 年初，苏联遗传科学的威望在国外相当高涨。有一件事可作为证据。国际遗传学代表会议组织委员会决定，第七届代表会议拟在列宁格勒或莫斯科召开，会议日期定在 1937 年 8 月的下半月；但是这次会议未能如期在苏联召开，而是 1939 年在爱丁堡（苏格兰）召开的，N. I. Vavilov 被选为第七届国际代表会议的主席。选举外国学者作为代表会议主席这一史无前例的事实证明了，世界遗传学界对 N. I. Vavilov 作为苏联遗传学家们首领的极大尊重。然而，N. I. Vavilov 却未被允许离开苏联赴英国去履行这一光

荣的使命。

1936 年 12 月，在莫斯科召开了全苏列宁农业科学院第四次关于遗传与育种问题的会议。N. I. Vavilov 在会上作了《苏联育种的道路》报告。他强调，要在最短的时间内解决摆在实际育种面前的重大任务，必须有理论基础、正确地配置力量、计划性、协调性和研究工作中的统一战线。他指出，他的报告的目的在于指出苏联育种发展的道路，要采取具体的措施，提高育种的作用和在社会主义生产中的价值。接着他还简要地谈到我国的育种史和作物研究所在吸收世界植物资源方面的研究工作。

在报告的末尾，N. I. Vavilov 提到在遗传学的基本观点上与 T. D. Leisenko 的争论。他说："De Vries（荷兰植物遗传学家，1848—1935 年，提出了突变理论——译者注）第一个阐明遗传物质通过突变发生变异。然而，进一步的研究未能证实 De Vries 的结论，最初的十年使实验者们基本上认为基因有相当大的稳定性。这一论点只是在 Muller 教授 1926—1927 年的经典的研究之后发生了动摇。他的卓越实验证明，通过伦琴射线人工获得突变的可能性……T. D. Leisenko 院士提出了新的观点，基因是很可变异的，它可以根据实验者的愿望向一定的方向变异。目前对此还没有准确的实验证据；T. D. Leisenko 将来也许可能提供这类变异的实验可能性，那将是一个新的阶段，我们将表示欢迎；但是，目前对于我们遗传学和育种家来说，尚未证实。实验证明这一论点必定困难重重，这便是我们的分歧。现在在基因的变异性遗传上，谁也不会提出异议，它是已经 Muller 教授和 Morgan 学派的研究证实了的；但是 Muller 和 Morgan 学派的观点与 T. D. Leisenko 的主张是截然不同的。到现在为止，还没有谁拿出定向突变的准确可能性的证据来。"

在结尾时，N. I. Vavilov 说："展开的争论锻炼了遗传学家和育种家们，我们谁也未能说服谁；但是，分歧更加明了，我们双方的观点，彼此之间也愈来愈清晰了。第一，双方有必要更多地关注对方的工作，更多地尊重对方的工作。我们相信，在我国的特殊条件下，全国都在关注我们，当我们的成就被成千上万个集体农庄掌握的时候，就可能成就一番伟大的事业。虽然我们在理论上产生了分歧；但是我们却有着共同的追求，我们都希望：在最短的时间内，改造栽培植物，为各个地区培育新的品种。我们将以不同的方式，在近几年内，互相借鉴好的东西，不论怎样，主要的目的，我们能够达到。”

然而，困难时期还是到来了。首先，1937 年拨给作物研究所的经费限额压缩了。全苏列宁农业科学院第四次会议决议之后，作物研究所出版科学著作越来越复杂化，世界知名的《实用植物学、遗传和育种著作集》压缩了，作物研究所的编辑部都关闭了，容纳着许多科研部门和科学图书馆的斯特罗甘诺夫宫不得不腾出来。作物研究所的一个主要试验站—地处北高加索的奥特拉得—库班站面临取缔的危险。

作物研究所萧墙之内的局势极不寻常、极度紧张；但是，在科研人员和研究生中，恶狠狠地反对 N. I. Vavilov 的人并不多。的确，他们被专制的行政的支持之下，异常活跃，大肆攻击自己的论敌是“孟德尔—摩尔根主义者”、“反达尔文主义者”等。这些帽子当时在那些善辩者中间是广为流传的，后来还带有了政治意味。特别是在 30 年代末，作物研究所召开了大大小小各种各样的会议，会上对立的双方纷纷发言。争论围绕着证实，通过外界环境因素作用的方法能否使生物有机体达到完全符合要求的变化，即采用这种方法可否“使有机体的本性朝着希望的方向改变。”

1937 年 11 月 17 日，N. I. Vavilov 就 G. A. Marshtaler 的《T. D. Leisenko 学说与现代遗传学》一文给《自然》杂志的信很能说明问题。N. I. Vavilov 的信中说，文章不适于在《自然》上发表，它存在极大的争议，作者的许多观点是站不住脚的。G. A. Marshtaler 经常把自己臆造出来的论点强加在许多作者的身上，他丝毫不受约束地认定现代遗传学的实验方向包括 Muller 的研究都是形而上学的。貌似遗传学家们关于“环境对有机体（基因型）的作用只能是致死的和伤害性的”一类指责，是不符合事实

的，简而言之，是不诚实的。应当仔细地了解像 Muller、Morgan、Dubinin Timofeev—Resovsky 等现代遗传学家们的研究工作。现代遗传学对发育是很注重的。下面的事实即可证明。在现代大遗传学家中，Morgan 本人同时也是一位胚胎学家。他的一本《遗传学与发育》已经译成了俄文。Morgan 的许多著作是关于胚胎学的。

作者不顾事实，试图把这样和那样的观点强加在遗传学家们的身上，还随意妄为地把那些从来未从事过此类问题研究的人们，如 L. Burbank，认定为表型遗传学家和系统发育学家。

作者对争论本质的理解也相当独特。争论的尖锐性在于，T. D. Leisenko 院士的许多实验状况令人产生了极大的疑问。试验只能在可以重复而且得到了一定结果的时候，才被证实是成立的。遗憾的是，T. D. Leisenko 学派所推出的许多实验，按照现代遗传学大量试验的要求，还需要进一步予以准确的验证。如果经验证是成立的，那将大大地减小争论的尖锐程度。

G. A. Marshteler 在争论中说话非常偏执，且不符合事实。他认定，遗传学删除了关于变异的一章。

作者也不喜欢微粒学说，这个学说是从大量事实和试验中得出来的，达尔文当年还曾持肯定的态度；可是 Marshteler 却企图一挥手和以一股反感将经过艰苦的劳动得到的实验和精密科学的一章排除。他还想由他一挥手剔除的还有杂交种分离情况下精确的数学比率的事实，而这一事实是上千位研究者所确定的。

说到（基因）互换（crossing - over）可能与外界条件有关，G. A. Marshtaler 应当读一读他不知道的遗传学家们的著作。

我想，对《自然》杂志来说，需要登出另一篇相对客观的文章，文章应注意到分歧的主要方面、事实和试验，讲出赞成和反对两个方面，而不是简单地只是颂扬一方，像这篇文章那个样子。

坚决地表示反对在《自然》杂志上刊登推荐的文章，N. I. Vavilov 向编辑部声明，如果需要更详细的说明，我将提供。

由于肯定 T. D. Leisenko 及其追随者的观点，给苏联的农业生产实际造成了巨大的损失。

众所周知，N. I. Vavilov 的朋友们都责备他对 T. D. Leisenko 过于讲究礼貌和软弱。只是在他的帮助下，T. D. Leisenko 才得到了提拔。但是，他的不只是“精神的”、不求任何回报的礼遇却未能缓和争论的尖锐程度。当时摆在苏联农业生产面前的形势十分严峻。在这个时候，N. I. Vavilov 相信，他的思想对手不可能对农业有什么作为，相反地，只能阻碍农业的发展。他把自己当成与伪科学斗争的不妥协的战士。他否决了 T. D. Leisenko 及其追随者们的垄断、创建特别的农业生物学的奢望。

在正式决定批准全苏作物研究所 1939 年计划的前夕，1938 年 10 月 10 日，在给遗传学家 G. D. Korpechenko 的信中，N. I. Vavilov 号召他写一篇发言稿，“发言稿应当表明，遗传学能做些什么，应当变消极为积极。没有别的出路，在当前条件下，只能靠有说服力的事实来战斗，而这类事实是很多的……一句话，必须理智地准备争论，绝不可在事件进行中放任自流。我想，如果我们充分准备，抓紧时间写出 2～3 篇文章，我们可能赢得这场争论。”

在争论最炽热的 1938 年 11～12 月份，N. I. Vavilov 在莫斯科举办了 5 次遗传学历史讲座，此事鲜明地证明了他捍卫科学立场的坚定性。讲座的对象是研究生和年轻的科技工作者。这几次讲座是争取一代年轻科学家们摆脱无休止的争论、脱离无济于事的实验的最后尝试。在这几次的讲座中，全面而详细地介绍了遗传学的历史，以大量翔实的资料，详尽深入地讲述了争议过程中所涉及的遗传学、育种和进化论等诸多问题。

1939 年 5 月 23 日，在扩大的全苏列宁农业科学院主席团会议上，N. I. Vavilov 作了关于全苏作物研究所 1938 年工作报告。虽然该科研机构的集体进行了大量的科学研究工作，但是，报告却未能得到当时已是农业科学院院长的 T. D. Leisenko 的首肯。报告经讨论后，N. I. Vavilov 再一次强调了作物研究所进行了大量的工作；编写了三部植物育种理论基础的主要著作；搜集了对于育种极有价值的原始材料——世界植物资源；作物研究所还有高水平的大批专业技术专家。这一切，在那个时期，在为解决理论分歧所形成

的情势下，是完全不可容忍和不正常的。N. I. Vavilov 在发言结束时说道：**“你我谁是谁非，历史会作出结论!”** 全苏列宁农业科学院主席团决议认定，全苏作物研究所所长关于该所活动的报告是不及格的。

N. I. Vavilov 曾致信科学院主席团呼吁给予帮助：“我认为有义务奉告科学院主席团，拨给作物研究所的经费数额用于许多个部门是灾难性的。作为一个庞大的机构，作物研究所地处列宁格勒和普希金城，大部分经费需用于取暖、电能、水、维修房舍，而且办公楼大部分在市中心，需有警卫，城市管理部门的要求很高。这样一来，留给科学研究的经费已经微乎其微。作物研究所普希金城部分的处境尤为严重，那里的实验室虽不很大，却是主要的实验区，而且还有很大的温室。”

为捍卫由他领导的科研机构的意义和方向，N. I. Vavilov 非常关注国内遗传学研究战线的状况，在艰难的时刻，他始终给那些身处困境的人以帮助。比如，1939 年 5 月 19 日，在给 E. N. Sinskaya 的信中，他指出：“借钱给处于困境中的 Dubinin - Sweshnikaya 团队遗传学家们，我希望，能救助他们。让他们情绪饱满，振作精神。”

从这封信里可以看出，N. I. Vavilov 与已担任全苏列宁农业科学院院长的 T. D. Leisenko 态度的改变。“……而（T. D. Leisenko）不论对计划、对总结都不予接受，其实他对计划和总结都不了解，这是唯一的理由。我们之间相互理解真的很难。”

1939 年 10 月，在莫斯科举办了由《在马克思的旗帜下》杂志编辑部召集的遗传学辩论会。N. I. Vavilov 在会上发言，多次被 T. D. Leisenko、I. I. Prezent 等人极粗暴地打断。N. I. Vavilov 在发言中说：“在育种方法观点上和在遗传学主要问题上的重大分歧，很大程度上是在‘突变方面’……”

“如果大家注意不久之前的报道，就会看到，当前对遗传学的批评，6 年前就写过保卫遗传学作为回答。”

“我国在最近一段时间里，在遗传学和实际育种上取得了很大的进展……一批在遗传理论指导下育成的新的珍贵的品种已推向了苏维埃大地，普及了数千万公顷……。我们不存在（T. D. Leisenko 的战友们所责难的）危机；相反，我们有的却是繁荣，庞大的积极的研究者学派业已形成，它包括现代遗传学的所有重要的分支，其中有哲学家们最感兴趣的分子一实验进化研究。”

“我们的一个根本分歧是，对遗传变异和非遗传变异的认识……对约翰逊所定义的基因型和表现型的理解。我国的和国外的育种历史表明，重大的成果首先与基因型和表现型概念在育种实践中的运用密切相关。”

“……关于遗传性的物质基础问题，关于染色体理论，作为一个生物学家，我敢说，染色体理论已经深入研究了不少于 80 年。与它同时，开始了胚胎学研究。染色体理论是以极其大量的材料为根据的。生物科学的其他分支不见得有像染色体理论那样的研究深度。”

“染色体理论对于理解远缘杂交的分离过程，对于研究者在远缘种间、属间杂交时对图像观察，都具有特殊的意义……”

“我们激烈争论、原则分歧的第三点是，我们对待孟德尔定律、对待杂种遗传现象的态度。”

“只根据寥寥的几个试验便反对历经 40 年验证的孟德尔定律，是徒劳的。我认为，此事是徒劳的，还因为我很了解遗传学的历史。我曾有机会在英国学习了相当长的时间，目睹了那次重大的斗争，孟德尔主义站稳了脚跟，我是那个年代剧烈辩论的见证人。”

“让我们来看看相反的观点，当然最好由论敌们自己来讲述，据我们了解，30～40 年前，以及更早期的 Gallet 认为，施肥和培养可以改变遗传本性。”

“《在马克思主义旗帜下》杂志编辑部的领导们应当明白，对于我们科技工作者来说，真理至尊，我们献身于科学，不会轻易放弃我们的观点。你们应当明白局势的难度，因为我们是在捍卫巨大的创造性工作、精确的实验、苏联和国外实践的成果……有必要奉劝出版社，要准备和出版优秀的国外普遍流行的育种和遗传学著作，

以便从中了解不同的观点，解决许多争论的问题。实际上只能通过直接实验的方法最终解决问题。必须为试验工作提供一切可能，即使是为持不同观点者。作为苏联的科学工作者，我有责任强调，必须向农业生产实践提供经过重复检验的、通过科学试验质量鉴定的和经过实践证实的成果。为了在生产上推广，拟推广的措施，必须进行科学的、精确的鉴定。”

遗憾的是，有组织的辩论并没有促使思想分歧的双方关系的正常化。建立在遗传学原则基础上的育种工作急剧地压缩了。后来，苏联遗传学的艰难命运被许多诠释者们因顾及到政治的、科学的和主观的因素作了详细的分析。

在极其困难的处境中，作物研究所内 N. I. Vavilov 周围出现了应当会见 I. V. Stalin（斯大林）的决定。会见的时间在1939年12月20日。N. I. Vavilov 曾向作物研究所的同事 E. S. Yakushevsky 口头讲述了会见的情形。

……他（Vavilov）在多次尝试之后，在晚上10时到了 Stalin 那里，在接待处坐了两个多小时，终于在午夜1点放他进去了。Stalin 正嘴上叼着烟斗，在办公室里踱来踱去。N. I. Vavilov 进门后问候道：“您好！约塞夫·维萨里奥诺维奇！”且鞠躬致意（后来人们对我说，Stalin 不喜欢有人称呼他的名字和父名，而喜欢称他 Stalin 同志）（按俄罗斯人的习惯，对人称名字加父名是表示对对方的尊重——译者注）。Stalin 对 Vavilov 的问候未予理睬，径直说道：“这就是您——Vavilov，那个研究什么植物的花儿呀、叶儿呀、叶柄儿呀和各种鸡毛蒜皮小事，而不像 T. D. Leisenko 院士，Trophim Denisovich 那样关心农业生产。”请看是以多大的敬意称呼 T. D. Leisenko，而对他则直呼“Vavilov”。Stalin 自己一直在办公室里走来走去，甚至没让他坐下来，Nikolai Ivanovich 就这么一直站着。一开始，他有些慌张，后来平静下来并向 Stalin 讲述了作物研究所从事的工作，提到了世界各地搜集到20万份有经济价值的各种作物的品种资源，对发展我国作物生产、育种和良种繁育有重要的意义，还谈到科技干部培养、在全国组建了很多科学研究机构。

N. I. Vavilov 谈到了各个方面，当他平静下来之后，他发现，自己所说的话就像“豌豆碰在墙上”（一点不起作用）。这次谈话大约持续了 1 个小时。Stalin 粗鲁地打断了他，说道：“您可以走了，公民 Vavilov。”N. I. Vavilov 点了头，出来了，希望落空。这便是当时的情景。一周之后，我遇到了他。他很沮丧，并认定，T. D. Leisenko 一伙再也没有障碍了，真正的科学（或者被他们称之为“资产阶级——资本主义的科学）在我们苏联再也没有立锥之地了。”

在我们那个时代，西方科学家们直言不讳地说，Stalin 是杀死 N. I. Vavilov 的凶手。这里面大约是有些道理的。

1939 年 11 月，N. I. Vavilov 在对手们的连续打压下，因争论而疲惫不堪，争论迫使他脱离了主要的工作——对作物研究所 1940 年的工作计划进行审理（恰恰是对作物研究所遗传研究工作进行压缩）。

“根据农业科学院院长（T. D. Leisenko）的提议，请审查你所 1940 年的工作计划。科研计划必须更全面地服从联共党（布）中央十七大决议的精神，科研工作计划必须建立在促进集体农庄、国营农场产量提高、促进畜牧业生产力、改善生产条件、提高劳动生产率之上。”结果作物所的大多数主要科技工作者被派往集体农庄和国营农场充当农艺师。所有与遗传学有关的工作全部都中止了。

鉴于这种情况，N. I. Vavilov 致信联共（布）中央委员会说：“由于从全苏作物研究所抽调先进的农艺师参加生产一事，我谨向您表示，请注意下述情况。”

“全苏作物研究所早已坚决执行了科技工作者接触生产的政策。本所拥有许多边疆试验站，如极地试验站、远东试验站、中亚试验站、土库曼有两个站：在卡拉—卡里、科佩特—达戈，还有迈科普站、库班站。作物研究所的科技工作者半数以上实际上已经在周边比较艰苦的条件下工作了。因此，与其他科研机构不同，全苏作物研究所已经动员了许多农艺师和科技工作者下到基层，而且我们很多工作人员长期都在地方工作。留在中央（所内）的人员，主要与

实验室（生物化学、细胞学、组织解剖学、生理学、遗传学和作物标本等）有关。1940年3～4月，根据土地人民委员的指示，全苏作物研究所派往地方并从本系统缩减了70位中、高级农艺师，如果进一步向地方派迁和缩编的话，许多工作势必停下来，全所的工作必将压缩。”

N. I. Vavilov与他的论敌之间争论的结局，从他给V. V. Alpatov最后一封信的片断中可见一斑（该信注明的日期是1940年2月24日）。从信中看得出，N. I. Vavilov已经感到了毫无出路的处境：你不要再发表争论的文章了，你说不过“Prezent”们（Leisenko的得力干将——译者注），他们人很多，他们的学问越少，他们叫起来越欢。

N. I. Vavilov只能在工作中，在自己热爱的事业中感到自己始终自信，感到有活力。

三、N. I. Vavilov被捕和死亡，主要科学家们被解职

1940年夏天，按照苏联农业人民委员的委托，N. I. Vavilov带领农业植物学考察队前往乌克兰和白俄罗斯西部地区考察，不久前这两个共和国复归一体。给作物研究所的命令是这样写的：“为完成苏联农业人民委员今年3月13日No. 260号命令，为了调查研究乌克兰和白俄罗斯西部地区的作物，现抽调下列工作人员：

赴白俄罗斯西部地区——博士K. A. Flyaksberger、M. M. Yakubtsiner、V. I. Antropov和研究生Skorik和Trofimovsky。

赴乌克兰南部地区——院士N. I. Vavilov、V. S. Lekhnovich、O. A. Voskresenskaya、A. I. Mordvinkin、F. Kh. Bakhteev。

赴白俄罗斯各个地区人员的最终分配由K. A. Flyaksberger博士负责。

白俄罗斯西部考察的时间定在7月10日至8月25日；乌克兰西部，在7月1日至8月15日。

N. I. Vavilov 在列宁格勒期间，全部考察的领导工作由 K. A. Flyaksberger 博士和 M. M. Yakubtsiner 领导。

关于 N. I. Vavilov 生命最后阶段的情况，他的学生和战友、相关事件的亲历者 F. Kh. Bakhteev 作了回忆。

N. I. Vavilov 在基辅（乌克兰）逗留了几天，与共和国的领导人、学者们会面，访问了几个科学研究机构。

7 月 27 日，考察队前往里沃夫。路线是：通过日托米尔—别尔季切夫—赫梅利尼克—莱基切夫—普罗斯库罗夫—沃洛奇斯克—波德沃洛奇斯克—捷尔诺波尔—佩列梅什利亚内—温尼基。沿途，N. I. Vavilov 认真地观察庄稼，不时地在笔记本上作着记录。我记得，他是那样赞赏乌克兰大地上无边无际的麦田，一直蔓延到遥远的天边。过了这个边界，展现在我们面前的一块块农田，如同用色泽不同的碎布拼成的一床被子。引起了他的注意。作为育种家的 N. I. Vavilov 显得非常兴奋，多次停下车来，采集了许多黑麦、小麦、大麦、燕麦标本。

8 月 1 日，在里沃夫停了下来，N. I. Vavilov 像往常一样，习惯地又开始了热火朝天的工作，拜见了州农业部门的负责人 I. P. Mayborod 和高级农艺师……详细地询问了地处都布良的农学院的工作，察看了试验田，同大学生们交谈，还参观了一所大学。

N. I. Vavilov 把考察队成员分成三个支队：一个派往沃伦州、罗文州和捷尔诺波尔州；另一个支队，赴伊万—弗兰科夫和德罗戈贝奇州的近山区和山区；而我们这个支队（Nikolai Ivanovich、V. S. Leknnovich 和 F. Kh. Bakhteev）则前往布科维纳。

8 月 1 日，我们支队从里沃夫出发去切尔诺夫策，路经斯塔尼斯拉夫—科洛梅亚—库退—维支尼策。一路上，N. I. Vavilov 经常停车，从田间挑选作物样本。绕过波兰和罗马尼亚之间的原边境线（北布科维纳）在切尔诺夫策一侧的伊斯葩斯村，N. I. Vavilov 看到田间形形色色的燕麦种群，其中除了普通燕麦之外还混杂着莜麦（*Avena nuda* L.）和东方燕麦。

在路上遇到北布科维纳的居民，都热情地寒暄和相互祝福。在

这种情况下，N. I. Vavilov总是走上前去，同农民谈话，明显地赢得了大家的好感。

N. I. Vavilov 1940年8月2日在给T. K. Lepin的最后一封信里，非常乐观地描述了此次旅行的印象："今天，我去了布科维纳、乌克兰西部已经走过了一半。看到一些有趣的东西，如单脊的燕麦等等。再过4～5天，我将去喀尔巴阡山。我们将开始了解中欧的哲学，那里的科学蛮像样子，包括细胞学在内，植物学则是一流的。"

F. Kh. Bakhteev继续回忆说："8月2日晚上很晚了，我们来到切尔诺夫策。第二天，N. I. Vavilov访问了乌克兰共产党（布）的农业处和县农业委员会。8月4日，N. I. Vavilov沿着扎斯塔纳—兹维尼亚切路线前行，当地的试验田给他留下了极好的印象，遂决定，将这里兹维尼亚的试验田作为第一批良种繁育基地。8月5日一整天，N. I. Vavilov了解了大学、学校的教师和科研工作者，参观了博物馆、植物园、城市风貌……按照当地科技工作者的提议，N. I. Vavilov打算8月6日清早去普季尔山区，想一起前往的人很多。按照N. I. Vavilov的提议，我本人不去，将名额让给一位客人。8月6日一大早，N. I. Vavilov和随行人员启程前往普季尔。我本人则留下来参观啤酒工厂，并了解啤酒大麦品种及其供应情况。在工厂逗留了很长时间，直到晚上5点才回到大学的学生宿舍——暂时居住的地方。已经很晚了，当我和V. S. Lekhnovich从食堂返回的时候，值班守卫告诉我们，此前不久，教授（N. I. Vavilov）要回宿舍，但是就在这时来了一辆车，从车上下来的人请教授随他们一起去接莫斯科的紧急通话。当时N. I. Vavilov还请值班守卫把背囊转交给我们并说马上就回来，让我们等着他。非常遗憾，那一天竟成了我们看到他的最后一面。后来才知道，N. I. Vavilov被捕了。"

N. I. Vavilov被捕后，被转到莫斯科内务部的内部监狱。为他罗织的侦查档案是No. 1500。N. I. Vavilov的档案是由内务部的侦查员A. G. Khvat负责的。

熟悉（20 世纪）60 年代内务部档案馆中“Vavilov 档案的 Mark Popovsky 发现，从 1931 年起即已对 N. I. Vavilov 开始建立了“间谍档案”，到他被捕时档案已经罗列了 7 卷。尤其是在 1937 年，当 N. I. Vavilov 与 T. D. Leisenko 的关系出现了明显的破裂之后，告密信充斥了档案。由此可见，逮捕 N. I. Vavilov 绝不是偶然的举动，而是内务部内部蓄谋已久的。据 M. A. Popovsky 证实，那份“逮捕令”是这样写的：“业已确定，旨在推翻由苏维埃学者 T. D. Leisenko 和 Michurin 提出的春化和遗传学领域的新理论，作物研究所的许多部门，根据 N. I. Vavilov 派定的任务，从事了专门诋毁由 T. D. Leisenko 和 Michurin 提出的理论的活动……”

N. I. Vavilov 被指控犯了从事敌对活动和反苏的间谍活动罪。Mark Popovsky 撰写了一本《Vavilov 院士档案》，该书于 1984 年在美国以英文出版，只是于 1991 年才有了俄文版。现摘引几段侦查 N. I. Vavilov 的档案如下：

“在被捕之后的前几天，N. I. Vavilov 坚定地声明，我未从事过间谍活动……我认为，侦查所掌握的那些材料片面地和错误地曲解了我的活动，并且明显的是与一些人在科学上和工作中意见相左的结果……”

经过几天强制的、每次特别是在晚上长达 12～13 个小时的审讯，Vavilov 承认了自己有罪。

“8 月 24 日，在 12 个小时的审讯之后，侦查员第一次从自己的牺牲者那里听到了供认的话；我承认自己有罪，从 1930 年起，我是苏联农业人民委员会系统中反苏组织最早的一个参加者……”——记录在案。

N. I. Vavilov 完全拒绝了对他是间谍的指控。是的，他到过国外，会见过外国大使馆和使团人员；但是，却从未参与、未从事过西方的任何情报任务。

从 1940 年 9 月至 1941 年 3 月，N. I. Vavilov 未被提审。为了不白白地浪费时间，在监狱的单间室，他决定开始写书，一本对全球从远古起农业进化思考的书。Popovsky 这样写道：“关于这部著

作，我们知道的很少。只是在写给 Beria（贝利亚）的信里，N. I. Vavilov 提到：在内务部监狱被侦查期间，当我有可能得到纸张和铅笔时，我会写一本大书《农业发展史》（世界农业资源及其利用），其中特别注重的是苏联。”

从1941年3月起，N. I. Vavilov 再一次被传唤去审讯，为的是向他出示判决他反苏组织有罪的判决，及因这一罪状涉及 L. I. Govorov、G. D. Karpechenko 和其他人，此前已将他们逮捕。

1941年7月5日，侦查员 A. G. Khvat 结束了 N. I. Vavilov 的诉讼案件。按照要求，N. I. Vavilov 被拘押的11个月里被提审了400次，而且一般都是在夜间审讯。

苏联最高法院军事委员会闭门会议于1941年7月9日召开。N. I. Vavilov 在给 Beria 的信中这样描写了这次法庭会议：“在战时条件下，持续了几分钟的法庭会议上，我被不容反驳地告知，这一罪状并不是以虚构的欺骗性的和诬告为基础的，丝毫不存在未经侦查证实的内容。”

然而，法院的判决书还有如下内容：

初步的法庭侦查确认，N. I. Vavilov 从1925年起，是被称之为“劳动农民党”的反苏组织的领导人之一；而从1930年起，他是苏联农业人民委员会系统内和在某些科研机构中右派行动反苏组织的积极成员……。为了反苏组织的利益，进行了大量的有害活动，旨在颠覆和消灭集体农庄制度、使苏联的社会主义农业摧毁和衰落……。为了反苏的目的，与境外白俄集团保持联系，为其传递属于苏联国家机密的情报……

苏联最高法院军事委员会判处 Vavilov Nikolai Ivanovich 以最严厉的处罚——枪决，并没收其个人的全部财产。本判决为最终判决，不得上诉。

只有一级可以中止判决的执行——那就是苏联最高苏维埃主席团。N. I. Vavilov 向那里提出了申诉，他写道：“我祈求最高苏维埃赦免我并允许我以工作抵偿我对苏维埃政权和苏联人民犯下的罪行。

为表彰我在作物学领域工作30年（曾获得纪念列宁奖金），我恳求给我以最低的可能，以完成对我的祖国社会主义农业有益的一部著作。作为一个有经验的教育工作者，我央求能为苏维埃干部培养献出自己的一切。我今年53岁。”

犯人：N. I. Vavilov

原院士、生物学与农学博士

1941年7月9日20时

N. I. Vavilov等待对自己诉求的回复等了17天。在7月26日得知，苏联最高苏维埃主席团驳回了N. I. Vavilov的赦免请求。犯人被转移到了布兑尔监狱，等待判决的执行。

8月份，苏德战争开始后，N. I. Vavilov向L. P. Beria提出声明：“我以紧张的心情向您提出请求撤销军事委员会对我的判决。同时顾及到战时对苏联全体公民的巨大要求，我恳求给我机会，以我的专长——作物生产，为当前最为迫切的任务服务”。

（1）我可以在半年内完成《抗主要病害作物品种选育指南》。

（2）在6～8个月之内，我可以通过紧张的工作编写适于苏联各地区不同条件下使用的《粮食作物育种实用指南》。我还熟悉亚热带植物生产，其中包括具有国防意义的油桐、金鸡纳等以及富含维生素植物的种植。

我想把我掌握的作物生产上的所有经验、所有知识和精力完全地献给社会主义制度和我的祖国，我对祖国是有用的。

10月中，所有囚禁在莫斯科监狱中的囚犯必须在紧急的一个月之内疏散到其他城市，以应对德军对莫斯科的进攻。

1941年10月29日，N. I. Vavilov与一批囚犯被转移到了萨拉托夫市。据目击者们（M. A. Popovsky、F. Kh. Bakhteev 和 U. N. Vavilov曾同这些人谈过话）提供的资料，N. I. Vavilov于1943年1月26日死于监狱的医院，被葬在萨拉托夫市的普通墓地。

几乎与N. I. Vavilov同时被捕的还有前面提到的L. I. Govorov和G. D. Karpechenko以及N. V. Kovalev、G. A. Levitsky、A. L.

Mal'tsev 和 K. A. Flyaksberger。除了 N. V. Kovalev 和 A. I. Mal'tsev 之外，所有人都死在狱中。

N. I. Vavilov 被捕后，作物研究所的主要科技工作者们或者被捕，或者失去在国家主要科研机构工作的权力，后来很多人无奈只能在边远地区的集体农庄里担任农艺师，直到 1940 年年初，有 36 位主要科研工作者被开除，其中 19 位是作物研究所的部门主任和试验站站长，他们中间有 M. A. Rozanova、N. A. Bazile-vskaya、E. A. Stoletova、O. K. Fortunatova、Y. N. Sinskaya 和 F. Kh. Bakhteev。P. M. Zhukovsky 由于调转到季米里亚捷夫农学院（莫斯科）任教学工作而躲过一劫。他在该校工作至 1951 年。

遭逮捕之后，N. V. Kovalev 和 A. I. Mal'tsev 被驱逐出列宁格勒，后者被发配到作物研究所的迈科普试验站，直至逝世。N. V. Kovalev 则被调到哈萨克斯坦，在那里，至 1946 年担任集体农庄的农艺师，后来转到作物研究所的中亚分所果树处，任主任。N. A. Bazilevskaya1940 年从作物研究所被开除后转到了莫斯科大学（莫斯科），一直工作到去世。F. Kh. Bakhteev 于 1940 年去了摩尔曼斯克，后来 1943 年在莫斯科，从 1949 年起在列宁格勒苏联科学院植物研究所工作。M. A. Rozanova 在 N. I. Vavilov 被捕之后转入列宁格勒大学做教学工作，从 1944 年起转入苏联科学院总植物园（莫斯科）。E. A. Stoletova 于 1941 年被从作物研究所开除，后来在伊万诺沃和科斯特罗马从事教学工作。

E. I. Barulina－Vavilova（N. I. Vavilov 的第二任妻子）因健康原因于 1939 年退休。N. I. Vavilov 于 1940 年被捕后，她与儿子 Ury 去了莫斯科郊区，战争一开始被疏散到了萨拉托夫。从 N. I. Vavilov 被捕之初开始，Elena Ivanovna Barulina 就向官方各级机关多次写信，保护丈夫的清白并为保护他的著作和私人藏书而奔波。当时她并不知道丈夫就在萨拉托夫的监狱里和丈夫已经死亡。只是在 1943 年的夏天才传出非官方的消息说 N. I. Vavilov 在萨拉托夫的监狱里。这些消息是 Nikolai Ivanovich 的长子 Oleg 带到萨拉托夫的，而亲属们关于这一消息的官方证实则是在若干年之后才得到的。战后，Elenza Ivanovna Barulina 作为“人民的敌人”的妻子和她的儿子 Ury 经历了极为艰辛的年代。1953 年斯大林死后，Elena Ivanovna 参加了各种为 N. I. Vavilov 恢复名誉的活动。在她的积极协同下，N. I. Vavilov 的《粮食、豆类、亚麻的世界品种资源及其在育种中的利用》手稿得以重见天日，同时其他著作也开始再版。

E. I. Barulina 于 1957 年逝世于莫斯科郊区。N. I. Vavilov 的儿子 Ury Nikolaievich Vavilov 在其叔父 Sergai Ivanovich Vavilov（物理学—光学大家，1945—1951 年曾任苏联科学院院长）的支持下毕业于列宁格勒大学物理系，成为物理学家。目前是科学院物理所的首席科学工作者，物理学—数学博士，住在莫斯科，积极宣传其父亲的思想。U. N. Vavilov 出版了数本著作和出版物，讲述 Nikolai Ivanovich Vavilov 以及 Vavilov 兄弟生活和活动。

四、伟大卫国战争，列宁格勒被围困和资源丧失的危险

1941 年 6 月 22 日，德国军队越过苏联边境，并快速侵占了波罗的海沿岸的几个共和国以及乌克兰和白俄罗斯的领土。临近 9 月，他们又向列宁格勒进发，打算摧毁这座城市；但是列宁格勒的勇敢保卫者将德军挡在了城郊地带。在城市被包围之前，政府已经提出了许多工厂和学校等撤离列宁格勒，其中包括全苏作物研究所，然而却未能实施。

当时，一些科研和技术人员已经奔赴前线，大部分专家都在列宁格勒周围参与防御工事，留在作物研究所内的人已经很少。开始时曾计划将资源疏散到乌拉尔山的克拉斯诺乌菲姆斯克。

只是在冬季将来临时，作物研究所开始部分撤离，虽然准备工作早已启动，原来在巴甫洛夫斯克和普希金城的资源于 8 月底，在枪林弹雨中运到了列宁格勒，其中包括马铃薯、黑麦和其他几种作物资源。

在搬运马铃薯资源的过程中还曾出现过一些问题。大部分（6 000份标本）资源当年已经播种在距离列宁格勒30千米的作物研究所的巴甫洛夫试验站，正处于成熟的前期，当时正逢巴甫洛夫附近战事开始。整个城市处于德军的密集炮火之中，马铃薯田不时地遭受炮火的袭击。很显然，在这种情况下，马铃薯只能在完全成熟之前抢收回来。

作物研究所的科研人员 A. Y. Kameraz 和 O. A. Voskresenskaya 组织人员在最短的时间内抢收，而且每一个样本必须单独收获。为了把装样本的箱子从田间运到作物研究所，A. Y. Kameraz 曾请求部队的战士们帮助。当战士们得知这项工作的重要性之后，在那样艰难的条件下仍然提供了运输工具，将马铃薯资源运到了作物研究所的伊萨科夫广场。这项工作在几天之内做完，抢在了巴甫洛夫斯克沦陷之前完成。

在被包围的第一个秋季里，作物研究所就丧失了三十多位科技人员：一些人被炸身亡，一些人因营养不良死亡，还有些人牺牲在战场。在整个秋季直至隆冬，员工中大部分只剩下女性在准备将资源撤离。当时资源被分成两批：第一批由撤离人员随身携带在小型行李中。为此，将2万份样本，每种粮食作物选取子粒100粒，其他作物取50～200粒不等。第二批是装箱，箱子备两份。10万个样本，每个样本取20～50克，总重量达5吨。由铁路提供车厢，运往乌拉尔山的克拉斯诺乌菲姆斯克（克拉斯诺乌菲姆斯克试验站）。由于铁路线遭到严重轰炸，启运的车厢从被包围的列宁格勒外运并无保障，火车在西行的路上时行、时停，历时6个多月才到达目的地。

冬季，作物研究所所长 I. G. Eikhfelid（N. I. Vavilov 被捕后被任命）和一些员工撤离到了克拉斯诺乌菲姆斯克市，同时到达的还有少量的资源——大约4万个种子包由飞机运抵当地。大量的主要的资源留在了被围困的城市。

在最艰苦的1941—1942年的冬季，每天的口粮，每张配给证只发给掺了一半麦麸子的面包250克。在漆黑冰冷的作物研究所楼内，留下来的员工们在被包围的条件下，努力保存资源。在这个时候，他们把每种资源分作几份，将其保存在作物研究所内不同的地方。炸弹和炮弹落在作物研究所的周围，炸毁了相距不远的伊萨基耶夫大教堂，而作物研究所楼则未遭轰炸，因为这座楼房在德国大使馆的对面，通过广场便是阿斯托里亚宾馆，希特勒曾计划在这里庆祝占领列宁格勒，甚至为此还印制了参加宴会的邀请单。因此，这两座目标未被轰炸。

不顾艰难，作物研究所的科研活动并未停顿。在 1942 年，拟定了将主要农作物向国家东部地区（向乌拉尔，向西伯利亚）转移的研究计划。虽然 1941—1942 年隆冬条件严峻，1 月和 2 月遭受包围的最艰难的月份气温降至零下 36℃至零下 40℃，作物研究所的工作仍在继续着。

1942 年冬季，大群大群的大、小老鼠集中在作物研究所所在的戈尔岑街，采取各种防啃咬的保护措施，大老鼠还是钻进房间，从架子上挤下铁皮箱子，将其中的种子和果实嚼光。在这个艰难的时候，疲惫不堪的科技工作者决定，将铁箱子从架子上搬下来，捆绑在一起，这样在作物研究所里占用了 18 个房间。所有这些工作都是在作物研究所楼内极度寒冷、昏暗的煤油灯下完成的，因为玻璃已被震碎，为了资源的安全，窗户是用胶合板封严了的。

所有的房间都加上了铝封，每个月打开每一个房间，检查室内的情况，每天都有 3～5 个人昼夜值班。1942 年春天，曾出现过几次盗窃种子材料的事件。盗窃者破窗而入，好在丢失不多。

在被包围的城市里，饥饿肆虐，夺去了数万人的生命，其中包括作物研究所的科技人员。在前几个月，因中了子弹的碎片，E. V. Vulif（植物学家、挥发油料植物行家）牺牲；1 月份，花生专家 A. G. Xiukin 死在办公桌后边；药用植物实验室主任 G. K. Kreier 和水稻专家 D. S. Ivanov 因身体虚弱死在自己的办公室里。D. S. Ivanov 死后，同事们找到，他用自己的一生记载过的几百包水稻资源标本。燕麦资源的保管员 L. M. Rodina 也是这样的结局，她也是因营养性衰竭死亡，而她的房间里装满了燕麦资源。还

有很多员工（M. Xegolov、G. Kovalevsky、N. Leotievsky、A. Maleigina、A. Korzun及其他人）同样也因饥饿死在自己的岗位上。他（她）们都因饥饿衰竭慢慢地死去，却不去动用水稻、豌豆、玉米和小麦样品来充饥。他们选择了受罪和死亡，以保留无价的Vavilov资源，以造福人类。

可是最难保存的是马铃薯资源。在遭包围的城市里，马铃薯保管员V. S. Lekhnovich在《被围困的列宁格勒》一书中作了这样的回忆：任务是十分艰巨的。为了保护马铃薯免遭老鼠、严寒和饥饿的人们损害，为了万无一失，我给地窖加了铝封，外加了三把不同的锁，门用铁皮封死。即使这样仍未躲过盗窃……尽管我非常虚弱，还是一天两次从涅克拉索夫街上我的家出来，到保存资源的伊萨基耶夫广场去察看，一个单程大约需一个半小时……

1941—1942年的冬天格外寒冷，地窖四周都进冷风，不得不每天燃炉子增温。于是，我曾到所有能去的地方搜集燃料。作物研究所的管理员每周一次给我一捆劈柴，就这样地窖里的温度一直没低于零度。

春天，到了栽植马铃薯的季节，在近郊国营农场的田里种下了保存的马铃薯资源，整个夏天和秋天都需防止马铃薯被偷。被包围的三年就是这样度过的。资源保存了下来并部分得以繁殖。繁殖粮食作物资源在被围困的1942年也在进行。对此，N. R. Ivanov回忆说："这项工作是在'普列德波尔托维'国营农场，冒着德军的炮火进行的。200个品种播了250米^2"。

许多从亚热带地区、高山区得到的样本因无法重播而失去了发芽力；但是主要的资源仍有生命力。

1944年2月，作物研究所第一批工作人员从克拉斯诺乌菲姆斯克回到了列宁格勒。他们回来的目的是，准备将一批种子带走去进行繁殖，因为大部分资源必须重播以获得新鲜的种子。这样，作物研究所的活动渐渐地开始活跃起来。1946年，战争刚刚结束，作物研究所的工作人员认真地检查了资源的状况，制定了发芽危急的材料刻不容缓重播材料的计划。作物研究所的所有试验站和国家的育种所都参与了此项工作。这项作物研究所繁殖和保存 Vavilov 世界资源的工作圆满地完成了。

由于作物研究所科学和技术人员的不懈努力，保存在所内的独一无二的资源才从丧失和失去发芽力的境地被挽救了回来。这一英雄主义是很多科技人员以生命为代价获得的。作物研究所历史上这一可怕时间终于过去了。

在战后的时期里，官方政权机关指出，作物研究所在战争年代的紊乱中消失了，那时候政权机关从来就不曾过问过作物研究所。作物研究所的员工对此是清楚的。他们是在按照自己的信念对待资源的，没有任何人理睬过这件事。作物研究所的员工们克服了难以置信的困难，有时是以自己的生命和健康为代价，保护了这独一无二的、由 N. I. Vavilov 和他的同事们搜集的资源，并在战后继承了他的事业。

A. F. Batalin（1847—1896 年）
——实用植物学委员会第一任主任
（1894—1896 年）

I. P. Borodin（1847—1930 年）
——实用植物学委员会主任（1899—1905 年）

R. I. Regeli（1867—1920 年）
——实用植物学委员会主任（1905—1920 年）

A. A. Yachevsky（1863—1932 年）
——1907 年起任委员会主任，真菌学、病理学家

A. I. Mal'tsev（1879—1948 年）
——实用植物学委员会杂草植被专家（1911 年）

K. A. Fliaksberger（1880—1939 年）
——实用植物学委员会小麦专家（1911 年）

苏联科学院成立 200 周年庆祝会（1925 年）
前排：N. I. Vavilov，V. A. Dogeli，U. A. Filipchenko
后排：O. Folt，Ch. Federlei，V. Betson
（列宁格勒大学生物学院）

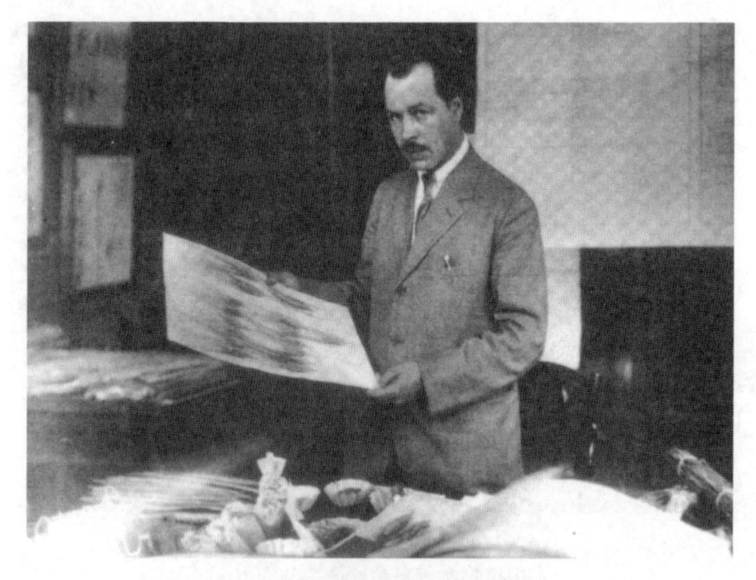

N. I. Vavilov 在列宁格勒市的办公室内工作（1927 年）

N. I. Vavilov 在地中海考察，维纳斯女神庙前
（希腊、雅典、阿克罗波黎）（1926 年）

N. I. Vavilov 在埃塞俄比亚考察，与塔法里公爵合影（1926 年）

N. I. Vavilov（前排坐者右 3）参加德国奎德林堡遗传学代表会议（1927 年）

N. I. Vavilov（汽车后部）在柏林参加遗传学代表会议（1927 年）

N. I. Vavilov 与 E. Baur 在作物研究所普希金实验室的田间观察（1929 年）

N. I. Vavilov 在全苏遗传和育种、畜牧业会议上，
发言者是 U. A. Filipchenko（1929 年）

N. I. Vavilov 在委内瑞拉市场上（1930 年）

N. I. Vavilov 在美国亚利桑那州考察（1930 年）

N. I. Vavilov（右 2）与第二届国际土壤学代表会议与会者在列宁格勒土壤博物馆（1930 年）

N. I. Vavilov 在纪念 Ch. Darwin 的会议上（1932 年，列宁格勒达夫利达宫）

N. I. Vavilov，T. G. Morgan，N. V. Timofeev－Resovsky
参加遗传学代表会议（美国伊萨卡，1932 年）

N. I. Vavilov，F. G. Dobghansky，G. D. Karpechenko 在美国（1932 年）

N. I. Vavilov 接待土耳其总理 Ismet-i-Neniu 率领的代表团参观 VIR（1932 年）

N. I. Vavilov与汽车赛参加者交谈（1933年）

N. I. Vavilov在苏呼米引种站参观（阿布哈兹自治共和国，1934年）

N. I. Vavilov 在苏联地理学会会议上（1935 年）

N. I. Vavilov 和 A. B. Aleksandrov 在田间观察小麦（列宁格勒州，1935 年）

N. I. Vavilov 赴高加索考察（1936 年）

N. I. Vavilov 在列别捷克试验站进行显微镜观察（1936 年）

N. I. Vavilov（右 2）和 T. D. Leisenko 在田间观察，左为 L. A. Sizov（1939 年）

在阿塞拜疆阿普歇伦半岛收集野生燕麦，左为 V. N. Soldotov（1973 年）

在高加索一古城边收集标本（1987 年）

T. Kh. Samoladas，L. A. Burmistrov 在尼泊尔加德满都近郊（1988 年）

参观美国国家粮食作物贮藏库，右为贮藏库主任 D. Vezenberg（1991 年）

第七章 N. I. Vavilov 思想的进一步发展

伟大卫国战争结束了，作物研究所的损失巨大。很多员工牺牲在战场上。资源需要重新播种和获得新一代的种子。德军摧毁了普希金城、巴甫洛夫斯克和其他地区的试验站和实验室，还在田间布下了地雷。

战后的第一个十年，是作物研究所和它在各地的试验站恢复的极其困难的岁月。

1951 年，N. I. Vavilov 的同事和战友、全苏列宁农业科学院院长 P. M. Zhukovsky 院士任作物研究所所长。1952 年开始恢复 N. I. Vavilov 从 1923 年开始的地理播种（见第三章）。在第三轮（前两轮试验是由 N. I. Vavilov 本人及其同事完成的）试验开始时，只取了春播作物，从第四轮（1957 年）开始，扩大到各种越冬作物。第三轮研究对前两轮资料加入了若干重要的补充和修正，其中包括蛋白质、油分质量成分变异的内容。在第四轮试验中，除了形态和生物学特性外，首先研究了蛋白质组分和氨基酸组成以及油分的折射指标。在此基础上，从 1958 年起出版了《栽培植物的生物化学》第二版。

1955 年，在 N. I. Vavilov 及其战友们恢复名誉之后，他们的思想得以复兴。1959—1965 年期间，苏联科学院出版了 N. I. Vavilov 选集共 5 卷，还出版了由 N. I. Vavilov 的战友 T. K. Lepin 主编的关于苏联科学院遗传学研究所的单行版、《粮食、豆类、亚麻的世界品种资源及其在育种中的应用》丛书关于小麦的单行本。

这一时期之前，N. I. Vavilov 著作的早期版本已成为珍本。

在全苏作物研究所所长 P. M. Zhukovsky 的主持下，出版了战前和疏散时期作物研究所工作的许多集体撰写的专著—《制米作物(黍、荞麦、稻、粟)》、《粮食作物（小麦、黑麦、大麦、燕麦)》和《苏联的小麦》。

一、关于栽培植物起源和多样性的新资料

N. I. Vavilov 及其同事所进行的理论和方法研究提供了全新的事实，并彻底地改变了关于重要作物起源的概念。嗣后，他的战友和同事获得了新的资料，证实和扩大了关于栽培植物起源中心的概念。

E. V. Vulif 在研究为数量众多的植物资源和各起源中心物种数量分布的基础上，将地球划分为 16 个植物区系区域。这一系统的依据，是对作物研究所积累的资源进行研究和分类的结果。

随着作物研究所考察活动的恢复和对搜集到资源的研究，全苏作物研究所的学者们补充和发展了 N. I. Vavilov 关于栽培植物起源中心的思想。比如，N. A. Bazilevskaya（N. I. Vavilov 的学生）补充分出了 5 个野生植物的起源地：北美、南非、澳大利亚、欧洲温带和加那利群岛。

N. I. Vavilov 原来确定了 7 个主要中心，他的战友和继承人 P. M. Zhukovsky 又实际上增补了：欧洲——西伯利亚、非洲、澳大利亚和北美 4 个中心。按照 N. I. Vavilov 的原意，上述几个中心——属于二级基因中心，或者称“外来的”区域，因为这些中心的大多数栽培植物（少数除外）来自由 N. I. Vavilov 确定的 7 个主要的或称原初中心。P. M. Zhukovsky 引入了一个新的术语“大中心”（megacentral）——相当于 N. I. Vavilov 的起源中心，和“小中心”（microcentral）——狭窄地方（特有）物种（类型）被引入栽培的发源地，这类小中心已定名 100 余个。

依照 P. M. Zhukovsky 的说法，欧洲——西伯利亚中心主要包

括欧洲和亚洲中部和北部的领土，这里出产了很多果树物种（苹果、梨、樱桃、欧洲甜樱桃）、坚果类果树（矮扁桃、巴旦杏又称扁桃、胡桃即核桃）、浆果类（葡萄、花楸、树莓、穗醋栗、醋栗、欧洲草莓、草莓、沙棘等）、饲料作物（红三叶草、杂三叶草、苜蓿）、蔬菜（甘蓝、马齿苋、圆葱、辣根）、工艺作物（纤维用亚麻、罗布麻、大麻、葎草）以及豌豆、荞麦等。非洲中心包括整个非洲版图，含 N. I. Vavilov 单划出的阿比西尼亚起源地和 E. V. Vulif 划分的南非（开普）地区。从非洲中心起源的作物有：小麦的地方变种（*Triticum durum* Desf.，*T. turgidum* L.，*T. dicoccum* Schrank.）、黑麦（*Secale africanum* Stapf.）、燕麦（*Avena abyssinica* Hochst.，*A. variloviana* Mord.）、大麦（*Hordeum aethiopiucm* Vav. et Bacht.）以及高粱、御谷、黍、稻、咖啡、野百合（*Crotalarial* L.）、voadnzea、豇豆、蓖麻、西瓜、棉花、亚麻、阿比西尼亚白菜、海素、芭蕉等。

澳大利亚中心—新的基因储备的重要来源地，对于许多重要的栽培植物，如棉花（约10个物种）、烟草（20余个物种）、极易与柑橘杂交的、小柑橘属的5个地方种、3个水稻物种、约400个合欢属物种（其中很多种具有优良的材质）的育种具有重要的价值。这里是重要的干果植物 *Macadamia ternifolia*（F. V. Muell.）的原产地。当地还是地三叶草和 *Panicum*、*Brachiaria*、*Eragrostis*、*Danthoma*、*Atriplex*、*Dioscorea*、*Rubus* 和其他属代表种的次生中心。北美中心包括美国和加拿大。该中心的植物区系中有历史上形成的很多下列属的物种，如：*Vitis*、*Heliantus*、*Prunus*、*Ribes*、*Rubus*、*Fragaria*、*Grossularia*、*Lupinus*、*Hordeum*、*Zizania*、*Gossypium*、*Nicotiana*、*Solanum* 等。

E. I. Sinskaya 继承 N. I. Vavilov 开创的栽培植物地理学衣钵，在自己的以往深入研究的基础上，发展了 N. I. Vavilov 关于栽培植物起源中心的思想，她综合了作物栽培学、考古学和科学考察的资料，以新的视角阐述了栽培植物发展的进程和从其起源中心开始传播的路线。她为历史植物地理学引入了新的概念—“影响区域”，并提出了划分 5 个主要的栽培植物区系——非洲、古地中海、东亚、南亚和新大陆栽培区系。

北美农业以墨西哥和中美文明为基础，而后者则来自旧大陆。中欧、北欧、俄罗斯平原和西伯利亚的农业，首先是品种资源源于小亚细亚和地中海国家。在“影响区域”之内的农业历史并不悠久，虽然其发展的时期并不那么短，有时候可以从这些地带引入栽培的植物数量加以判断。

A. I. Kuptsov 在分析和继承自己的导师 N. I. Vavilov 著作的基础上，根据人类学和民族学的资料，划分了 10 个世界农业发祥地——栽培植物起源中心，即：前亚、地中海、中亚、埃塞俄比亚、印度、印度尼西亚、墨西哥、秘鲁、北中国和西苏丹中心。

二、作物研究所工作的组织和发展

作物研究所的工作始终遵照严格配置资源的 Vavilov 原则，在作物研究所的各个试验站依照资源的起源地进行研究、繁殖，保存其生命状态。

从 20 世纪 50 年代末开始，先后有下列单位并入了全苏作物研究所系统：莫斯科分部（1957 年，莫斯科州 Michnevo 市）、克里米亚试验—育种站（1957 年，克拉斯诺达尔边区 Kreimsk 市）、叶卡捷琳娜试验站（1958 年，坦波夫州）。与它们同期的还有：迈科普站（迈科普市）、库班站、高加索站；达吉斯坦站（Derbent 市）、远东站（Vladivostok 市）、乌斯吉莫夫站（乌克兰 Poltava 市）；克里米亚果树试验站（乌克兰 Sevastopoli）；咸海沿岸站（高加索 Chelkar 市）和全苏作物研究所的中亚分所（乌兹别克斯坦 Tashikent 市）。这些单位都成为支撑资源和研究植物基因储备的基地。

20 世纪 40—50 年代陆续出版了作物研究所研究人员的著作和专著，这项工作还是在战前在 N. I. Vavilov 的倡议和领导下即已开始的。

1961—1965 年，I. A. Sizov 任作物研究所所长，从 1965 年至 1979 年——由 N. I. Vavilov 的学生、全苏列宁农业科学院院士 D. D. Brezhnev 任所长。1967 年 3 月 27 日，全苏作物研究所被授予 N. I. Vavilov 称号。这一时期，根据作物研究所所长 D. D. Brezhnev 的倡议，重新出版了《实用植物学、遗传学与育种著作集》《全苏作物研究所科学技术通报》、各个属、种多年研究结果的《目录—便览》《全苏作物研究所世界资源研究方法说明》。将要出版的还有栽培植物不同属的《性状分类规范》(70 年代)，在此基础上还编写了《经互会成员国国际分类规范》(80年代)(附录七)。在 N. I. Vavilov 及其同事制定的在地理试验中对品种进行评价和对栽培植物进行农业生态分类的方法论的基础之上，为研究资源的多样性制定了方法指南。从 70 年代开始，又在此基础上制定了各种栽培植物的分类规范。第一个这样的 *Triticum* L. 属分类规范于 1973 年公布，此后又公布了其他属和科的分类规范。分类规范出台后，作物研究所开始为所内全部世界资源建立身份证基准。

三、栽培植物遗传学和系统发育方面的工作

对栽培植物及其野生亲缘种遗传潜力的多年研究、按照分类学和栽培植物分类为育种选择原始材料的工作，已由作物研究所的工作人员将其总结在《苏联的作物区系》当中，这项工作是 N. I. Vavilov 提倡于 30 年代即已着手编辑的，按各种作物收入单独的专著。后来，作物研究所又出版了如下各卷《苏联的作物区系》:《多年生豆科牧草》《茄科蔬菜》《马铃薯》《直根类植物（甜菜、胡萝卜等)》《制米作物（荞麦、黍、稻)》《圆葱》《豌豆》《玉米》《葫芦科植物》《果树有核类（苹果、梨和榅桲)》《甘蓝》《直根类植物（芜菁、萝卜等)》《叶菜植物（石刁柏、莴苣等)》《多年生豆科牧草（三叶草和百脉根)》《亚热带果树》。一些重要的作物已经出了增补修订的再版著作，如《小麦》《黑麦》《大麦》《燕麦》《苕子》。

一些涉及最重要的农作物的专著，将在增补栽培植物及其野生亲缘种、属的遗传学、细胞学、分子生物学新资料后再出修订版。

在对植物遗传资源进行各方面综合研究中，种内多样性性状的遗传占有重要的地位。了解具体物种的遗传潜力促进了各种栽培植物实用遗传学的发展，也明确了应对其变异性进行研究。变异性的知识对于规划进一步遗传研究和育种研究至关重要。为了总结物种变异性的遗传潜力，80 年代中期，作物研究所出版了多卷版的《栽培植物遗传学》，不久前出版了如下几卷：《小麦、大麦、黑麦》《玉米、水稻、黍、燕麦》《豆类、蔬菜、瓜类和马铃薯》《亚麻、马铃薯、胡萝卜、绿色植物、唐菖蒲、苹果、苜蓿》和《向日葵》。

这一时期还开始准备《育种的理论基础》，第一版是在 N. I. Vavilov 倡议下于 1935 年问世的。1993 年出版了一部《实用植物学、遗传学和育种的分子生物学观点》（1996 年出版了本书的英译本《Theoretical basis of breeding…》），1995 年出版了《实用植物学、遗传学与育种的生理学观点》一卷两册和《豆类作物的基因储备与育种（羽扇豆、苕子、大豆、菜豆）》一卷。1999 年出版《玉米的基因储备与育种》，2006 年出版《制米作物的基因储备与育种（荞麦）》。目前正准备其他作物各卷的出版。

N. I. Vavilov 原来构想的物种多样性遗传研究，他在世的时候未能完成，现在成为作物研究所工作的优先方向。这些原则已成为分离和创造重要经济性状原始材料和供体的基础。后来，这些原则为创造性状资源以及带有已鉴定基因的遗传资源打下了基础。

20 世纪 90 年代，作物研究所已为重要农作物编组了 20 多个整套遗传搜集品（资源），其中最大的是小麦的遗传搜集品（计有 3000 个品系各 400 个已鉴定基因，控制着 80 个性状，还有多个带有染色体变异的品系）；燕麦（500 个品系，各有 225 个已鉴定基因）；大麦（500 多个品系和品种，带有 100 多个控制着形态性状和抗病的基因）；玉米（771 个品系和减数分裂突变体，染色体全部被作了标记）；黍（202 个样本带有已鉴定基因）；豌豆（400 个品系带有已鉴定基因）；向日葵（206 个自花授粉纯合品系的基因

已鉴定)；大豆（155个样本带有200多个基因)；亚麻（120个品系带有已鉴定基因)；番茄（400个样本带有106个已鉴定基因)；马铃薯选育品种杂交种（150个样本携带抗病、抗虫基因)。作物研究所内创造并保存着离体培养（in vitro）遗传搜集品（资源)，其中包括物种间、属间杂交种（禾本科、茄科番茄、马铃薯的突变系、草莓遗传品系、大麦强再生力供体和燕麦早再生力供体)。

关于蔬菜遗传资源的出版物分4个部分，是关于蔬菜和瓜类资源寻找、收集、研究及实际利用的综合报告，引起了关注。

作物研究所同科学院植物研究所和农业科学院植物研究所，在如下诸多方面进行了合作：鉴定有重要经济价值性状的基因，确定农作物新的研究方向，研究将重要基因组合在一个基因型中的可能性，创造经济有效性状供体等。作为这一多年研究工作结果的总结，于2005年推出了长达896页的集体专著《植物已鉴定基因储备与育种》。这部著作写的是，几种重要农作物品种高度适应俄罗斯联邦条件的遗传学机理。著作中分析了谷类、制米类、蔬菜、果树类、马铃薯等作物的代表种多型性现代研究结果及对其采用分子方法进行评价的可能性。研究了有效等位基因（allele）和控制形态、繁殖、对生物和非生物因子抗性的多基因系统的同质鉴定和定位。《植物已鉴定基因储备与育种》这部著作中，按重要农作物评定了研究所的遗传资源；评价了它们在基因储备基础研究和在实际育种中的作用；展示了已鉴定基因在原有育种价值的农作物创造供体工艺上的重要性；阐明了在育种过程中利用这些供体的结果。

所有出自作物研究所的出版物均可称之为各种作物的百科全书，因为它们将作物研究所科技工作者大量实验的资料与世界文献中与之相关的述评融为一体。此外，全苏作物研究所的科技人员在国外的出版界广泛地介绍了作物研究所的工作，其中，在庆祝全俄作物研究所100周年之际，在美国杂志《Diversity》（多样性）上刊登了一系列专栏论文，介绍世界植物遗传资源方面的工作，此外还出版了另外许多著作。全苏作物研究所还往俄罗斯联邦和国外许多国家的研究所和育种家寄送了上述出版物。迄今为止，不仅在欧洲各国，而且在美洲、澳大利亚、非洲和亚洲很多国家的各研究所和大学的图书馆里都会见到这些刊物和著作。

四、植物遗传资源的综合研究

考察获得的新资料成为作物研究所科技工作者发展栽培植物起源中心理论的基础。对栽培植物及其野生亲缘物种的多样性进行全面综合研究的资料，为创造新的或更新已有的重要农作物植物分类提供了可能。根据这些总结，业已编写了原来由 N. I. Vavilov 主持出版的《作物志》新版。物种内多样性的深入研究促进了寻找或人工创造同系定律所预测的新类型。在 N. I. Vavilov 思想的基础上，作物研究所在遗传学、生理学、免疫学、生物化学和分子生物学领域的基础研究更加扩展，研究方法也更加改进。

全俄列宁农业科学院 V. F. Dorofeev 院士从 1979 年至 1987 年领导作物研究所的工作，由于他的研究，业已确定，外高加索乃是 *Triticum* L. 属物种形成和进化的后中心（epicentre）。R. A. Udachin 教授证实了 N. I. Vavilov 关于中亚地区与小麦（*Triticum aestivum* L.）和棍状小麦（*T. compactum* Host.）起源、形态形成和物种多样性相吻合的论点，他还记述了一个新的土著小麦物种 *T. petropavlovsky* Udacz. et Migusch.。**小麦处**（现在称小麦遗传资源处）在收集、研究和利用 *Triticum* L. 和 *Aegilops* L. 属各物种多样性，以解决进化、分类学和育种问题方面，做了大量的工作。全苏作物研究所达吉斯坦试验站研究小麦世界资源样本的结果，完成了矮秆四倍体小麦的遗传检验，研究了种内多样性、将矮秆性与育种有价值性状结合起来的可能性，制订了创造新的原始材料的策略，创新了一批性状和遗传资源。最近小麦遗传资源处采用分子标记和遗传分析技术，对小麦老的地方品种和新育成品种的遗传多样性进行了评价。通过资源的筛选，查明了很多对育种很有价值的原始材料。全苏作物研究所小麦资源的电子档案正在研发中，它必将减轻墨守成规的样本选择法，使小麦的遗传多样性更便捷的

被用于育种。

“普通”粮食作物处（现今的燕麦、黑麦、大麦遗传资源处）的研究人员在大量研究结果的基础上，发展了 N. I. Vavilov 关于这三种作物进化、分类学和系统发育（种系发生）问题的思想，汇总为 A. Y. Trofimovsky、V. D. Kobeiliansky、I. G. Loskutov 的专著和几部出版物，在俄罗斯和国外出版。该处的理论研究专注于开发有效利用燕麦、黑麦和大麦已挑选出的基因储备的遗传学方法，发现重要育种性状的变异和遗传规律。该处在大麦和燕麦育种中已成功地解决了对主要病害抗性、早熟、矮秆、抗旱、子粒优质和高产等问题。V. D. Kobeiliansky 教授在黑麦上首次发现了胞质雄性不育基因，并将其应用于黑麦和小黑麦育种。由于应用了这些基因和黑麦抗病基因，成功地解决了倒伏问题并确立了该作物育种的新方向。冬黑麦群体持久抗茎叶病新品种高效选育技术业已研究完成。在此基础上创造了一批多抗的冬黑麦群体和新的品种，将高产、良好综合性状与抗黑麦叶锈病、秆锈病、白粉病结合了起来。这些品种能抵抗二、三种广泛流传的病害，其中每一种病害都可能造成减产 40%～80%。采用抗病品种保证了在不花费化学植保措施额外消耗的情况下获得高额产量。除此而外，燕麦、黑麦、大麦处还发现和研究了遗传资源样本中与许多有经济价值的性状相关的已鉴定基因。所有已分离出的和新创造的材料已转交给相关的育种家，用于燕麦、黑麦和大麦的育种。

作物研究所的科技人员全面研究了玉米属（*Zea* L.）、高粱属（*Sorghum* L.）、荞麦（*Fagopyrum esculentum* Moench.）资源标本，以及黍和荞麦的生态—地理分类，建立了玉米早熟杂交种育种的新的科学原理、以胞质雄性不育为基础的高粱优势杂交种育种方法和模式，开辟了增加种子生产量的新前景。

作物研究所的重要任务之一是，为育种计划提供有经济价值的原始材料和供体。已有 300 多个品种是由这类资源参与育成的这一事实证实了任务的成效。**玉米与高粱处**工作的特别之处是，在处内和各试验站启动了“前架桥”和育种工作：育成了爆裂玉米的新的自花授粉系、高粱品种和杂交种、玉米早熟、自发二倍体—“标记系”和许多其他品种。对制米特性进行资源样本评价的结果，不仅分离出了子粒价值高的黍和荞麦原始材料，而且发现了提高出米率的可能性。

豆类作物处对所有豆类作物物种和品种资源都进行了植物学、遗传学和育种研究。对每一种豆类作物都作了其经济价值的综合评价。这些作物具有高产、对生物、非生物因子具有抗性，因其化学成分贵重，故有各种各样的用途。除了食用和饲用品质（秣草、青贮、干草、草粉、青饲料、配合饲料、为粮食饲料作蛋白质添加等）而外，豆类作物还是绿肥作物，加固被侵蚀的土地，改善土壤状况。豆类作物的大部分化学成分可用于获得塑料、树脂、香料和染料物质、乳化剂、清漆、胶水、媒介物等。在制药工业中广泛采用的光类固醇、大豆卵磷脂、羽扇豆生物碱、几种作物的蛋白酶抑制剂、外源凝集素、生物活性物质和矿物质等。豆类作物所含的化学成分还显示出防辐射和抗癌功能。羽扇豆油和豆油还有一定的整容作用。兵豆（*Lens* L.）、菜豆（*Phaseolus* L.）、鹰嘴豆（*Cicer* L.）在俄罗斯很久以来被用作民间医药。豆类作物处已经分离出一批性状有经济价值的原始材料和供体，提供给了育种计划。

A. I. Ivanov 教授在中亚和哈萨克斯坦发现了很大的野生的苜蓿渐渗杂交物种发源地，确定为各种染色体倍数的区域，查明了对育种有价值性状的地理分布。N. I. Dzubenko 从 2005 年起任作物研究所所长。他提出苜蓿种子高产、稳产的理论、方法和实验原理。**饲用作物处**收集品在作物研究所各个试验站的田间试验中，就资源的各种性状（越冬性、生育期、株高、繁茂性、绿色体和种子产量等）进行了研究。该处还与本所相关的研究室一起研究了饲用作物的化学成分和氨基酸组成、抗病、抗虫、抗不良环境因子（盐渍、酸化、干旱、低温、淹害）；与全苏农业微生物研究所合作，研究了固氮菌接种的敏感性，研究了采用农业生物学和细胞—胚胎学措施提高三叶草和苜蓿种子的产量。在全面研究饲用野生和栽培

物种的基础上，完成了有经济价值物种的生态—地理学分类。还依照样本资源在自然生长和在田间条件下的表现，对分类单位（属、种等）进行了研究。

N. K. Lemeshev 博士在对美洲进行研究时，明确了抗黄萎病长纤维棉花类型的起源地在尤卡坦半岛和墨西哥。经对油料作物和纤维作物资源样本进行多方研究之后，查明了解决俄罗斯重要作物（向日葵、亚麻、油菜、大麻、棉花）育种迫切任务的原始材料，创造了重要性状的供体。还找到了这些作物的遗传资源。采用多种方法发现了一些基因型，扩大了关于物种变异性界限的概念。业已建立起涵盖亚麻所有 37 个性状的资料供应站。对种植面积不大油料作物（芝麻、紫苏、油菊、大戟、扁柄草等）样本进行了综合研究，其中包括地理播种，用以确定作为传统（食用和工业用油）和非传统用途（如获取生物柴油）的适宜种植区和前景。**新作物引种处**引进了含糖作物甜菊和含油作物大戟。

块茎作物处在全俄农业科学院 S. M. Bukasov 院士和 K. Z. Budin 领导下，运用 N. I. Vavilov 提出的植物地理学方法，研究了南美马铃薯物种的地理和种系发生问题；完善了这一重要作物物种的系统；确定了物种的极大多样性；查明了形态形成最活跃过程的中心和对育种有价值性状的集中区域。目前正对全俄作物研究所内的马铃薯世界资源加强有经济价值性状的研究，指出了赴南美考察、收集马铃薯遗传资源意义非凡，业已从马铃薯栽培物种和野生物种收集品中分离出高抗最有害病原（疫霉病、病毒病、线虫病）的物种和品种，并将其作为原始材料用于马铃薯育种。将马铃薯野生物种引入杂交有利于培育综合性状符合现代需求的马铃薯品种。

蔬菜作物处的科技人员与作物研究所试验站的科技人员合作，更加准确地划定了甘蓝、圆葱、甜菜、胡萝卜、萝卜和西瓜的起源和形态形成中心。他们提出了这些作物进化的假说，制定了物种内的分类。对作物研究所资源积累各阶段蔬菜和瓜类作物资源进行研究，一直是本所的重要工作。这项工作有利于对资源进行分类，也有利于发现对育种有价值性状的原始材料。全面研究世界资源的多样性，可为主要蔬菜作物制定种内分类，准确地划定许多作物的起源和形态形成中心；提出进化和种系发生的初步假说。上述工作对于包括采用胞质雄性不育、自交不亲和、多倍体等方法在内的育种理论均有重要的贡献。

果树处的专家们研究了各种果树的种内多型性，弄清了野生石榴、黄连木、巴旦杏、柔韧枝条类和核果类树种、葡萄的集中发源地，划定了无花果、小果樱桃的海拔高度分界线，确定了旱地果树生长的分布区，实现了支持和增补 N. I. Varilov 学说的科学勘查研究。该处在作物研究所的多个试验站，通过大量考察调研和从俄罗斯不同地区或从国外科研和育种机构订购的方法，引进和试种了果树物种和品种遗传资源。结果，在作物研究所的试验网内集中了包括野生物种、地方和外国著名品种在内的独一无二的果树、浆果、坚果类、葡萄遗传资源。经多年对基因储备进行的综合研究，已经分离出了可用于育种的优良供体和原始材料。在果树处成立以来的几十年里，处内和各试验站的科技人员共计推广了 138 个品种。目前已有 87 个品种被纳入国家育种成果注册簿，还有 86 个品种已经通过了国家试验。全俄作物研究所收藏的基因储备将继续担负起 21 世纪育种后盾的责任。使资源的后代保持有生命状态，将这一丰富的遗传潜能用于育种，仍是全俄作物研究所的学者们的重要任务。

关于“全球化条件下栽培植物遗传资源的保存战略和管理体系”问题的基础研究业已完成。研究的结果，明确了现代世界趋势、保存生物多样性的途径和原则；详细分析了概念；确定了在生物多样性领域重要国际协议原则下许可利用农业生物多样性的机制；规定了在栽培植物遗传资源范围内形成国家系统活动的原则。

农业气象处的科技工作者按照 N. I. Vavilov 原定的规划进行研究，已经完成了农业气象条件对主要农作物发育影响的评价，以此为基础，在 G. T. Selianinov 的领导下，绘制了《世界农业气候图》。近几年，该处的员工出版和即将出版气候与作物不同角度相互作用的著作：《苏联境内的干旱》《气候与产量品质》《气候与苏

联冬小麦的越冬性》《秋春天气条件与越冬作物的产量》《育种家处理农业生态条件说明书》等。

农业植物学与分类学处（现农业植物学与原位 in situ 植物遗传资源处）除了深入研究栽培植物及其野生亲缘种的分类学之外，还在俄罗斯境内 in situ 原位保存着不同属植物的许多物种。深入研究与实用植物学、引种、育种、栽培相结合的植物分类原理有利于将栽培植物及其野生亲缘种的珍贵基因储备作为原始材料用于培育优质新品种。发展了有针对性的引种理论和方法。在这一理论和方法的指导下，引进了抗不良环境因子的世界遗传资源。借助地理情报工艺，在俄罗斯和其他国家的地图上标出了对农作物育种有价值且抗不良环境因子资源所在的地点。在对野生物种、栽培植物亲缘种分布与限制这些物种传播的环境因子的计算机图进行关联分析的基础上，已经确定了一些收集的资源在阿尔泰西北部和西南部、北高加索、外高加索和哈萨克斯坦西北部是有希望种植的。T. N. Ulianova 在研究杂草问题时发现，危害主要农作物的杂草（苋菜、豚草、稗）在水稻、小麦、棉花和玉米等栽培植物的起源中心，在作物出现之前就已经存在了（考古遗存中已有矢车菊、滨藜等），作为特别的生态类群，它们倾向于在农田里生活。

习惯于在田间条件下对基因储备多样性进行研究的各个植物资源处离不开室内实验室的研究。在 V. I. Krivchenko 教授（曾于1986—1990 年主持过作物研究所的工作）的领导下，仔细制定了诊断栽培植物各个物种抗真菌病的理论基础、方法原则和措施、基因储备抗病的评价系统以及各种作物免疫育种的策略；提出了粮食作物抗性基因地理分布细目，同时还研究了作物群体遗传一致性及其在流行病发展中的作用问题。此外，也研究了粮食作物遗传资源抗有害生物的育种方法、途径、诊断和原则；发展了粮食作物和制米作物抗专性和通性真菌病、抗吸吮口器昆虫的遗传鉴定理论；创造了辨认抗性基因的方法；明确了 *Triticum dicoccum*（二粒小麦）对白粉病的抗性与样本的关系受 1～2 个显性基因和一个隐形基因制约；大麦体无性繁殖系对暗褐叶斑病的抗性与基因加成互作相关的多基因系统有关。

作物研究所**植物生理处**一直例行地在研究适应的机制和非生物胁迫对植物发育的影响，创造、改革、开发了一些行之有效的评价抗寒、耐冻、抗旱、耐热、抗酸、抗碱的基因储备的方法。这些研究的主要结果都体现在该处已出版的大量出版物当中。目前，该处的科技工作者正在研究测定光周期感应的方法。对光周期弱感应性和冬小麦、春软粒小麦和硬粒小麦、小黑麦、大麦、燕麦、亚麻、荞麦和早熟大豆早熟性与其地理起源的关联进行分析。已经创造了一组仅在显性等位基因 Ppd 上有差异的软粒小麦同基因系，采用 5 次回交（backcross）和严格多重选择的方法，力求在表型上回归亲本。业已发现了在培育指定成熟期品种时，利用携带基因 Ppd 的样本或者与之结合的样本以调节“出苗至抽穗”持续天数的可能性。明确了春小麦发育和生产力与早熟性育种以及光周期感应与早熟性、形态生理参数和生产力的关系。对粮食作物发育的早熟性进行遗传鉴定，对于为早熟性育种挑选新的原始材料是十分重要的。已经获得的新数据表明，调节光周期感应和早熟性的遗传—生理机制是一致的。

作物研究所继承了 N. I. Vavilov 以丰富的生物多样性为基础研究物种遗传本性的工作，并将研究的结果应用于实践中。**遗传学处**正在对重要栽培植物及其野生亲缘种进行各个物种的比较遗传学研究，并与解决进化、分类学和育种问题相结合。这种处理方法有助于拟定育种用原始材料的遗传方案，包括：①按照性状变异性的大小选择物种资源；②根据所研究的性状，在样本中发现基因型差异；③研究性状的遗传控制，确定育种等位基因对的数量；④鉴定有育种价值的等位基因；⑤编组经鉴定的遗传品种资源。该处还深入研究了测定控制变化较弱的数量性状基因数的方法，以此为基础，发现了对育种珍贵的基因，研发了寻找和创造这些基因的供体，实现了由它们转移到推广品种的基因型中去的方法。从而为高产、抗逆、优质育种新工艺提供了复杂数量性状生态—遗传组织模式。此外，遗传学处工作的一个突出特点是，将栽培物种及其野生

亲缘种遗传学研究的结果与解决科学问题和农业生产任务相结合。这一遗传学研究的指向性是遗传学工作发展的现代观点，其中体现了 N. I. Vavilov 的思想。这一观点预见到：诱变和多倍体是产生植物新类型，并可将其用于育种；分析物种亲和力和珍贵异类渐渗杂交，可以服务于栽培品种的改良；个体发育遗传学。N. I. Vavilov 的比较遗传学原理还被用于植物对不利生物和非生物因子抗性的研究。

生物化学和分子生物学处的生物化学实验室仍在继续进行栽培植物生物化学性状多样性研究。该处生物化学家会同各资源处科技工作者共同发表了数据目录和手册，以此帮助苏联和俄罗斯的育种家们用于重要农作物的品质育种。

N. I. Vavilov 的遗传变异性同系定律和他提出的物种问题在俄罗斯农业科学院院士 V. G. Konarev 的分子生物学研究中得到了体现。在该院士的领导下查明了将分子标记基因用于世界基因储备鉴定和注册的原则和方法，解决了栽培植物的分类和起源问题，并广泛用于育种、品种鉴定、良种繁育和种子检验。这些和其他一些手段提供了如下可能性：鉴定物种的遗传系统—基因组（genome）；分析栽培植物及其野生亲缘种异源多倍体物种的基因组；分析诸如小麦、马铃薯、水稻、禾本科杂草、十字花科植物等物种多倍体复合体中的基因组的相互作用；确定栽培植物基因组起源的途径；决定栽培植物与野生物种间的相互作用和杂交的程度；在植物异源多倍体育种中控制基因组的变化、基因组间的相互作用、渐渗杂交，等等。

分子生物学处正采用分子标记方法对多种农作物的基因储备进行研究和登记，借以弄清遗传多样性、进一步保存和有效地将其用于育种。该处还与小麦资源处在一起，为完善小麦的基因储备的分类和保存，正在采用 RAPD（随机扩增多态性 DNA）和 AFLP（扩增片断长度多态性）分析方法对六倍体的遗传差别进行研究。这项研究的结果获得了新的试验数据，使小麦资源的遗传构成及其分类更加准确。采用分子遗传学的手段研究植物基因型，以鉴定和克隆那些决定品质和抗不利环境条件的基因，已得到了进展。可用于育种、品种鉴定和种子检验的基因型分子标记和鉴定记录栽培植物及其野生亲缘种基因储备的遗传系统的理论和方法已经研究就绪。

生态遗传学处在俄罗斯农业科学院院士 V. A. Dragavtsev（1990—2005 年曾主持作物研究所工作）的领导下，从事子粒灌浆期可塑性物质从茎叶向麦穗转移吸收系统机能以及适应系统和“支付”系统、土壤营养限制因子等方面的研究。还进行了根据不同类型植物的表现型对基因作数量评价，这样的评价可以不受生长条件所左右，只凭借诱惑力（attractive force）和适应性（adaptive faculty）的遗传—生理机能选择最珍贵基因型。完成了小麦、大麦、大豆、蚕豆，棉花对浓度过大矿质营养的吸收力、耐受力、对非生物，生物胁迫的适应力的功能分析及这些作物在可调节的环境条件中所表现出来的遗传变异的幅度。深入研究了植物不同基因型遗传—生理系统，建立了生态—遗传模型。在该模型的基础上确定了预测“基因型—环境”相互作用预报机制和可能性，以及以小麦为代表的基因型生产力反应和自体调节程度。同时还确定了生态依赖杂种优势的本质和当小麦生长过程受生态或竞争限制条件下预报其表现的可能性。所得结果有利于创造科学集约的育种工艺，使育种过程时间缩短、费用节省数倍。

五、作物研究所基因储备的利用

作物研究所的专家们发展了 N. I. Vavilov 关于原始材料用于育种的论点，在俄罗斯不同生态—地理地带进行地理播种试验的基础上，采用近年来制定的经互会国际分类规范和作物研究所分类规范，按照育种的重要性状，对栽培植物资源例行地进行了综合研究。

作物研究所的专家们与各主要育种中心的育种家们在各种作物育种大纲的基础上紧密协作，育种家们经常拜访作物研究所，获取

他们所需要的原始材料，而作物研究所的专家们则前往各育种中心，了解当地的育种问题，还在田间举办研讨会，对各种原始材料作介绍，而育种家则对它们进行评价和取舍。这样合作的结果，占苏联 80%和俄罗斯大多数的作物推广品种是以作物研究所世界资源为亲本育成的。

举出下列数据足以说明问题了。苏联和俄罗斯育种家们利用作物研究所的资源，育成了各种作物品种达 2 500 余个。现在这些品种所占的种植面积共计超过 6 000 万公顷。特别是像小麦、玉米、豌豆、大豆、马铃薯、燕麦、番茄、黄瓜、苹果、樱桃李、草莓、苜蓿和其他一些作物更是多采用了作物研究所的资源（表 1）。粮食作物（特别是大麦、燕麦和黑麦）95%的品种近些年都是利用作物研究所的资源育成的。

表 1　以作物研究所的资源为基础育成并推广的农作物品种

作　物	作物研究所 目录号码	样本名称	样本来源	品种名称	推广面积 百万公顷
冬小麦	29759	Klein33	阿根廷	无芒 1 号	10.0
春小麦	8085	Garnet	加拿大	Skala	1.0
春大麦	6829	地方品种	土耳其	Donetsky8	5.0
燕　麦	10247	Zensin	俄罗斯萨哈林	Naleimsky9	1.0
冬黑麦	10028	矮秆	保加利亚	Qiulpan	2.5
玉　米	11081	Jarnetski Gloria	德国	Bukovinsky3	2.0
豌　豆	5701	Priekulsky349	拉脱维亚	不炸荚 1 号	1.0
苜　蓿	29207	Slavianskaya	俄罗斯 克拉斯诺达尔	Karchegaev80	0.1
马铃薯	2098	Gobler	美国	Priskuli 早熟	0.15
番　茄	3248	Barnaulisky	俄罗斯 西西伯利亚	Fakel	0.012
苹　果	28720	Zhugulevskoe	俄罗斯 沙玛拉	Maleishenkov	0.01

全面研究和利用新的原始材料大大地扩展了主要作物的育种计划。在 N. I. Vavilov 的学生、全苏农业科学院院士 M. N. Khadzhinov 的领导和直接参与下，作物研究所库班试验站培育了第一批玉米杂交种。作物研究所的资源直接参与了高油向日葵品种的培育并已进入生产领域；抗马铃薯晚疫病、生理侵袭型溃疡病和抗马铃薯金线虫病育种；粮食作物和蔬菜高产育种。作物研究所内部已经开展了集约型矮秆小麦、黑麦育种；为了免除棉花收获之前的去叶处理，落叶性野生棉花物种受到了关注；为了提高番茄收后的耐藏性，正在培育带有耐藏基因的番茄品种和杂交种；糖用甜菜和其他蔬菜的胞质雄性不育系正在选育中。

水稻半矮秆、豌豆无叶、不炸荚、大豆抗胞囊线虫病育种已经开始，供体也已分离了出来。作物研究所的科技工作者在研究世界资源多样性的基础上，开辟了新的育种方向：豆类作物培育集约型品种，提高固氮能力；马铃薯—抗机械损伤；果树—抗短果枝。育成并顺利推广了新的粮食作物——小黑麦（*Triticale*）。小黑麦是必需氨基酸含量高的蛋白质来源。

近些年来，作物研究所向俄罗斯育种家们提供了 300 多个供体和 10 000 个性状优异的育种原始材料，出版了各种农作物的供体登记手册约 20 种。作物研究所的科技工作者创造了大量珍贵经济性状供体，其中包括软粒春小麦超早熟高产供体 Riko - 2，硬粒小麦耐盐供体 DS - 3，软粒春小麦抗普通根腐病供体 Lestos - 1 和 Lestos - 2，燕麦矮秆不倒伏供体 Borain、Soku、Rapen、Borrav 等。冬黑麦矮秆、抗叶锈、秆锈、白粉病、穗赤霉病、镰刀菌根腐病等水平抗性供体 Sigma 等，小麦抗叶锈病的 VIR13，亚麻高秆、超早熟的 VIR103，大麦裸粒、抗散黑穗病的 Bekmen，抗普通禾本科蚜的供体—带抗性基因的 Rsg - 4 - 2 - 2001，马铃薯抗叶和块茎疫病的供体 97 - 162 - 5 和抗病毒 Y. X. S 的供体，豌豆有限生长型、不裂荚、一荚多粒的供体 MC - 2D，水萝卜抗抽薹供体 BNTs - 01。

目前，作物研究所对资源进行的综合研究仍在进行中，上面所列出的是 2003—2006 年期间取得的结果，总计向俄罗斯联邦各个

育种中心散发了供体 396 个、有经济价值的原始材料 9 207 份、新样本 4 314 份和各种农作物带性状标记的资源 30 711 份，均用于解决高产和抗生物、非生物不利因子等现实问题。这一期间，采用俄罗斯联邦国家科学中心和作物研究所提供的原始材料和供体在俄罗斯联邦育种站和科学研究机构共育成或获准推广新品种 203 个，其中大部分是农作物品种。作物研究所所内科技工作者育成了 98 个有重要经济价值的作物品种，均为联邦注册的育种成果，获得专利 47 项及品种育成证书 102 项。

利用世界基因储备问题与植物育种的现代任务紧密相连，然而还远不止这些。原始材料研究者应当比育种家更能预见育种的前景，他们应当在基因中心中挑选相应的新的植物类型，因此作物研究所工作的主要方向应当放在选择和综合研究世界植物的多样性上面。

综上所述，当前作物研究所正在以下几方面开展研究：

（1）进行遗传学、植物学、分子生物学、生物技术、免疫学、生理学、生物化学、进化论、系统发育学（种系发生学）、栽培植物分类学诸领域的基础研究，以便对世界基因储备进行有效的评价，供我国作物栽培业的育种、提高产量、适应性和资源供应之需求。

（2）综合研究对俄罗斯有经济价值农作物的多样性，为高效和生态安全的作物栽培和育种选择新的优异的原始材料。

（3）创造有育种价值的遗传资源和供体，为培育重要农作物新品种和杂交种服务。

（4）深入研究建立农作物高产、高抗、优质数量性状高效选育工艺的理论和方法。

（5）建立并运行遗传资源数据库，为数据银行管理发展相关理论和程序设计。

上述所有的研究方向在国际会议的工作中均已有所体现。这些会议在搁置多年之后，俄罗斯联邦科学中心—作物研究所重新召开。不但邀请俄罗斯、经互会各国，而且邀请其他国家植物遗传资源遗传学、分类学和分子生物学界的重要育种家和专家参加了会议。

六、资源的长期保存

N. I. Vavilov 对从世界各地搜集到的栽培植物及其野生亲缘种遗传多样性的后代特别关注。必须保存的理由在于，珍贵的世界资源随着时间的推移，会丧失其品质和遗传一致性。样本的一部分用于重复播种可以恢复其发芽力。为了保持资源样本的生命力，在重复播种次数最少的情况下，有必要在专门设置的可控低温中保存资源。

从 N. I. Vavilov 任领导的时代起，在作物研究所的试验站保存资源样本的地理原则一直保持了下来。根据 N. I. Vavilov 农业生态分类法，所有的样本主要是粮食作物复本被分配在作物研究所的各试验站繁殖和保存。国家库长期保存与研究人员手上、试验站和作物研究所内资源复本短期保存，双管齐下，这样可以做到样本的复合保存。除此而外，细致制定的（细到变种一级）每个属和种的植物分类法是作物研究所资源管理、保存的基础。在保存资源的多样性时，每一种样本的“身份证”部分尤其受到重视，这上面注明了它的真实的地理出处、正确的（原本的）名称，这些对于证明资源当前的复本至关重要。

从 20 世纪 40 年代起，作物研究所即已开始奠基世界资源样本的长期保存试验。所得结果被用来确定适宜的保存期限、温度和条件。试验了种子在低温下长期和中期保存，是安全和相对便宜的方法。50 年代，作物研究所内开始建立了植物遗传资源低温（+4℃）保存系统。为此，在作物研究所内拨出了专门的房间，直到 80 年代末保存了所内的大部分资源。

1976 年，在作物研究所的库班试验站（克拉斯诺达尔边区）建立了国家库，专门用于在可控条件下保存作物研究所的基本资源。国家库建在地下，种子样本放置在密封的玻璃集装箱内，计有 24 个空气湿度衡定、温度保持在+4℃的室内，总设计容积可容纳 400 000 份样本。长期以来，作物研究所的世界资源贮藏在国家库

中，证明是成功的。

20世纪90年代之前，70%的基本种子资源存放在国家库中。然而，长期库从初建时起即存在未完工程，造成负荷过重，制冷系统不够完善问题，出现保存制度间断现象。90年代种子样本往长期库入藏的数量急剧下降。

然而，1994—1997年，采用美国农业部（USDA）和国际植物遗传资源研究所（IPGR，现Bioversity International）的专门设备，对长期库的建筑和技术设施进行了改造，以保证指定的温度保存制度。这项计划加入了安排现代制冷设施和计算机技术。在此基础上还完成了作物研究所资源的计算机管理。

2008年，俄罗斯联邦国家科学机构、研究中心作物研究所"库班遗传种子银行"（长期库如今的名称）获得了新的技术设备，可以使植物资源基因储备，在更高的科学方法水平上，使资源的保存更加有效。目前，作物研究所基因银行内保存着240 000份样本，其中在长期库中187 883份，复本55 488份，正在使用的13 692份，为其他科研机构代存的16 550份。

20世纪90年代改建时未能解决所有的问题，现在作物研究所在库班的基因银行还必须进行所有建筑的综合改建，鉴于地下保存库尚处于有故障的状态，降水常常通过底层和墙壁渗入地下各层，必须定期维修，为此，作物研究所的行政部门向全俄农业科学院提出了长期库改建的财政拨款要求。

1999年，作物研究所会同国外研究所（USDA和IPGRI）伙伴共同制订了植物遗传资源保存系统的发展长期规划，预计建立圣彼得堡种子样本保存库，用以满足现今对植物基因银行的需求，建立一条种子样本加工、保存和推广利用相统一的工艺连锁。预计将逐步更新、更现代化的保存库—带有零度以下温度的保存环境将在植物遗传资源保存中起主导作用，而库班库的基因银行经改造之后，将成为一座可靠的复本库。

现代低温库于2000年建在圣彼得堡作物研究所建筑内。保存种子的两个库房（面积437米^2）的温度保持在+4℃；另外三个库房（面积 434 米^2）的温度为－10℃。在作物研究所基因银行所进行的研究结果，部分可供使用和运行，植物遗传资源长期保存的工艺更加完善，资源保持了生命力。与样本种子重复播种的传统方法相比，既可节省劳动强度，又能节约经费开支。近期，在将种子转移至条件可控的库房保存方面做了大量工作。播种材料密封包装在箔片袋或玻璃容器之中。从 2000 年起分类保存，已经存入作物研究所的资源样本 107 516 份，其中 10 614 份进入－10℃的长期库，13 963 份常用样本在－10℃库，82 939 份在＋4℃的常用库。目前，在圣彼得堡作物研究所现代低温库中保存着 160 000 份常用资源的种子样本和 20 000 份基本资源的种子样本。

20 世纪 90 年代中期，作物研究所基因银行装备了超低温（通常指－100℃——译者注）设施，用于防腐保存。目前保存着 198 份花粉和 78 份果树和浆果的接穗，这些样本保存在液体氮的蒸气中，还有 658 份接穗样本保存在液体氮的温度下。

当前，基因银行还在自然（田间）、超低温、试管内（in vitro）条件下保存着营养体繁殖植物的遗传多样性。马铃薯、果树和浆果等不能以种子状态存在和保存的品种资源，因为有性繁殖会破坏这些高度多倍体基因型杂合品种的遗传结构，因此这些作物的品种只能通过营养体繁殖。在大基因银行中共有三套保存系统，因为每一套系统都有其优点和缺点，所以三者协同利用才可以保证营养繁殖作物基因储备得到可靠的长期保存。

为了上述各项工作的正常运行，作物研究所的**生物技术处**完善和制定了在环境可控条件下长期保存种子繁殖和营养体繁殖作物遗传多样性的 14 种方法。

近来，作物研究所生物技术处采用现代技术将 548 份样本安置在可控条件下加以保存，其中马铃薯样本 240 份，树莓（*Rubus* L.）和欧洲黑莓（*Rubus fruticosus* Sed.）96 份，穗醋栗（*Ribes vulgare* Lan.）4 份、草莓（*Fragaria* L.）53 份，小坚果类 53 份，葱类 20 份和采用生物技术方法获得的杂种实验资源 76 份。

In vitro（离体）资源的种类和规模受多种因素的影响：最珍

贵的野外资源状况、繁殖能力、复本多少，以及国际交换需求等。在建立 in vitro 资源时，应当将本地的、自古以来保留下来的品种、由野生亲缘种参与育成的珍贵品种等优先纳入基因储备之中。核心资源（core-collections）的设计应当体现，以最少的样本数最大限度地代表遗传多样性，这类资源必须保存在自然条件下、in vitro 和超低温三个保存系统中。

目前正采用 in vitro 综合技术（包括保健、在 in vitro 中无性繁殖等），实际上这是无性繁殖植物基因储备可以长期保存的唯一可靠的方法。现已在 in vitro 中对 377 份马铃薯样本是否带 XBK、SBK、MBK、YBK 和 BCIK 病毒，树莓资源是否带有矮缩病毒（RBDV）进行了诊断；in vtiro 的马铃薯双单倍体和杂交种资源，也采用 ELISA（酶联免疫吸附测定）法对 X、S、V、Y 病毒和卷叶病毒进行了鉴别。那些不带病毒的植株均被转移到了长期 in vitro 中保存。

但是，对种子长期保存工艺许多问题的研究特别是涉及被保存材料的遗传稳定性的检验还远未彻底解决。生物技术处运用 RAPD（随机扩增多态性 DNA）和 SSR（简单序列重复）技术获得的结果表明，在 in vitro 条件下长期保存马铃薯是可靠的。此项工作的另一个事例是，该处采用 RAPD 分析法鉴定了在 in vitro 条件下保存的树莓品种资源 99 个多态性组分（polymorphic component），检验了其遗传稳定性。

必须指出，采用所有上述方法所检验的作物范围毕竟是相当有限的。为了长期可靠地保存营养繁殖植物的农业生物多样性，还必须进一步深入研究其在 in vitro 和超保温保存的理论和方法。

七、资源收集和交换的组织原则

N. I. Vavilov 关于要让植物多样性发挥作用的主张，今天在他的学生们和继承人的身上得到了极大的发扬，已成为作物研究所活动的基础。全所将收集和保存的资源分作类 4 大类：

（1）来自其起源中心的所有物种的遗传多样性；

（2）民间育成的地方品种和品系；

（3）原始的和现代的育成品种；

（4）遗传品系、突变种（体）育种和遗传材料的其他类型。

多年来，作物研究所的科研人员通过大量的工作，收集和保存了几乎得自遍布五大洲所有国家的栽培植物及其野生亲缘种。N. I. Vavilov 在世时，为了收集自然界的植物遗传资源，可谓竭尽了千辛万苦。直至今日，当时所收集到的样本依然是作物研究所世界资源的最珍贵的材料。

作物研究所的资源主要是通过在国内和国外各地考察和通过国内国际研究所之间材料交换获得的。

为了有效地交换种子材料，作物研究所每 3 年公布和分发专门的种子材料目录册《Delectus Seminum》。作物研究所本身也从世界各国的植物园、研究所得到类似的目录。作物研究所满足了育种家们和其他需求者们对样本包括种子资源目录之外的资源样本的需求。进入作物研究所资源保存的新推广的农作物品种，在推广后 3 年之内是不予发放的。从作物研究所资源中分发出去的所有材料，对用于科学研究的是免费的，但不能作为商业用途。

按照规定，所有考察所得的材料和得自其他途径的材料，均需通过国家检验机关实验的检疫，通过检疫和熏蒸之后，需在作物研究所的引种处登记。得自国内的材料，经登记后立即交给本所的各植物资源处。从国外得到的种子、鳞茎类和栽植用的材料，在登记之后需在作物研究所的引种—检疫苗圃通过必要的程序。这些苗圃分布在国家生态—地理地带。一年生的作物需经 1 年的检验，多年生牧草检验 2 年，果树则需检验 3 年。此后，原有的种子和繁殖所得的种子才可以交给各植物资源处作进一步的研究。鳞茎类和其他栽植类的材料均照此办理。

作物研究所的专家们一向重视作物的起源地，因为这些地方目前仍然是新物种、新类型的最大、最集中的原产地，其性状和特性对于栽培和育种具有重要的价值。有目的地寻找这类材料，对于农

业生产实际发展的前景规划是有意义的。

S. N. Bakhareva 博士对非洲大陆西部，中部和南部紧张细致的考察和收集，确定了两个独立的栽培植物及其亲缘种的起源中心：西非和中非起源中心。根据 N. I. Vavilov 的植物学—地理学方法，学者们在南美的考察收集查明了马铃薯类型的起源和遗传多样性中心、对育种具有重要价值性状的物种集中地区，从而确定了引进栽培物种和野生物种的策略。

N. I. Vavilov 对利用俄罗斯和国外野生植物区系的新作物格外重视。在这方面，作物研究所引进并研究了从前农业科学和实践所不知的植物。其中特别值得关注的有不久前从国外引进的油料植物 Knokhoba（*Simmondsia californica* Link），这种植物生长在墨西哥和美国的干旱地区。还有一种藜科的有趣植物昆诺阿藜（*Chenopodiuma qunoa* Willd.）。N. I. Vavilov 当年曾经提及过这种生长在南美洲安第斯山区的植物，广泛用作人的主食和饲料。还有一种用途甚广的植物—苋，富含维生素 C，优于菠菜（*Amaranthus* L.）。西非和中非有一种具有开发价值的豆科植物，叫做 Voandsea（*Voandsea subterranea* Thouars.），其株丛很像花生，抗旱，可在高温下贫瘠的沙土上生长，而大豆和花生在这种条件下是无法生长的。这种植物的种子含 18%～19%蛋白质、68%碳水化合物，产量在 0.9～1.0 吨/公顷。中亚地带正在开发一种新的作物——天蓝黍（*Panicum antiaotale* Retz.），这种黍抗旱且绿色体产量可观。

现已引进和正在研究的还有：新的饲用作物 tifon（中国大白菜与芜菁的杂交种，其特点是耐寒和生长快速，可刈割 1～3 次，绿色体可达 50 吨/公顷）；天然含橡胶的银胶菊（*Parthenium* L.）；含糖的蜜草。含石油植物的引进工作已经开始，这类植物的汁液可用来作石油的天然替代品；盐生植物能够耐受土壤的高浓度盐分（例如，含油 salikornia，大戟和西瓜）；尚未普遍种植的柑橘类和稀有果树类（babaco-Carica *pentagona* Heilb.，borokho-*Borojoa patinoi* Cuatr.）植物。一些可供选择的饲用植物已经引起了注意，如多年生草 silifia，每公顷可刈割绿色体达 100 吨，高蛋白植物山羊豆（*Galega orientalis*）等。在作物研究所的基地上，苋菜、北京大白菜、樱桃李、金银花、沙棘、猕猴桃（*Aetinidia chinensis*）等已经开始栽培。在里海沿岸地区引进了新的耐旱牧草——优若藜（*Eurotia*）、扫帚菜（*Kochia*）和琐琐（*Haloxylon*）。

目前，作物研究所在国际上，与欧洲、美洲、非洲和澳大利亚洲的许多国家保持联系和合作。这种合作包括资源材料、科学文献、专家代表团的交换和进行共同的研究。作物研究所的专家支持紧密的专业交往，因为他们认为，当今随着新的地域的开垦和新的高产农作物品种的推广，很多老的、地方的、甚至许多作物新的、独一无二的品种、品系以及它们的野生亲缘种已存在丧失的危险，特别是有些国家政局不稳，更加剧了此种危险。值得注意的是，有些野生亲缘种具有珍贵的性状和未被发现的潜力。无疑，所有这些无价的财富都应当在基因银行的资源中被有保障地保存下来，让后代去利用。

资源的收集和保存始于 19 世纪末，现在已经具有战略意义。最初所考虑的是栽培植物俄罗斯品种资源，后来它已经发展成为供综合研究的、具有一定系统和代表性的世界植物遗传资源。作物研究所的世界资源是地球上栽培植物农业生物学多样性的一部分。这份资源对于俄罗斯和全世界的意义是难以估量的。随着全球形势的变化，它在世界范围内的作用将不断增长。

第八章　作物研究所的考察调查和国际活动

一、在苏联、俄罗斯和独联体国家境内的考察

20 世纪 40 年代末，摆在作物研究所面前的，除了需要繁殖战前旧的种子之外，还提出了恢复丢失的植物材料、充实新的样本资源和调查栽培植物及其野生亲缘种新的中心等问题。为此，从 1946 年起，进行了新的考察收集活动。战后考察首先瞄准了苏联各个地区，收集地方品种和古老品种。

譬如，1946—1948 年，组织了对列宁格勒州，接着对爱沙尼亚、普斯科州、外喀尔巴蒂、达吉斯坦、纳戈尔内—卡拉巴赫、哈萨克斯坦和吉尔吉斯考察。从 50 年代开始，作物研究所组织了在苏联境内的系统收集，首先调查了中亚、高加索和远东这些栽培植物及其野生亲缘种的多样性和起源中心。

例如，1951 年作物研究所考察收集到 2 177 份粮食、豆类、蔬菜、果树和浆果作物样本。自 1946 年至 1965 年间，作物研究所在苏联各个地区进行了 130 次考察。以广泛和有计划的调查和收集苏联境内植物遗传多样性为目的的综合考察，从 1966 年起成为经常性的活动，先后考察了欧洲、高加索、中亚、西西伯利亚、远东地区，从 1976 年起，考察了东西伯利亚地区。

从苏联欧洲部分的考察中，获得了耐寒和早熟的、抗长期春季淹涝的饲草。西伯利亚考察充实了能耐受长期潮湿、春季返青能力强的、耐干旱的和耐盐的多个饲草物种。在这里还得到了白色质地、柔软、不辣的萝卜样本、早熟、耐贮藏的圆葱栽培类型及其野

生物种。从乌拉尔获得了大批醋栗和沙棘野生资源。

哈萨克斯坦考察发现了产量极高的饲草群落，这种草耐旱、抗盐、耐寒，种子也不散落。

在中亚的考察中获得了香瓜的古老当地类型以及到处可见的杏和葡萄类型。在当地还调查了石榴的古老栽植地。在西卡别特—达吉，收集到无花果帕尔捷诺卡尔皮高产类型、黄连木和扁桃形形色色的类型使资源大为丰富。帕米尔地区的裸大麦和 *Triticum aestivum* L.（小麦）和 *T. compactum* Host.（棍状小麦）的无叶舌类型也充实了相关资源。

在高加索和外高加索地区获得了 *Triticum* 属的所有潜在物种，其中尤为重要的是物种 *T. militinae* Zhuk. et Mig.，具有综合免疫性。特别值得注意的是，收集到了燕麦属野生的和田间杂生的物种。在这一地区，考察队还发现了对各种疾病具有抗性的 *Hordeum bulbosum* L.（球茎大麦）和稀有基因型 *Secale montanum* Guss.（山黑麦）。还收集到野生的残遗萝卜样本（*Raphanus rostratus* DC.）、甜菜野生物种（*Beta corolliflora* Zoss.，*Beta intermedia* Bun，ge，*B. macrorrhiza* Stev.），并确定了野生多年生甜菜（*B. trigyna* W. et. K.）的新的分布区。资源还增加了大量各种类型的李、樱桃李、洋李、甜樱桃、榅桲、扁桃和亚热带植物。

在远东地区的调查中，搜集到野生的葱、多种多样的乌苏里大豆和各种各样的菜豆类型，明确了中国五味子（*Schisandra chinensis* Baill.）的生长区域。还将黑龙江小檗、穗醋栗许多物种、黑龙江葡萄、猕猴桃（*Actinidia chinensis* Planch.）和忍冬纳入了资源之中。

20 世纪 80 年代是作物研究所考察最紧张的时期，曾着手在所有加盟共和国收集植物资源，详细调查东西伯利亚全境（收集饲用、果树和蔬菜植物）、俄罗斯联邦欧洲部分的西北、东南各州、远东—堪察加、近海、哈巴罗夫斯克、阿穆尔州和库页岛；在加盟共和国领土上，在中亚、外高加索、波罗的海沿岸和乌克兰，收集各种作物材料。80 年代的考察，地域之广、数量之多、搜集到材

料多样性之丰富堪称空前。所收集到的材料代表着作物研究所各类作物资资源，实际上在原苏联领土的各个州每年都进行收集和研究（例如，在远东、外高加索、中亚收集果树资源；在东西伯利亚和远东收集饲用作物）（表2）。

表2　作物研究所在苏联境内的考察（1940—1991年）

年份	苏联欧洲部分	高加索	哈萨克斯坦	中亚	西西伯利亚	东西伯利亚	远东	合计
1946—1950	15	4	2	2	1	—	—	24
1951—1955	11	7	1	6	3	—	4	32
1956—1960	17	11	6	6	1	—	6	47
1961—1965	7	9	4	5	—	1	5	31
1966—1970	6	11	5	6	4	—	7	39
1971—1975	36	39	15	38	7	5	15	155
1976—1980	50	30	11	32	3	12	14	152
1981—1985	50	34	11	38	1	7	15	156
1986—1990	34	29	7	28	3	16	30	147
1991	1	—	1	1	—	1	—	4
1946—1991	227	174	63	162	23	42	96	787

从1966年至1991年，作物研究所的学者们在从科拉半岛到高加索的黑海之滨，从白俄罗斯到千岛群岛辽阔的领土上进行了植物学—地理学调查和珍贵育种材料的收集。为资源库收集到60 000余份种子和栽植材料、各种农作物及其野外生长的亲缘蜡叶标本约100 000份。

每年有1～7支由3～5名作物研究所专家组成的考察队调查国内指定的区域。总合起来，约有30～40支考察队，100～150位专家分赴国内各个地区。每次考察持续15～45天。大多数情况下，专门考察收集几类作物或者几个物种，分别是 *Triticum*、*Ae-*

gilops、*Horoleum*、*Linum*、*Pisum* 或者饲用类、蔬菜类、果树类及其他类作物。在类似的综合考察时，很注意收集边远地区和难以到达地区的专家们感兴趣的各种作物，以尽可能地充实物种的多样性。每个考察队通常会带回 30～300 份样品，其中有的则是蜡叶样本。

最近 4 次在俄罗斯和联盟共和国境内依靠预算经费的考察是 1991 年完成的，考察地点是：俄罗斯欧洲部分的中央各州，收集果树类作物；布里亚特的埃文基民族自治区地区，收集豆类、饲用、蔬菜、果树作物；塔吉克斯坦巴达赫尚山区，由帕米尔生物研究所的科研人员参与，收集谷类、豆类作物；哈萨克斯坦境内，收集饲用和蔬菜作物。

从 1992 年开始，随着苏联经济情况的变化，后来俄罗斯又完全停止了内部考察的预算拨款。作物研究所的科技工作者们在经济危机的艰难情况下不顾财政状况，仍然努力挽救将近一个世纪搜集起来的、独一无二的 Vavilov 资源。只是从新的 21 世纪开始，作物研究所的行政部门才拨出第一笔少量的经费（仅够支付路费），安排了最近的圣彼得格勒州的第一次考察收集活动。这次考察是作物研究所蜡叶标本处孜孜不倦劳作的员工们最初倡议的。

2002 年，经过长期的停顿之后，作物研究所在普斯科夫、列宁格勒和诺夫哥罗德三个州境内开展了考察。全程共计 1 500 千米，收集到饲用和豆类作物种子样本以及禾本科、豆科、十字花科和菊科栽培植物的野生亲缘植物蜡叶样本。此外，在这一年还从高加索境内收集到许多禾谷类、豆类作物的标本材料。

2005 年，作物研究所在列宁格勒州的卢卡区收集了内容广泛的标本，其中包括像 *Lathyrus*、*Vicia*、*Trifolium*、*Fragaria*、*Alopecurus*、*Phleum*、*Poa*、*Festuca*、*Onobrychis*、*Astragalus*、*Anthyllis*、*Paolus*、*Malus* 各个属的野生代表种。在同一年，还有阿尔泰边区收集到了 *Allium* 属的标本。

2006 年，第一次得到了用于作物研究所真正意义上的考察收集所需要的实际预算经费。当年，作物研究所在阿尔泰山区和图瓦

共和国境内进行了大规模的全面考察收集。结果获得了葱野生物种的种子和活体等有代表性的资源。此外，还收集到 *Allium*、*Cannabis*、*Melilotus*、*Ribes*、*Mealicago*、*Grossularia*、*Agropiron*、*Elymus*、*Lonicera* 诸属代表种的蜡叶标本。这一年，作物研究所的科技人员还参加了哈萨克斯坦境内的调查，结果作物研究所收到了此前未曾收藏的抗干旱的饲用植物样本。调查活动在俄罗斯联邦的西北部的摩尔曼斯克、列宁格勒和普斯科夫州考察中收集到果树、蔬菜和工艺作物品种多样性的许多材料。

作物研究所在苏联和俄罗斯范围内的国际合作

20 世纪 50 年代，与西欧各国和美国关系紧张，外国专家无法来苏联境内进行资源收集；同样，苏联学者也不可能有计划地到外国去进行考察。只是从 60 年代开始，苏联和美国专家之间在苏美双方农业部的苏美农业协作委员会的庇护下，在共同收集和研究植物遗传资源方面有了接触。

60 年代，由专家参与的美国农业部苏美协同考察队访问了苏联。1963 年，他们调查了克里米亚（当时属于乌克兰）和中亚几个共和国，收集了果树和野生植物；1965 年，考察了克拉斯诺达尔和斯塔夫罗波尔边区（俄罗斯）收集饲用植物；1967 年，再赴克里米亚和斯塔夫罗波尔边区，收集果树和饲用植物。

70 年代，此项工作仍在继续进行。1971 年，调查了克里米亚和西伯利亚，收集饲用植物和观赏植物；1975 年考察了高加索和中亚各共和国，收集多年生饲用植物（其中包括 *Agropyron*、*Elymus*、*Hordeum*、*Trifolium*、*Trigonella*、*Onobrychis*、*Medicago*、*Astragalus* 等）。

在《栽培植物种子和栽植材料收集、编目、保存和交换》计划框架下，1977 年苏美联合工作组与美国农业部合作进行了考察，调查的地点在斯塔夫罗波尔边区和哈萨克斯坦几个地区，结果收集了 1 100 份多年生禾本科（包括 *Agropyron*、*Bromus* 等）和豆科饲草。

在上述框架下，80 年代，在美国农业部的专家们参与下进行了 3 次考察。1982 年，在乌克兰、北高加索和乌兹别克斯坦境内进行了考察。1988 年，为了收集 *Dactylis*、*Agropyron*、*Elymus*、*Medicago*、*Festuca* 和其他植物，在西伯利亚和哈萨克斯坦进行了联合考察。1989 年，在吉尔吉斯、乌兹别克斯坦和塔吉克斯坦为收集 *Allium* L. 葱属多样性进行了调查。

在国际合作取得经验的基础上，作物研究所在 80 年代初签订了关于各种基因库和关于收集、研究栽培植物及其亲缘种的双方协议。为此，作物研究所组织了由外国专家参与、在苏联境内的协作考察。大多数此类调查活动得到了国外参加者的经费支持。

1989 年，在国际植物遗传资源委员会（IBPGR）的保护下，作物研究所的专家们会同南安普敦大学（大不列颠）和新西兰的专家组成两个支队，在不同的时期，对亚美尼亚、阿塞拜疆、格鲁吉亚和俄罗斯的达吉斯坦，为收集 *Astragalus*、*Coronilla*、*Lathyrus*、*Lotus*、*Medicago*、*Onobrichis*、*Trifolium*、*Vicia* 和其他属的样本进行了考察。

1990 年，与澳大利亚专家们一起对克里米亚、克拉斯诺达尔和斯塔诺夫罗波尔边区为收集饲草多样性进行了考察。

在那个时期，作物研究所通过美国农业部农业研究处与美国基因银行保持着传统的联系。在 1990 年，组织了与美国专家们在乌兹别克斯坦、塔吉克斯坦、土库曼斯坦和哈萨克斯坦境内为收集果树进行的联合考察。收集的对象包括 *Prunus*、*Pyrus*、*Juglans*、*plums* 等。1991 年，为收集 *Medicago* 属的多样性，曾在克拉斯诺达尔和斯塔夫罗波尔边区、奥赛梯和达吉斯坦和乌兹别克斯坦境内进行了考察；1992 年，在哈萨克斯坦的一些地区收集了 *Agropyron*、*Festuca*、*Poa* 和 *Phleum* 几个属的物种。

1990—1991 年，作物研究所联合德国基因银行在亚美尼亚、格鲁吉亚和俄罗斯塔吉克斯坦收集了 *Beta* L. 属的物种多样性。

1991 年，完成了作物研究所与国际干旱地区农业研究中心（ICARDA）在乌兹别克斯坦和土库曼斯坦境内进行的考察，收集了 *Aegilops*、*Triticum* 和 *Hordeum*；根据作物研究所与荷兰遗传资源中心（瓦根宁根）的合作方案，进行了北高加索境内谷类作物

及其野生亲缘种的调查。

20 世纪 90 年代初，作物研究所与日本基因库（NIAR）建立了密切的接触。于 1991 年共同考察了哈巴罗夫斯克边区和萨哈林岛，收集了 *Festuca*、*Phleum*、*Dactulis* 和 *Poa*；1992 年。两次考察了克拉斯达尔和斯塔夫罗波尔边区、奥塞梯、达吉斯坦和哈萨克斯坦，以收集 *Trifoliun*、*Medicago*、*Galega*、*Melliotus*、*Dactylis*、*Lolium*、*Phleum*、*Festuca* 和其他作物；同时，还在乌兹别克斯坦、哈萨克斯坦、吉尔吉斯、塔吉克斯坦收集了 *Prunus*、*Malus*、*Vitis*、*Pyrus*、*Hippophae*、*Crataegus*、*Berberis* 和 *Cerasus* 等属的果树。

到 20 世纪 90 年代初，作物研究所的资源每年补充数量从俄罗斯境内收集到的样本在 2000～3000 份。譬如，1989 年，136 位科技工作者参加了全国 59 个区域的考察活动，收集到各种栽培植物及其野生亲缘种样本 2 100 余份（参见附录一）。

1990 年苏联发生了戏剧性的变化，直接影响了作物研究所的活动。原本在作物研究所系统内、拥有各种作物复本、栽植着丰富果树和亚热带作物和葡萄的 6 个区域性试验站，在 1992 年已划归了独联体国家（乌克兰、乌兹别克斯坦、哈萨克斯坦、格鲁吉亚和土库曼斯坦）。虽然与他们依然保持着科学联系，不过却没有植物资源交换的机制，互换则若有若无。

试验站的损失对作物研究所考察队在这些国家境内收集植物的多样性带来了困难。中亚和外高加索某些国家的政治状况和战争状况造成区域考察实际上已无可能。组织俄罗斯和独联体内部考察收集活动因缺乏必需的资金支持也受到极大的限制。不仅如此，从国外采购种子和从国外同行处预定种子的经费也无着落。

从 1992 年起，作物研究所的考察活动经费彻底中止了。国际合作成为进行考察收集的唯一经费来源。作为与日本基因库（NIAR）继续合作的项目，1993 年共组织了三次合作考察：在土库曼斯坦、乌兹别克斯坦、哈萨克斯坦境内的合作考察，收集 *Triticum*、*Aegilops*、*Hordeum* 和 *Avena*；乌兹别克斯坦、哈萨克斯坦、吉尔吉斯考察收集 *Allium*、*Cucumis*、*Citrullus*、*Cucur-*

bita 和 *Daucus*；第三次是吉尔吉斯、乌兹别克斯坦、塔吉克斯坦、土库曼斯坦考察，收集 *Vigna*、*Phaseolus* 和 *Cicer*。1994 年，两次考察调查在俄罗斯境内的克拉斯诺达尔和斯塔夫罗波尔边区、奥塞梯、切琴和达吉斯坦进行，收集 *Aegilops*、*Hordeum*、*Avena* 和 *Secale* 和在乌兹别克斯坦和哈萨克斯坦境内收集 *Allium*、*Tulipa*、*Fritillaria* 及其他作物；1998 年，在格鲁吉亚和亚美尼亚就果树作物收集进行了考察。

通过美国农业部农业研究处（ARS/USDA），与美国基因库继续合作。在这一框架下于 1996 年，与美国专家们共同在沿伏尔加河（俄罗斯）、乌克兰西部和哈萨克斯坦进行了三次考察；1998 年，由科尔涅里大学专家参加进行了果树的调查收集；1999 年进行了在哈萨克境内收集饲用植物多样性的联合考察。

1997 年，作物研究所与美国非商业组织 Seed Savers Exchange 就收集农作物老品种在俄罗斯阿尔泰和白俄罗斯和乌克兰境内进行了两次联合考察。同年，作物研究所的科技人员同荷兰遗传资源中心（瓦根宁根）联合在乌兹别克斯坦境内收集了遗传资源；这些合作持续到 1999 年，在乌兹别克斯坦和吉尔吉斯斯坦境内收集了果树作物。与韩国农业发展管理局领导下的基因银行联合，于 1998 年开始在俄罗斯境内进行了联合考察。第一次是在伏尔加河流域收集谷类作物、蔬菜和饲用作物；后来在 1999 年，考察了两次，一次在伏尔加、沃罗涅日、坦波夫和奥尔波夫几个州收集了果树、蔬菜作物，另一次则在列宁格勒州收集了药用植物。

1999 年，与国际干旱地区农业研究中心（ICARDA）在收集亚美尼亚境内的小麦和豆类作物野生物种方面继续了合作。

在 21 世纪，作物研究所的科技人员继续在植物遗传资源的收集、保存和将其用于育种以及在俄罗斯联邦境内的农业生物多样性保存方面进行了卓有成效的合作。

新世纪伊始，共同考察活动继续顺利开展。按照俄罗斯联邦国家科学中心作物研究所与外国同行间的科学合作计划，在俄罗斯联邦和独联体国家境内进行了几次考察。

2001 年，同国际干旱地区农业研究中心、德国、澳大利亚基因库的专家们一起对格鲁吉亚和阿塞拜疆领土进行了考察调查，收集了谷类作物和饲用作物；与美国的同行对俄罗斯远东地区，就果树和观赏植物进行了收集；与瑞典诺尔基基因银行的专家们共同考察了卡累利阿境内的果树老地方品种和饲用植物，并进行了收集。

2002 年，与韩国农业发展管理局共同调查了阿尔泰边区，收集了蔬菜、豆类、果树和其他作物；在德国基因库和德国“Farmaplant”公司的代表参加下，在阿尔泰山东南部境内收集了栽培植物的野生亲缘种，在澳大利亚豆类作物中心的代表与亚美尼亚科学院植物研究所在亚美尼亚境内进行了考察；哈萨克斯坦国家遗传资源中心的专家与国际干旱地区农业研究中心以及澳大利亚和中国的专家在东哈萨克斯坦境内进行考察，收集了干旱作物多样性；土库曼斯坦国家植物遗传资源中心、澳大利亚和干旱农业研究中心的代表在土库曼斯坦境内收集了干旱饲用作物样本。

2003 年，在俄罗斯联邦北部地区（卡累利阿），与芬兰国家植物遗传资源全国计划的代表合作考察收集了蔬菜、饲用作物；韩国联合考察团在山地阿尔泰地区收集了豆类和饲用作物的农业生物多样性；在亚美尼亚境内进行了收集豆类、饲用和粮食作物样本的考察，参加单位有国际干旱地区农业研究中心和亚美尼亚科学院植物研究所的代表；在阿塞拜疆境内就收集 *Beta* 属和其他蔬菜样本进行了考察，参加考察的有日本国家农业研究所的代表和阿塞拜疆资源研究所的代表；干旱地区农业研究中心和澳大利亚豆类作物中心的代表在塔吉克斯坦境内考察收集了饲用、粮食和豆类作物。

2004 年，韩国联合考察队在山地阿尔泰共和国境内继续进行了收集豆类、饲用、蔬菜作物及其野生亲缘种植物多样性的活动。结果收集到大量在野外生长的物种标本（*Allium*、*Ribes*、*Grossularia*、*Poa*、*Elymus*、*Trifolium*、*Lathysarum*、*Healysarum*、*Melilotus*、*Ononis*、*Vicia* 等属），上列的许多属对于作物研究所的收藏来说，也是新的，有些地区，也是作物研究所的科技人员未曾到达过的。由澳大利亚豆类作物中心和亚美尼亚科学院植物研究所在亚美尼亚境内（喀拉巴赫山地）联合考察中，收集了豆类作物和粮食作物样本。与国际干旱地区农业研究中心和达吉斯坦国家农业科学院的代表联合进行的考察，在达吉斯坦境内收集了饲用、粮食和豆类作物。

2005 年，与韩国考察队的专家们共同在阿穆尔州收集了栽培作物的野生亲缘种和地方老品种；作物研究所远东试验站的专家们与日本国家农业生物学研究所的代表组成的联合考察队考察收集了萨哈林岛（库页岛）上的荞麦遗传资源；澳大利亚豆类作物中心和亚美尼亚科学院植物研究所的代表组成的联合考察队在亚美尼亚境内收集了豆类和粮食作物样本；国际干旱地区农业研究中心和达吉斯坦国家农业科学院的代表组成的联合考察队在巴达赫尚山地（西帕米尔）共同考察收集了饲用、粮食和豆类作物的老品种。

2006 年，与韩国专家们一起在阿迪格自治共和国境内共同考察收集了栽培植物的野生亲缘种遗传资源和老的地方品种；与韩国考察队一起在阿穆尔州境内继续进行了考察。为收集纤维类、豆类、饲用、蔬菜、工艺和果树作物，在达吉克斯坦境内进行了多方面的考察，收集了粮食、豆类和饲用作物的样本。参与考察的有中国农业科学院作物品种资源研究所、国际干旱地区农业研究中心、美国农业部的代表、澳大利亚的学者和澳大利亚电视摄制组。此次调查的任务中包含关于必须保存和有效利用农业生物多样性的电视制作。受美国农业部代表的邀请，俄罗斯联邦国家科学中心作物研究所的科技人员参加了吉尔吉斯境内收集饲用粮食作物多样性的考察收集活动。

2007 年，按照 2006—2010 年共同规划，美国农业部和犹他州立大学的专家在俄罗斯非黑钙土地带中央区域，考察收集了多年生牧草和豆类作物；国际干旱地区农业研究中心和哈萨克斯坦农业部农业生物多样性中心的专家在哈萨克境内共同进行了三方面的考察，目的在于收集粮食作物和饲用作物。2007 年 9 月份，根据韩国生物技术研究所与全俄作物研究所科学合作计划，在远东地区，双方进行了考察，收集了药用、蔬菜、果树和饲用等栽培植物野生

亲缘种遗传资源播种材料（其中包括插条、鳞茎）。

2008年，日本Okayama大学的专家与亚美尼亚科学院植物研究所的专家联合考察了亚美尼亚境内，收集了粮食作物（小麦和大麦）样本；日本专家和阿塞拜疆科学院植物遗传资源中心专家完成了第二阶段的考察，在阿塞拜疆境内收集了粮食作物地方品种及其野生亲缘种；韩国专家和乌克兰基因资源中心的科研人员和Ustimov试验站的三位科研工作者一起收集了乌克兰境内的栽培植物野生亲缘种和老的地方品种；哈萨克斯坦科学院生物生态试验站的科研人员与美国专家一起联合考察收集了哈萨克斯坦山区橡胶草（*Taraxacum koko-saghyz* Rodin.）遗传资源；与犹他大学（美国）专家收集了饲用豆类植物、栽培植物的野生亲缘种和俄罗斯中部地区的饲用作物老品种。

二、经互会国家基因库网的建立（1960—1990年）

20世纪60～80年代，作物研究所国际活动最重要的一部分是经互会圈子内的植物遗传资源工作的组织和实施。“经互会”是苏联、蒙古和东欧社会主义国家经济互助。

1962年，根据经互会国家第五次代表会议授权，由全苏N. I. Vavilov作物研究所召开了经互会国家代表参加的协调实用植物学委员会会议。会上讨论了关于收集、交换、研究和将植物遗传资源用于育种等方面合作和协同行动问题。上述协调实用植物学委员会于1964年4月在列宁格勒召开会议，与会国代表有：苏联、保加利亚、匈牙利、民主德国、蒙古、波兰、捷克斯洛伐克、南斯拉夫和以观察员身份与会的罗马尼亚。

与会者们勾画了具体的工作计划，决定就“为培育更高产、优质的品种和杂交种，收集、研究、保持有生命状态和利用栽培植物及野生物种世界植物资源”问题，进行科学合作。苏联作物科学研究所拥有丰富的遗传资源和经验丰富的收集、保存和研究的科学方法，形成了协调一致的科技队伍。国际合作成员国选定了负责者—协作者。各经护会成员国在遗传资源方面，下列研究的机构参与：

(1) 引种与植物资源研究所，保加利亚，Sadovo 市；

(2) 农业植物学中心，匈牙利，Tapiosele 市；

(3) 栽培植物遗传与研究中心研究所，德国，Gatersleben 市；

(4) 作物栽培与耕作科学研究所，蒙古，Dorkhan 市；

(5) 植物育种与驯化科学研究所，波兰，Radzikov 市；

(6) 粮食与工艺作物科学研究所，罗马尼亚，Fundulea 市；

(7) 作物科学研究所，捷克斯洛伐克，Praga-Ruzine。

1964 年之前，拥有栽培植物国家资源的研究所之间，很少交流与合作，即使像全苏作物研究所这样的资源多样性极其丰富的机构也无法向有联系国家的育种家们提供经仔细研究的全套的育种用原始材料。经互会的组建，促使成员国之间遗传资源的交换扩大了、经常化了。第一个十年，共同研究即取得了成效：合作各国各种农作物资源样本几乎充实了 20 万份。

这一合作的下一个决定性步骤是成立了野生和栽培植物资源科学技术实用植物学委员会（NTC)，每一个参与合作的研究所有两名代表加入该委员会。经互会农业领域合作常任行动委员会的 34 届会议于 1972 年 10 月举行，会议赞许 NTC 的成立，认为它应当在栽培植物收集和研究方面扩大合作。

NTC 第一次组织工作会议于 1973 年在列宁格勒举行，会议确定了该委员会的主要任务：

(1) 组织植物资源收集和种子和栽植材料的交换，以充实经互会成员国的国家资源；

(2) 拟定参与合作的各研究所联合进行栽培植物及其野生亲缘种考察收集的统一计划；

(3) 制定按统一的性状登记（分类规范）方法表述各种农作物的方法；

(4) 利用电子计算机统计植物资源基因储备及其研究结果；

(5) 组织资源样本的研究，为科学研究和育种机构提供原始

材料；

（6）制定保证资源样本处于有生命状态的长期保存措施；

（7）学者和科学信息（植物遗传资源……经常交流——1987）。

NTC会议按合作成员国的顺序每年轮流举行一次。会上讨论遗传资源领域的有关问题，已进行工作的总结，进一步联合收集和科学研究的策略。定期举办工作人员讲习班和专家会议，就制定主要农作物分类规范进行协商；召开讨论研究和利用植物遗传资源方法的座谈会。

全苏作物研究所的世界栽培植物资源被确认为中心基因库。根据工作计划和NTC的建议，各个研究所通过种子样本和栽植材料的交换以及在各自国家和境外的收集，充实资源的收藏。各国的国家基因库只收藏和研究那些拟用于育种计划的和本国的老品种和野生物种。

（一）联合考察的组织和实施

前几次联合考察是在苏联和东欧国家境内组织进行的，而样本的交换则是根据参与国的申请经常进行的。考察收集的活动先后在波兰（1976年、1978年、1980年）、德国（1980年）和苏联（格鲁吉亚—1977年，克拉斯诺达尔边区、斯塔夫罗波尔边区、北奥塞梯、俄罗斯联邦的塔吉斯坦、阿塞拜疆和格鲁吉亚—1981年）进行。这些经互会范围的国际联合考察的代表来自波兰、德国、捷克和苏联（见附录四）。结果为基因库的资源增加了3500份样本，主要是粮食作物、豆类作物和饲用作物的地方品种和品系及其野生亲缘种。这一时期罗马尼亚、匈牙利和蒙古未参加在其他国家境内的国际考察，但是在其本国境内积极收集了地方品种。

1983年，在NTC第九次会议上（在匈牙利召开）通过了1984—1990年在成员国境内进行考察收集的计划。从此开始了有计划地实施双方和多方在经互会成员国境内收集植物资源的活动。然而有些研究所更多注意的是本国新遗传材料的积累和经互会国家间种子和栽植材料的交换。

较早有规律的考察收集粮食作物和饲用作物是在 1984 年（波兰）和 1985 年（蒙古）进行的，德国的专家和经互会成员国的代表参加了考察。1986 年完成了两次考察，一次在保加利亚，匈牙利和苏联参加了考察；另一次在苏联（格鲁吉亚、亚美尼亚和阿塞拜疆），保加利亚和捷克斯洛伐克参加了考察。后来的一年，有三次调查：蒙古（与德国一起），波兰（与捷克斯洛伐克和保加利亚一起）和捷克斯洛伐克（与波兰、保加利亚和匈牙利一起）。

1988 年，在苏联（乌兹别克、塔吉克斯坦、吉尔吉斯和哈萨克斯坦）境内进行了对 *Allium* 属的综合考察收集，捷克斯洛伐克、保加利亚、波兰和苏联的代表参加了考察。同一年，两次不大的调查在保加利亚和德国进行，捷克斯洛伐克的代表参与调查。在下一年度，收集葱属的综合考察继续在土库曼、乌兹别克和哈萨克斯坦进行，波兰专家参加了考察。此外，两次在保加利亚境内进行的收集 *Aegilops* L. 属各物种的考察，苏联和波兰的代表参加；而在阿塞拜疆和亚美尼亚境内的考察则有捷克斯洛伐克、保加利亚和波兰的代表参加。

1990 年，由捷克斯洛伐克、保加利亚和苏联的代表参加，在波兰和蒙古境内进行了以收集豆类和饲用作物地方品种为目的的调查。在这一年，在苏联（阿尔泰和西西伯利亚）继续收集了葱属样本；后来在捷克斯洛伐克、波兰和保加利亚专家参加下，在哈萨克斯坦和乌兹别克斯坦境内，收集了饲草及其野生亲缘种。

在 1984—1990 年期间共进行了 16 次考察，收集各种栽培植物及其野生亲缘种达 7000 余种样本。由于 NTC 的活动和所有参与国的努力，截止 1990 年末，公用国家资源基因库共吸纳样本近 60 万份，其中一大半收入了长期保存库。自 1964 年以来，捷克斯洛伐克的资源增加了 50%，匈牙利增加了 1 倍，保加利亚和德国增加了 2 倍，而波兰则增加了 6 倍。

（二）植物遗传资源的共同研究及在育种上的应用

这一巨大的遗传多样性乃是一笔极宝贵的财富，在经互会成员

国的大多数育种计划中得到了成功的利用。经互会成员国在以全苏作物研究所为首的 NTC 协调下，为了育种的目的，对原始材料进行了广泛的生态研究。这项研究是在所有成员国境内包括全苏作物研究所不同生态—地理条件下的各个试验站进行的，结果选择出了广泛适应欧洲东部和苏联欧亚地区作物育种的原始材料。上述植物遗传资源收集和研究的结果被收录在《植物遗传资源研究及在育种中的应用》汇编中。

此外，根据 1971 年经互会各国达成的“充分研究育种、良种繁育和培育农作物高产品种和杂交种新方法”问题的协议和组建以全苏育种—遗传研究所（乌克兰奥德萨）为首的组织协调中心，进行农作物育种原始材料研究。在这一规划的框架内，除了不同国家的品种材料之外，还研究了从气候条件反差很大的地点收集到的大批杂种群体。这里的主要农作物是小麦、大麦、黑麦、玉米、向日葵等。国家资源遗传多样性的综合研究可能为育种挑选出新的珍贵的原始材料，而这些原始材料则可能成为培育农作物许多品种的基础，这类品种不只是在其育成国家推广，还会在与之合作的其他国家推广。

广泛应用的原始材料在成员国的育种研究所被采用，每年育成的主要农作物品种和杂交种数以百计。从 1976—1989 年年底，在协调中心范围内参加生态试验的小麦、黑麦、大麦、小黑麦样本和育成品系约 800 个之多，完成生态试验之后，转入各个国家进行国家品种试验的新品种为 750 个，其中 350 多个在生产上推广。国际合作培育出来的“共同所有的”品种计有：冬小麦 3 个、冬大麦 2 个、春大麦 2 个和冬黑麦 4 个。

遗传资源按其不同的利用方向进行收集、保存、研究的结果曾在 NTC 会议、协调中心工作组协商会议以及国际代表会议上进行过讨论。

同时，NTC 活动中很大的注意力放在制定统一的文件上。有了这些文件，与植物遗传资源相关的各种情报的交换和积累可以变得轻松一些。全苏作物研究所从 1973 年开始为大多数农作物制定了性状分类规范，1974 年推出 *Triticum* L.（小麦）属 第一份国际分类规范。后来，这一份和其他数种分类规范被植物遗传资源国际实用植物学委员会—IBPGR（IPGRI）采纳，用于制定各种作物的分类规范。经过多年的合作，业已公布了各种主要农作物的国际分类规范计 42 种。它们被用于资源样本的田间研究，并被当做编制资料公用分类的基础。这样一来，在样本交换时，为育种选择有用的原始材料将更为简便。

为了开发和推广在计算机上处理资料的数字方法和国家资源的情报查询系统，还编制了“复合缩略词主字码”（各种缩写名单）。1990 年，建立并公布了包括 8 500 份小麦样本数据的联合服务站。在建立经互会成员国资料和植物遗传资源情报系统服务站方面，也向前迈出了几步。

在建立栽培植物资源数据服务站方面的协同工作使各个国家在这方面的研究得到了发展和完善。譬如，捷克斯洛伐克从 1984 年起成功地深入研究并推广了植物遗传资源的情报系统（EVIGES），这个系统直至今日仍顺畅地使用着。类似的情报系统在德国、波兰，稍后在匈牙利也建立了起来。

协同研究工作促使各国收藏的植物遗传资源长期保存的方法和工艺进一步完善，其结果使保加利亚、匈牙利、波兰、捷克斯洛伐克和苏联的资源样本开始保存在长时间零度之下的条件中。当时成员国基因银行的资源多达 30 万份。

1988 年，在 NTC 例行会议上，鉴于东欧社会主义国家社会—政治形势的变化，遂提出了制定新的、更有效的合作方式。作物研究所作为牵头单位，已经成为同时也是经互会领导层确认的成员国植物遗传资源的国际中心。然而，东欧各国后来的政治进程和经互会的解体为合作画上了句号。考虑到经互会成员国共同的基因储备乃是全人类的财富这一事实，1990 年在 NTC 最后一次会议上，经互会六国国家基因库的代表向联合国粮食与农业组织（FAO）提出诉求，认为由经互会国家历经近 30 年合作建立起来的东欧地区性规划需要得到全面的支持，包括给予经费援助，使共同努力积累

起来的珍贵的植物遗传多样性不至于毁灭或严重削弱。

上述合作的结果是建立和编制了东欧国家规划；20 世纪 80 年代中叶，按照 N. I. Vavilov 研究和启用植物资源的观点，在保加利亚、波兰、捷克斯洛伐克、德国建立了长期保存的植物遗传银行，以收集和保存植物遗传资源特别是地方植物多样性，用来研究和进一步为各国的育种服务。

可见，这个关于收集、保存和研究植物遗传资源的综合规划联合六个国家许多研究单位和专家齐心协力为东欧各国农业的科学和实践做出了极大的贡献。

三、作物研究所的国外考察（1950—2000 年）

N. I. Vavilov 关于收集，研究和保存植物遗传资源的准则贯穿于全苏作物研究所的所有活动之中。N. I. Vavilov 从 20 世纪 50 年代中被平反恢复名誉之后，全苏作物研究所于 1967 年起便以他的姓名命名，并按照他的科学思想开始认真扩大了全球植物资源的调查（见附录五）。N. I. Vavilov 关于栽培植物起源中心理论和遗传变异同系定律是全苏作物研究所全部考察调查的理论基础。以这些理论为根据，可以有预见性地去收集那些具有珍贵性状和特性的植物遗传资源。

为了充实现有的资源，采取了如下准则：收集资源中没有的植物类型和品种；启用珍贵的育种性状源和主要基因供体源；尽可能地吸引物种最大可能的表现型和基因型多样性。

继承 N. I. Vavilov 传统，作物研究所在每次的考察之后，或者出国旅行之后，参与者都要作栽培植物现状，重要农作物育种水平，出访国植物资源收集和保存制度等方面的总结，并将主要收集结果在《著作集》上发表，或者撰写相关专著。

（一）20 世纪 50 年代

20 世纪 50 年代初，由于国际局势恶化和其他政治障碍，前往地处外国特别是拉丁美洲和东南亚的栽培植物原初起源中心考察收集，几乎是不可能的。

作物研究所只是在50年代中期才恢复了国外考察。这一时期，曾在一些国家进行了强度不一、时间长度不同的考察收集。前往的国家受到苏联内部和外部路线的影响，资本主义和社会制度的矛盾造成的国际局势也产生了影响。从1954年至1966年期间，主要调查了与苏联相邻的国家，向西欧国家，仅派遣专家作短期访问，从那里只带回了为数不多的各种农作物新育成的和老的地方品种。

P. M. Zhukovsky 在战后访问过法国（1954 年），意大利（1954年、1960年）、阿根廷（1955年、1958年）、智利、秘鲁、墨西哥（1958年）。在国外，他拜访了重要的育种机构，收集到马铃薯、粮食、豆类、蔬菜和许多其他作物资源，还带回了各种各样植物育种方面的文献。在50年代，作物研究所的科技人员开始详细地调查了栽培植物起源的亚洲中心。他们访问了中国（N. R. Ivanov、V. T. Krasochkin，1952—1953年、1956年；D. I. Tupitsin，1956年、1957年）印度、尼泊尔（D. V. Ter-Avanesian，1956—1959年）蒙古（N. G. Khoroshaylov，1957—1959年）和伊拉克（T. N. Shevchuk，1959年），从上述国家获得了一些新的珍贵的育种材料。这一时期，作物研究所考察团（1956年、1959—1960年）仔细调查了保加利亚全境，收集软粒和硬粒小麦、玉米、燕麦、菜豆、豌豆、苕子、蔬菜和饲用作物地方品种和品系。考察期间共收集到保加利亚所有栽培植物样本2400份。1958—1959年实现了战后第一次非洲大陆（埃及、埃塞俄比亚和苏丹）考察，作物研究所从那里补充了在战争年代丢失的部分样本。

（二）20世纪60年代

60年代初，棉花专家 D. V. Ter-Avanesyan 教授访问了印度尼西亚（1960年）、苏丹（1963年）和日本（1964年），了解这些国家的育种机构的活动和收集当地的和新的植物育种材料。1963年

在阿富汗进行了一次重要的收集栽培植物样本的考察。这是在N. I. Vavilov于1924年考察之后的首次考察，查明了栽培植物物种和品种构成的变化，也恢复了丢失的样本。考察队全面调查了阿富汗主要农业区，研究了植物资源的分布，收集了各种农作物种子和栽植材料700余份。

从60年代末开始，很注重动用外国的植物资源。新的一轮考察从1967年开始，当时有了赴农作物及其野生亲缘种多样性中心进行有计划考察之旅的机会，访问了育种发达的国家，从那里引进了上千份近些年育成的资源样本。在这一时期，除了调查过的传统国家，包括亚洲和非洲的Vavilov基因中心（土耳其，1967年；伊朗、埃塞俄比亚、苏丹，1968年；阿富汗、日本、印度、阿尔吉尔，1969年；坦桑尼亚和乌干达首次调查是1968年），作物研究所还在南美（智利，1967年；墨西哥、巴西，1968年）和澳大利亚（1968年）进行了考察。

前往N. I. Vavilov发现的栽培植物起源中心进行考察的不仅有苏联考察队，美国、澳大利亚、印度、意大利、日本、德国和其他国家也组织了类似的考察。在N. I. Vavilov起源中心公布后至1970年期间，美国学者共进行了101次普查考察，其中75次是在N. I. Vavilov所指出的中心进行的。澳大利亚学者在1967年至1976年组织了58次考察，其中45次是在Vavilov栽培植物起源中心完成的。

（三）20世纪70年代

从20世纪70年代中期开始，作物研究所积极开展了建立植物遗传资源网的活动，也扩大了考察活动。每年组织若干个考察队前往3～4个大陆的栽培植物起源中心和与之相接壤的国家。

在欧洲国家中，仔细调查了西班牙（1977年）。从N. I. Vavilov 1926年第一次考察后，作物研究所的专家们访问了该国所有的农业区，收集了5 000余份样本，其中主要是粮食、豆类、工艺作物、蔬菜、果树等的地方品种。引进了由欧洲国家育种家授权的向日葵和玉米杂种优势种、低芥酸油菜、抗线虫马铃薯和燕麦品种、蔬菜和水果最新品种、耐涝的牧草、抗倒伏、抗秆上发芽的黑麦和小麦品种。

在亚洲起源中心和与之相接壤的国家，作物研究所的考察团考察了巴基斯坦（1970年）、伊朗、尼泊尔、叙利亚（1974年），印度、韩国、菲律宾（1977年），也门、阿富汗、日本（1978年），孟加拉国、叙利亚（1979年）。

这一时期主要的注意力放在对非洲和南美大陆的调查上。在非洲大陆，考虑到P. M. Zhukovsky发现的起源中心，作物研究所的科技人员访问了北部地区（突尼斯，1970年，首次到达利比亚，1974年和阿尔及尔，1978年）；东部地区（埃及，1974年，首次访问肯尼亚、布隆迪、索马里，1972年和苏丹，1978年）；还初次调查了西部地区（几内亚、马里、塞内加尔，1972年；尼日利亚，1974年；布基纳法索、加纳，1977年）和马达加斯加岛（1979年）。

在南美洲，主要收集了起源于美洲基因中心的物种马铃薯、玉米、向日葵、棉花、番茄、辣椒和其他农作物的栽培种和野生种。收集的地点和时间是：秘鲁（1970年），秘鲁、玻利维亚、厄瓜多尔（1971年），阿根廷、乌拉圭（1973年），墨西哥（1975年），哥伦比亚、委内瑞拉（1976年），牙买加、特立尼达和多巴哥（1978年）。

为了了解育种情况和交换植物资源，作物研究所的科技人员曾多次访问美国（1977年、1979年）、加拿大（1979年）和澳大利亚（1971年、1975年、1977年）。在澳大利亚收集到生长快速的前景看好的牧草、棉桃同时成熟的棉花品种、小麦免疫类型和品质良好的蔬菜品种。

（四）20世纪80年代

20世纪80年代，作物研究所组织考察队赴所有大陆进行考察，实现了N. I. Vavilov的训示：同一地带特别是那些类型形成过

程活跃的栽培植物起源中心，必须每5～10年进行一次考察。

在欧洲大陆，作物研究所的学者们关注的重点是属于地中海栽培植物及其野生亲缘种多样性起源中心的国家，他们访问了南斯拉夫（1980年），意大利（1983年），希腊、法国（1984年），西班牙（1986年），还去过加那利群岛和巴利阿里群岛（1982年），从当地收集到甜菜的土著种。此外，还完成了西欧（奥地利、挪威，1981年；荷兰，1982年；比利时，1983年）和东欧（波兰，1983年；保加利亚，1985年；匈牙利，1985年，1988年）的行程，了解了那里的高水平的育种工作，获得了育种新趋势的相关材料和信息。

在亚洲大陆，最先调查了缅甸（1980年）、老挝（1983年）、也门阿拉伯共和国（1984年）和不丹（1989年）。此外，为了获得资源再一次调查了朝鲜（1980—1981年，1987年），土耳其（1982年、1985年、1989年）、印度（1983年）、斯里兰卡（1985年）、蒙古、叙利亚（1986年）、尼泊尔（1988年）和中国（1989年）。在独一无二的阿拉伯半岛—也门得到了小麦、大麦、高粱和御谷的抗旱类型。这一地区的极早熟禾本科牧草和豇豆、兵豆（小扁豆）、蚕豆样本具有实用价值。从老挝和缅甸获得的各种农作物的本地类型值得重视（Kobeiliaskaya，1989年）。

在这些年里，作物研究所继续在非洲大陆的一些新兴国家进行了调查：植物资源处的科技人员访问了赤道和南非的一些国家：加蓬、刚果（1980年）、扎伊尔、赞比亚（1982年）、贝宁、博茨瓦纳、津巴布韦（1986年）和科特迪瓦（1989年）。从那里收集到大量的热带植物物种和极具育种价值的、适应了非洲大陆环境的热带植物物种性状，如抗病性、抗旱性、耐热性等等。此外，从布隆迪、坦桑尼亚（1983年）、尼日利亚（1984年）和摩洛哥（1987年）获得的样本也充实了作物研究所的资源。譬如，扎伊尔和赞比亚是某些高粱和棉花物种的故乡，具有抗旱性和抗病虫的纤维、工艺、豆类和蔬菜当地老种群比比皆是。从布隆迪和坦桑尼亚引进了抗旱的小麦、大麦、高粱，早熟的玉米、珍珠粟、菜豆和其他作物样本。

南美大陆素来对作物研究所的科技人员有吸引力，特别是近些年为苏联境内收集到新的、非传统的农作物更引起了浓厚的兴致。作物研究所考察队获得了昆诺阿藜、甜菊、hohbei 和其他作物。在此期间曾两次组织考察团赴玻利维亚（1980 年、1988 年）、秘鲁（1980 年、1989 年）和巴西（1984 年、1987 年），以及哥伦比亚（1980 年）、阿根廷（1982 年）、委内瑞拉（1987 年）和厄瓜多尔（1989 年）考察。

为了了解育种的动向和收集最新的传统品种材料，作物研究所的科技人员曾多次赴美国（1986 年、1989 年）、加拿大（1987 年）和澳大利亚（1988 年）访问。

按照 N. I. Vavilov 创造的划分模式，实用植物学与育种处 1970—1980 年在全苏农业科学院的支持下，组织了在国外（墨西哥、越南）的示范据点，以新的有效的途径，为作物研究所引进了这些国家的植物特有的物种。这些年来，他们为作物研究所收集到重要植物物种资源约 15000 份。

20 世纪 80 年代，作物研究所平均每年前往 4～8 个国家调查，历时 20～30 天。一般这类考察出差由 2 或 3 位专家，其中 1 位需流利地讲一种主要的欧洲语言。参加者都仔细地作准备，包括：熟悉拟去国家的地理、气候、生态条件，还要研究该国的农业生产方面的情报，所种植作物的育种、遗传和植物学。他们要访问这个国家的研究所、地方基地，在田间广泛收集种子。为了从当地科技工作者那里获得资源样本，作物研究所的考察人员一般都携带作物研究所的 50～150 份样本作为交换。

作物研究所在 20 世纪后半期，通过科技工作者考察和出差从国外引进了约 20 万份样本，其中 1945—1959 年收集了 14129 份，1960—1969 年 17442 份，1970—1979 年 43664 份，1980—1991 年 50784 份，这一时期共进行了 178 次国外考察，包括 90 多个国家（表 3）。

作物研究所的科学家们不但继续在 N. I. Vavilov 及其战友们曾

经去过的国家进行植物的收集，而且还访问和调查了另外的 38 个国家。这一大规模的活动的结果，收集到 15 万余份新的种子样本和栽植材料、科学文献，并同外国学者们建立了私人联系。

表 3　作物研究所在世界各国的考察（1954—1994 年）

年　份	考察次数
1954—1955	2
1956—1960	16
1961—1965	1
1966—1970	14
1971—1975	11
1976—1980	22
1981—1985	11
1986—1990	16
1991—1994	5
1954—1994	98

（五）20 世纪 90 年代

90 年代由于全苏列宁农业科学院的经费削减，国际项目（哥伦比亚和美国—1990 年，突尼斯、埃及和葡萄牙—1991 年，哥斯达黎加—1992 年和加拿大—1994 年）压缩了。这一时期扩大了专家交换的长期出差项目，受派迁的专家们从美国和其国家各育种中心带回了各种农作物的许多资源（1991）。1991 年，作物研究所的科技工作者（S. N. Bakhareva）受邀随"Vernadsky"科学考察轮（船）考察，调查了埃及、加那利群岛、几内亚、南非、纳米比亚、马达加斯加、塞舌尔岛、印度尼西亚和新加坡等地。

随着苏联解体，从 20 世纪 90 年代起，作物研究所中止了国外考察，原因是，作物研究所组织考察的经费原来由全苏列宁农业科学院和苏联农业部预算拨款中断了。

四、作物研究所在植物遗传资源收集、研究和应用领域的国际合作

作物研究所一向视科技方面的国际合作是本所秉承的国际义务的一个重要方面。从 90 年代末起，作物研究所科技人员出访考察收集之事已经停止；可是外国重要的研究所、大学、育种家，因伙伴关系，来访次数却大为增加。

根据作物研究所与美国农业部研究处签署的协议，建立了双方委员会以协调彼此间的协同活动。特别重要的是，从 1990 年开始执行的作物研究所与国际植物遗传资源研究所之间的合同。在欧洲植物遗传资源合作计划（ECP/GR）范围内，俄德联合考察团于 1994 年在意大利境内为收集 *Beta* 属样本进行了专门调查。

2001 年，与澳大利亚豆类作物中心（CLIMA）和葡萄牙国家农业研究所（INIA）一起在葡萄牙境内收集了粮食和豆类作物。

2002 年，与国际干旱地区研究中心（ICARDA，叙利亚）的代表在罗马尼亚境内就收集粮食、食用豆类和饲用作物进行了考察；俄罗斯—韩国考察团在韩国境内收集了蔬菜、果树作物。

2004 年，与澳大利亚豆类作物中心以及葡萄牙国家育种站协同考察了葡萄牙境内的豆类作物的野生亲缘种。

2005 年，在“黑龙江省收集和保存农业生物多样性”（2005—2007 年）三年规划框架内，在黑龙江省和内蒙古境内，与黑龙江省农业科学院一起考察收集了粮食、豆类和其他作物的地方品种。

2006 年，在共同规划的框架内还进行了一次在中国境内的考察，为的是收集豆类、饲用、蔬菜和工艺作物。

2008 年，加拿大基因银行的工作人员与全俄作物研究所的专家的联合考察队在加拿大境内收集了忍冬（*Lonicera* L.）样本。

作物研究所的国际活动并不仅仅是组织国际和国内的考察收集。譬如，俄罗斯联邦科学中心作物研究所实现了对收集、保存、研究和利用本国和世界各国栽培植物及其野生亲缘种的管理和持续

监测，参加了许多农业生物多样性领域的国际组织：联合国粮农组织内的植物遗传资源委员会、植物育种欧洲协会（EUCARPIA）、国际种子测试和证明书协会（ISTA）、国际农业研究咨询组（CGIAR，意大利）、欧洲农业植物遗传资源工作合作计划（ECP/GR，意大利）、国际植物遗传资源研究所（PGRI，现在的 Bioversity International，意大利）、国际水稻研究所（IRRI，菲律宾）、国际玉米小麦改良中心（CYMMIT，墨西哥）、国际马铃薯中心（CIP，秘鲁）、国际干旱地区农业研究中心（ICARDA，叙利亚）以及这一领域的地区和国家的规划。

与农业生物多样性有关的最重要的组织是联合国粮农组织内的植物遗传资源委员会，这是一种互利获取和利用植物多样性的法律和协调问题的世界性的形式。粮农组织的委员会目前联合着世界上 120 个国家，积极活动，着力使 45 项国际条约生效。俄罗斯当时尚未加入条约，而全俄作物研究所作为俄罗斯联邦政府的一个机构，在这方面的情报支持发挥了重要的作用。作物研究所的 4 种资源（小麦、玉米、黄瓜、南瓜类）加入了粮农组织的全球遗传资源保存系统。俄罗斯联邦科学中心作物研究所负责全欧大豆和番茄数据的计算机服务。关系到独联体农工综合问题的政府间协商决定，作物研究所则是成员国栽培植物遗传资源保存和利用领域的首要组织者和协调者。

作物研究所从 1990 年起，与国际植物遗传资源研究所（IPGRI，现在的 Bioversity International，意大利）在“世界遗传资源的收集、保存与评价以将其应用于育种”的规划框架内进行了富有成效的合作。以这一规划为基础，作物研究所的科技人员积极参加了欧洲植物遗传资源合作规划的 12 个工作组。在这一规划的框架内，作物研究所于 2003 年接受了国际研究所鉴定专家小组为评估植物遗传资源领域各种基因库运行效率的来访。2003 年，作物研究所的科技人员参加了在亚美尼亚召开的欧洲粮食作物合作计划工作组的会议。2004 年，参加了在意大利召开的茄科作物会议和在芬兰召开的燕麦工作组会议；2005 年，参加了在法国召开的小麦工作组会议和在西班牙召开的豆类作物工作组会议；2006 年，白菜（甘蓝）工作组会议（捷克），小黑麦工作组会议（墨西哥）。2006 年，以观察员身份，参加了欧洲农业植物遗传资源工作合作计划（ECP/GR）中间阶段会议，会上对欧洲共同体的工作作了总结，并拟定了今后的计划。

2004 年，作物研究所开始在国际负责设计资源长期保存分配的框架下参与工作，就 *Allium*、*Avena*、*Brassica* 和 *Prunus* 的移地（ex situ）长期保存分派承担责任，并建立了欧洲一体化基因库（AEGIS）。2007 年和 2008 年，作物研究所的科技人员接受了接待欧洲一体化基因库的一个评审小组。该方案为上述几种作物建立共同的数据服务站和欧洲育种家们加快和合理使用该站提供了可能。2007 年，作物研究所的科技人员参与了葡萄遗传资源的完善与就地（in situ）保存方面的工作，而 2008 年，专家们参与了粮食作物资源的完善和保存事宜。

作物研究所积极参与了地区性植物遗传资源活动。作物研究所与诺尔基基因库（瑞典，NGB，自 2002—2008 年）之间的谅解备忘录给予作物研究所的学者们以积极参加诺尔基国家规划和获得新的植物材料的可能。譬如，2002 年，波罗的海国家（拉脱维亚、立陶宛、爱沙尼亚）、俄罗斯和诺尔基基因银行各方植物遗传资源的领导人在爱沙尼亚举行了协商会面，结果签署了关于保存和收集波罗的海地区农业生物多样性的合作行动备忘录（memorandum）。在签署的备忘录的框架下，在瑞典进行了两次参加国饲用作物和果树的专家协商会。作物研究所的科技人员为了查找复本和引用计算机数据服务对作物研究所和诺尔基基因库的燕麦资源进行了“一致性”鉴定。现在，在同一框架下正在对分别保存在两地的燕麦、大麦，2009 年将对黑麦资源的复本进行详细的研究。

诺尔基基因库对赴加拿大参加全球果树和观赏植物代表大会的作物研究所科技人员提供了经费支持。2003 年在圣彼得堡、2004 年在芬兰，果树工作组的参加者们进行了会晤。该组成员一起拟定了行动计划，第一阶段准备进行果树资料的搜集和交换，为定购国

内没有的资源样本做准备。在同一年，马铃薯工作组召开了会议(爱沙尼亚)，拟定了协作国家马铃薯遗传资源保存和利用领域优先研究方向。

2005 年，在诺尔基基因库拟定了近 5 年的行动计划。预计拨给的资金将用于低温贮藏研究和在作物研究所长期保存的实验室基础上建立地区性的低温库。此外，马铃薯工作组将有可能全力采用马铃薯保健的方法，并将其用于下一步的离体保存（in vitro)。

作物研究所的另一个协作方面，是与植物遗传资源的国际中心合作。在相互协商的基础上，于 2000 年，与国际干旱地区农业研究中心（ICARDA，叙利亚）和 2003—2006 年与澳大利亚国际研究中心在叙利亚，先补充登记，后建立了小麦、大麦、鹰嘴豆和其他作物资料的评估服务站，繁殖并共同研究小麦和某些豆类作物样本。2004 年，作物研究所的科技人员按照上述协议，访问了澳大利亚的一些科研机构，就进一步合作和遗传资源研究和保存的现代方法进行了交流，同时还参与了栽培植物代表大会的工作（布里斯班，澳大利亚)。

2007 年，作物研究所与欧洲植物遗传资源合作计划签订了关于生物资源长期保存培训干部的协议，与联合国（OON）生态规划国家代表签订了关于为果树资源原地（in situ）保存提供科学技术援助的协议。作物研究所的科技人员于 2007 年 9 月，与联合国生态规划国家代表一起出席了哈萨克斯坦农业部组织的研讨地方植物多样性保存战略的代表会议。

在经过若干次筹备会面包括与俄联邦农业部在莫斯科会晤之后，全球委托基金会（Global Trust Fund）的领导人签署了专门的协议——关于紧急繁殖豆类作物和多年生牧草和研究保持其发芽率的方案。繁殖工作在 5 个试验站包括普希金分所进行。计划在 2005—2007 年，从作物研究所的世界资源中得到约 1 万个样本的新产品，纳入长期保存。2006 年，依靠全球委托基金会的拨款，完成了豆类作物和牧草繁殖的第二阶段的工作，向长期保存库交出了新繁殖的种子和相关的评价资源。总共繁殖了约 3 000 份样本。

向作物研究所各试验网站分发了用于繁殖的多年生牧草样本4 500余份。各个处的科技工作者多次分赴各试验站对所采用的技术措施进行检查和指导。目前已达成了 2008—2010 年在这一方面继续合作的合同。

在同全球委托基金会的协议的框架下，作物研究所的科技人员在库班试验站举办了为期一个月的训练讲习班，阿塞拜疆、格鲁吉亚、吉尔吉斯斯坦、乌兹别克斯坦和塔吉克斯坦的代表参加了活动。讲习班的听众都得到了他们返回各自的研究所进行下一步工作所需要的科学文献和方法指南。

2006 年，作物研究所的科技人员参加了由全球基金会组织的多次会议，商讨建立小麦、小黑麦、马铃薯遗传资源保存的世界战略。2007 年，在全俄作物研究所（圣彼得堡）召开了关于燕麦的这类会议。大麦会议是在突尼斯举行的，作物所的资源监督参加了会议。

自 2005—2010 年，作物研究所与韩国生物技术研究所（经韩国农业发展行政管理局同意）共同进行农作物资源的研究与充实。

目前正在与中国方面积极沟通。2002 年，与中国农业科学院签订了材料交换协议。2003 年，在已签订的协议框架内，依照工作计划，作物研究所的两位科技人员赴中国，就饲用作物和豆类作物进行了合作研究。2004 年，为了保持有生命状态，准备了 959 份样本。饲用作物处的工作人员曾两次访问中国，就样本繁殖提供技术帮助。结果，作物研究所得到了 180 份豆科和禾本科牧草样本，存入了长期保存库。2005 年继续种植和繁殖了多年生饲用作物。2006 年，在上述协议的框架下，作物研究所的工作人员两次对三叶草和其他多年生牧草进行了评价和繁殖。所有经繁殖的牧草样本，都存入了长期保存库。

与果树研究所（哈尔滨市，中国）的科学技术合作合同于 2006 年签署。其目的在于，为中国和俄罗斯远东地区培育果树新品种。

作物研究所与中国作物品种资源研究所（北京，中国农业科学

院）之间的合作协议于2005年签署，旨在繁殖牧草样本并在田间条件下对其进行评价。

此外，还与在哈尔滨（中国）的东北农业大学果树研究所签订了合同。2006年，作物研究所的科技人员在合同的框架下，参加了第一届哈尔滨国际科技成就博览会和中国“俄罗斯年”活动。举行了赠送作物研究所培育的蓝莓现代品种及种植技术的仪式。作物研究所则引进了18种大田作物和9种果树样本。

除了与科学研究机构（研究所）联系之外，还与商业性的农业公司签订了合同。譬如，2002年在日本曾同世界领头的良种繁育公司之一“Sakata”（酒田）公司就繁殖和研究蔬菜样本进行了谈判。2003年，在迈科普试验站进行了胡萝卜资源的共同研究工作，挑选出了前景看好的样本。2004—2005年，在同一个试验站对胡萝卜进行繁殖，并开始对菠菜样本进行研究。项目协作的领导人曾两次访问试验站，高度评价了试验条件和试验程序。2005年开始番茄样本初次在泰国的“Sakata”试验站做第二次试验。作物研究所的代表团为讨论试验结果，曾前往该站，拍照了果实照片，商讨了下一年的试验方法，决定由在日本的公司植物病害实验室对60个番茄样本进行各种病害的抗性鉴定。

2008年2月，举行了隆重的国际北极基因库（斯瓦尔巴，挪威）成立仪式，这是在永久冻土条件下的基因库，将用于保存全世界栽培植物多样性最独一无二的样本的复本，以防御自然的或者技术性的灾难。俄罗斯联邦国家科学中心全俄 N. I. Vavilov 作物研究所在植物遗传资源国际中心中居主导地位，具有世界意义，它作为唯一受邀的国家基因库参加这项措施，将作物所的重要作物资源复本交给国际北极基因库长期保存。

目前，俄罗斯联邦国家科学中心全俄作物研究所与国外150多个科学研究机构和基因库保持着联系。每年它都接待20多个考察团（平均150余人），前来了解俄罗斯学者的研究进展，参观国家基因库、收集的样本、瞻仰世界生物资源科学奠基人 N. I. Vavilov 院士的办公室博物馆。外国电影制片厂拍摄了许多纪录片和电视片拟回国放映，介绍作物研究所。在国外和本国的大量资料上刊载了宣传 Vavilov 资源的文章。作物研究所的专家们每年出访外国的研究所和基因库；许多外国专家也来研究所攻读学位或作短期访问。

后记　N. I. Vavilov 作物研究所在世纪之交的活动

20 世纪 90 年代初，在苏联发生的戏剧性变化直接地影响了作物研究所的活动。虽说作物研究所保存资源的责任一如既往，但是其完成的方法和手段却大为改变。

随着苏联的解体，作物研究所失去了许多繁殖和研究世界资源材料的试验站，作物研究所和各试验站获得技术和设备的渠道中断，拨给作物研究所用于繁殖收集品和科学研究的经费极少。值得赞扬的是，作物研究所和试验站的大多数科研工作者和工作人员，他们忠于职守，竭尽全力为保存和兢兢业业研究由 N. I. Vavilov 奠基的世界基因储备而工作。

国家保存库（现俄罗斯国家科学中心作物研究所库班种子遗传银行，Krasnodar 边区）保存着作物研究所的大部分收集品，需要维修和改造，但是苦于经费缩减，被迫放缓。只是 1994 年作物研究所得到外国伙伴经费资助，才开始对保存库进行改造。

从 1999 年起，在外国伙伴的帮助下，开始建设圣彼得堡基因银行长期保存库，这将是一座现代化的、由多个温度条件不同的材料库房组成的复合体，保存库还有样本干燥和其他措施。

由于资金不足和容量限制，靠营养器官繁殖的作物（果树、马铃薯等），需进行离体培养和繁殖材料低温长期保存。

作物研究所活动的重要事件发生在 1994 年，这一年的 8 月，作物研究所举办了庆祝建所一百周年国际代表会议。会议的口号是：“世界植物资源—人类的遗产”。很多媒体聚焦这一事件，代表会上的发言人一致指出，综合对待植物遗传资源的 N. I. Vavilov 原则贯穿了作物研究所的全部活动。人们注意到，20 世纪后半期，自从 N. I. Vavilov 和他的思想恢复名誉以来，全球植物资源研究愈加广泛而精细，参与此项研究的不但有苏联和俄罗斯学者，而且还有很多外国学者。

从考察调研中获得的新知识是作物研究所科技人员发展栽培植物起源中心理论的基础。全面地综合地研究大量栽培植物及其野生亲缘种的物种多样性，有助于建立新的或者校正旧的重要农作物的植物学分类。依据上述研究的总结，业已编写了由 N. I. Vavilov 开始出版的新的“作物志”，深入研究物种内多样性，使我们找到了或者人为创造了 Vavilov 遗传变异中的同系定律所预见的类型。

物种多样性遗传研究的意图——挑选和创造具有重要经济性状原始材料和供体，N. I. Vavilov 本人未能实现，后来成为作物研究所工作的优先方向。相关的研究结果为创造具有标志性、带有同一基因遗传资源打下了基础。现在，正在采用现代分子生物学方法，对作物所世界资源的遗传多样性继续进行深入的研究。

现阶段，作物研究所正在与世界上的同行一道紧密协作，全力解决摆在面前的问题——研究“全人类的遗产”。这个问题，过去是，现在仍然是作物研究所的职责所在。

遗憾的是，在新的千年伊始，作物研究所工作的困难并未消失。目前，在我国缺少针对植物遗传资源的立法基础和机制。因此，作物研究所是遵循国际法律标准（生物多样性公约，1992；全球行动计划，1996 年；粮食生产和农业生产的植物遗传资源国际协定，FAO，2004）行事，可惜的是，这些文件只具有推荐性质。按照这些规则，植物遗传资源是国家依法持有的财产，应当受到一国政府的庇护，而政府有责任对它予以保存、支持和更新，这同样适用于作物研究所的 Vavilov 世界资源。而现在的全俄作物研究所作为这些资源的创造者、负责任的持有者和保存者，却缺乏国家的可靠支持。作物研究所资金拮据，只寄希望于国际的慷慨援助。正是这一援助，才在作物研究所内建成了现代化的低温保存库。俄罗

斯农业科学院常年预算拨款不足导致了一些高素质专家和技术人才流失，为收获新繁殖种子、保存多年生栽植材料所需要的设备和小型机械无法保障，2006 年，有两个保存着 10 000 份水果和浆果样本和 7 000 份恢复发芽的大田作物样本的试验站脱离了作物研究所。譬如作物研究所的莫斯科分所（莫斯科州）原来保存着俄罗斯粮食作物、豆类作物和其他作物老品种珍贵材料，现在该分所已经划归了非专业的全俄果树和温室技术研究所。作物研究所的克里米亚试验站（克拉斯诺达尔边区），保存着世界上最全最大的活的核果类作物收集品，现在则移交给了北高加索果树和葡萄研究所。

迄今，作物研究所的地处里海岸边的阿德列尔试验站的归属尚未妥善解决，该站保存着独一无二的亚热带植物资源。

所有企图降低作物研究所和独一无二的 Vavilov 世界资源对国家育种事业发展的意义和作用的尝试都是没有依据的。将收集品交给育种家们的主张，不但可能导致其丧失，而且将带来农作物育种水平下降，更加严重的是，可能造成俄罗斯联邦的粮食将依靠进口。

作物研究所的管理机关不止一次地向各级行政部门其中包括俄罗斯联邦主席团、联邦政府、农业部、农业科学院提出请求；但是并未得到有关保存和支持栽培植物世界资源的显著结果。作物研究所上缴的关于通过国家植物遗传资源规划的提案，几十年来也不见回音。

作物研究所关于粮食安全的建议也未得到国家层面的支持。众所周知，国家的安全与粮食安全息息相关，粮食安全又与农业生物的多样性有着密切的联系。为此，从事植物遗传资源研究达 115 年之久的全俄作物研究所将更多地充实、可靠地保存、有效地利用这些可能影响俄罗斯经济及粮食安全的资源。因此，作物研究所理应得到俄罗斯联邦政府必要的财政支持以完成上述任务和功能。

作物研究所保存世界植物遗传资源的任务极其重要，这些资源中有一大部分在自然界已不复存在，还有一部分尚未在农业生产中应用。由 N. I. Vavilov 及其继承者奠基的科学传统有理由相信，俄罗斯联邦国家科学中心、Vavilov 作物研究所在不久的将来，会克服发展中的困难，保护栽培植物独一无二的资源不至于丧失，传承下去，造福后代。

参考文献

1. *Авдулов Н.П.* Карио-систематическое исследование семейства злаков//Приложение № 44 к Трудам по прикладной ботанике, генетике и селекции. Л. 1931. 428 с.
2. *Александров В.Г.* Анатомия растений. Л.-М. Сельхозгиз. 1937. 378 с.
3. *Алексанян С.М.* Агробиоразнообразие и геополитика. СПб. ВИР. 2002. 362 с.
4. *Алексанян С.М.* Государство и биоресурсы. СПб. ВИР. 2003. 180 с.
5. *Алпатьев А.М.* Влагооборот культурных растений. Л. Гидрометеоиздат. 1954. 248 с.
6. *Альдеров А.А.* Генетика короткостебельных тетраплоидных пшениц. СПб. ВИР. 2001. 166 с.
7. *Альдеров А.А.* Неоретические и прикладные аспекты исследований генетических ресурсов рода *Triticum* в Дагестане. СПб. ВИР. 2005. 130 с.
8. *Антропов В.И., Антропова В.Ф.* Рожь в СССР и в сопредельных странах//Приложение № 36 к Трудам по прикладной ботанике, генетике и селекции. Л. 1929. 362 с.
9. *Базилевская Н.А.* Теория и методы интродукции растений. 1964. Москва. 131 с.
10. *Барулина Е.И.* Зернобобовые культуры в СССР и других странах//Приложение № 40 к Трудам по прикладной ботанике, генетике и селекции. Л. 1930. 319 с.
11. *Бахарева С.Н.* Растительные ресурсы Западной и Центральной Африки. 1988. ВИР. Л. 236 с.
12. *Бахтеев Ф.Х.* Проблемы экологии, филогении и селекции ячменя. М.-Л. АН СССР. 1953. 218 с.
13. *Бахтеев Ф.Х.* Николай Иванович Вавилов. 1887-1943. 1988. Наука. Новосибирск. 270 с.
14. *Бережной П.П., Удачин Р. А.* На костре. Книга об академике Н. И. Вавилове. М. Барс. 2001. 264 с.
15. *Боос Г.В.* Овощные культуры в закрытом грунте. Л. «Колос». 1968. 272 с.
16. *Боос Г.В., Бадина Г.В., Буренин В.И.* Гетерозис овощных культур. 1990. Ленинград. 223 с.
17. *Брежнев Д.Д.* Томаты. М-Л. «Сельхозгиз». 1955. 352 с.
18. *Брежнев Д.Д.* Томаты. Л. Колос. 1964. 318 с.
19. *Брежнев Д.Д., Коровина О.Н.* Дикие сородичи культурных растений флоры СССР. Л., Колос. 1981. 376 с.
20. *Брежнев Д.Д., Шмараев Г.Е.* Селекция растений в США. М. Колос. 1972. 295 с.
21. *Брежнев Д.Д., Шмараев Г.Е.* Растениеводство Австралии. М. Колос. 1974. 351 с.
22. *Будин К.З.* Селекция растений в Скандинавских странах. Л. Колос. 1979. 216 с.
23. *Будин К.З.* Генетические основы селекции картофеля. Л. 1986. 192 с.

24. *Букасов С.М.* Культурные растения Мексики, Гватемалы и Колумбии//Приложение № 47 к Трудам по прикладной ботанике, генетике и селекции. Л. 1928. 553 с.
25. *Букасов С.М., Камераз А.Я.* Селекция картофеля. М.-Л. Сельхозгиз. 1948. 360 с.
26. *Букасов С.М., Шарина Н.Е.* История картофеля. М. Сельхозгиз. 1938. 102 с.
27. *Буренин В.И.* Генетические ресурсы рода *Beta* L. (Свекла). СП-б. ВИР. 2007. 274 с.
28. *Буренин В.И., Артемьева А.М., Храпалова И.А., Пискунова Т.М. и др.* Закономерности наследственной изменчивости овощных и бахчевых культур//Труды по прикладной ботанике, генетике и селекции. Т. 164. СПб. ВИР. 2007. 164-179 с.
29. *Буренин В.И., Пивоваров В.Ф.* Свекла. СПб. 1998. 214 с.
30. *Бурмистров Л.А.* Генетические ресурсы плодовых культур и их использование в селекции в свете развития учения Н.И. Вавилова//Труды по прикладной ботанике, генетике и селекции. Т. 164. СПб. ВИР. 2007. 194-207 с.
31. *Биохимия культурных растений*. Зерновые культуры. Т. 1. 1936. М.-Л. Сельхозгиз. 315 с.
32. *Биохимия культурных растений*. Зернобобовые и кормовые культуры. Т. 2. 1938. М.-Л. Сельхозгиз. 420 с.
33. *Биохимия культурных растений*. Масличные культуры. Т. 3. 1938. М.-Л. Сельхозгиз. 398 с.
34. *Биохимия культурных растений*. Овощные и бахчевые культуры. Т. 4. 1938. М.-Л. Сельхозгиз. 450 с.
35. *Биохимия культурных растений*. Технические культуры. Т. 5. 1938. М.-Л. Сельхозгиз. 288 с.
36. *Биохимия культурных растений*. Эфиро-масличные растения. Т. 6. 1938. М.-Л. Сельхозгиз. 232 с.
37. *Биохимия культурных растений*. Плодовые и ягодные культуры. Т. 7. 1940. М.-Л. Сельхозгиз. 561 с.
38. *Биохимия культурных растений*. Проблема растительных веществ. Т. 8. 1948. М.-Л. Сельхозгиз. 710 с.
39. *Биохимия культурных растений*. Хлебные и крупяные культуры. 2 изд. Т. 1. 1958. М.-Л. 701 с.
40. *Биохимия культурных растений*. Овощные культуры. 2 изд. Т. 2. 1961. М.-Л. 544 с.
41. *Братья* Николай и Сергей Вавиловы. 1994. Москва. 46 с.
42. *Вавилов Н.И.* О происхождении культурной ржи//Труды по прикладной ботанике. 1917. Т. 10. № 7-10. 561-590 с.
43. *Вавилов Н.И.* Иммунитет растений к инфекционным заболеваниям. М. 1919. 240 с.
44. *Вавилов Н.И.* Закон гомологических рядов в наследственной изменчивости//Труды III Всероссийской конференции по селекции растений. Саратов. 1920. 16 с.

45. *Вавилов Н.И.* Полевые культуры Юго-Востока//Приложение № 23 к Трудам по прикладной ботанике и селекции. Л. 1922. 228 с.
46. *Вавилов Н.И.* К познанию мягких пшениц: (Систематико-географический этюд)//Труды по прикладной ботанике и селекции. 1923. Т. 13. № 1. с. 149-257.
47. *Вавилов Н.И.* О восточных центрах происхождения культурных растений. Новый Восток. 1924. № 6. с. 291-305.
48. *Вавилов Н.И.* Вильям Бетсон. 1861 – 1926//Труды по прикладной ботанике и селекции. Л. 1926. Т. 15, № 5. с. 499-511.
49. *Вавилов Н.И.* Центры происхождения культурных растений//Труды по прикладной ботанике и селекции. 1926. Т. 16. № 2. 248 с.
50. *Вавилов Н.И.* Географические закономерности в распределении генов культурных растений//Труды по прикладной ботанике, генетике и селекции. 1927. Т. 17. № 3. с. 411-428.
51. *Вавилов Н.И., Букинич Д.Д.* Земледельческий Афганистан//Приложение № 33 к Трудам по прикладной ботанике, генетике и селекции. Л. 1929. 642 с.
52. *Вавилов Н.И.* Роль Центральной Азии в происхождении культурных растений//Труды по прикладной ботанике, генетике и селекции. 1931а. Т. 26. № 3. с. 3-44.
53. *Вавилов Н.И.* Мексика и Центральная Америка как основной центр происхождения культурных растений Нового Света//Труды по прикладной ботанике, генетике и селекции. 1931б. Т. 26. № 3. с. 135-199.
54. *Вавилов Н.И.* Мировые ресурсы сортов хлебных злаков, зерновых бобовых, льна и их использование в селекции. Опыт агроэкологического обозрения важнейших полевых культур.- М.-Л. Изд. АН СССР. 1957а. 462 с.
55. *Вавилов Н.И.* Горное земледелие Северного Кавказа и перспективы его развития//Вестник АН СССР. Биология. 1957б. № 5. с. 590-600.
56. *Вавилов Н.И.* Избранные труды. Земледельческий Афганистан. Т. 1. М.-Л. Изд. АН СССР. 1959. 416 с.
57. *Вавилов Н.И.* Избранные труды. Проблемы селекции, роль Евразии и Нового Света в происхождении культурных растений. Т. 2. - М.-Л. Изд. АН СССР. 1960. 520 с.
58. *Вавилов Н.И.* Избранные труды. Проблемы географии, филогении и селекции пшеницы и ржи. Растительные ресурсы и вопросы систематики культурных растений. Т. 3. - М.-Л. Изд. АН СССР. 1962. 532 с.
59. *Вавилов Н.И.* Избранные труды. Проблемы иммунитета культурных растений. Т. 4. М.-Л. Изд. АН СССР. 1964а. 518 с.
60. *Вавилов Н.И.* Мировые ресурсы сортов хлебных злаков, зерно бобовых, льна и их использование в селекции. Пшеница. – М.-Л. Наука. 1964б. 122 с.
61. *Вавилов Н.И.* Избранные труды. Проблемы происхождения, географии, генетики, селекции растений, растениеводства и агрономии. Т. 5. - М.-Л. Изд. АН СССР. 1965. 788 с.

62. *Вавилов Н.И.* Научное наследство. Т. 5. Из эпистолярного наследия. 1911-1928. М. Наука. 1980. 428 с.
63. *Вавилов Н.И.* Иммунитет растений к инфекционным заболеваниям. М. Наука. 1986. 520 с.
64. *Вавилов Н.И.* Научное наследство. Т. 10. Из эпистолярного наследия. 1929-1940. М. Наука. 1987а. 494 с.
65. *Вавилов Н.И.* Пять континентов. М. Наука. 1987б. 171 с.
66. *Вавилов Н.И.* Очерки, материалы, документы. М. Наука. 1987в. 487 с.
67. *Вавилов Н.И.* Жизнь коротка, надо спешить. М. 1990. 704 с.
68. *Вавилов Н.И.* Научное наследие в письмах: Международная переписка. Т. I. Петроградский период. 1921-1927. М.: Наука. 1994. 556 с.
69. *Вавилов Н.И.* Научное наследие в письмах: Международная переписка. Т. II. 1927-1930. М.: Наука. 1997. 638 с.
70. *Вавилов Н.И.* Научное наследие в письмах: Международная переписка. Т. III. 1931-1933. М.: Наука. 2000. 588 с.
71. *Вавилов Н.И.* Научное наследие в письмах: Международная переписка. Т. IV. 1934-1935. М.: Наука. 2001. 324 с.
72. *Вавилов Н.И.* Научное наследие в письмах: Международная переписка. Т. V. 1936-1937. М.: Наука. 2002. 478 с.
73. *Вавилов Н.И.* Научное наследие в письмах: Международная переписка. Т. VI. 1938-1940. М.: Наука. 2003. 326 с.
74. *Вавилов Н.И.* и сельскохозяйственная наука. М. Колос. 1969. 424 с.
75. *Вавилов Ю.Н.* В долгом поиске. Книга о братьях Николае и Сергее Вавиловых. М. ФИАН. 2004. 330 с.
76. *Вавилов Ю.Н.* В долгом поиске. Книга о братьях Николае и Сергее Вавиловых. 2-е изд. дополненное и переработанное. М. ФИАН. 2008. 368 с.
77. *Витковский В.Л.* Морфогенез плодовых растений. Л. Колос. 1984. 206 с.
78. *Витковский В.Л.* Плодовые растения мира. СПб. 2003. 592 с.
79. *Вишнякова М.А.* Роль генофонда зернобобовых культур в решении актуальных задач селекции, растениеводства и повышения качества жизни//Труды по прикладной ботанике, генетике и селекции. Т. 164. СПб. ВИР. 2007. с. 101-118.
80. *Вишнякова М.А.* «Милая и прекрасная Леночка…» Елена Барулина – жена и соратница Николая Ивановича. СПб. «Серебряный век». 2007. 152 с.
81. *Вишнякова М.А., Яньков И.И., Булынцев С.В. и др.* Горох, бобы, фасоль…. Агропромиздат. СПб. 2001. 221 с.
82. *Вульф Е.В.* Введение в историческую географию растений//Приложение № 52 к Трудам по прикладной ботанике, генетике и селекции. Л. 1932. 355 с.
83. *Вульф Е.В.* Историческая география растений. История флор земного шара. М.-Л. 1944. 545 с.
84. *В осажденном* Ленинграде. Л. Лениздат. 1969. 147 с.

85. *Гавриленко Т.А., Дунаева С.Е., Трускинов Э.В., Антонова О.Ю. и др.* Стратегия долгосрочного хранения вегетативно размножаемых сельскохозяйственных растений в контролируемых условиях среды//Труды по прикладной ботанике, генетике и селекции. Т. 164. СПб. ВИР. 2007. с. 273-285.
86. *Гаврилова В.А., Анисимова И.Н.* Генетика культурных растений. Подсолнечник. СПб.: ВИР. 2003. 209 с.
87. *Гаврилова В.А., Брач Н.Б., Подольная Л.П., Дубовская А.Г., Кутузова С.Н. и др.* Итоги изучения и новые направления использования генофонда масличных и прядильных культур в селекции//Труды по прикладной ботанике, генетике и селекции. Т. 164. СПб. ВИР. 2007. с. 119-141.
88. *Гаевская Е.И.* Вместо предисловия. Труды по прикладной ботанике, генетике и селекции. Т. 164. СПб. ВИР. 2007. 4-10 с.
89. *Гончаров П.Л., Лубенец П.А.* Биологические аспекты возделывания люцерны. Наука. 1985. 251 с.
90. *Гончарова Э.А.* Водный статус культурных растений и его диагностика. СПб. 2005. 112 с.
91. *Гончарова Э.А.* Стратегия изучения физиологического базиса адаптации растительных ресурсов//Труды по прикладной ботанике, генетике и селекции. Т. 164. СПб. ВИР. 2007. 328-349 с.
92. *Горбатенко Л.Е.* Теория интродукции растений и ее воплощение в деятельности института//Вестник РАСХН. 1994. № 3. 17-22 с.
93. *Горбатенко Л.Е.* Виды картофеля Южной Америки. СПб. 2006. 456 с.
94. *Грум-Гжимайло А.Г.* В поисках растительных ресурсов мира. Некоторые научные итоги путешествий академика Н.И. Вавилова. Л. Наука. 1986. 152 с.
95. *Генетика культурных растений.* Пшеница, ячмень, рожь. Ленинград. 1986. 264 с.
96. *Генетика культурных растений.* Кукуруза, рис, просо, овес. Ленинград. 1988. 276 с.
97. *Генетика культурных растений.* Зернобобовые, овощные, бахчевые. Ленинград. 1990. 287 с.
98. *Генетика культурных растений.* Лен, картофель, морковь, зеленные культуры, гладиолус, яблоня, люцерна. 1998. 156 с.
99. *Генетические коллекции* овощных растений. Ч. 1. Под ред. В.А. Драгавцева. СП-б. ВИР. 1997. 96 с.
100. *Генетические коллекции* овощных растений. Ч. 2. Под ред. В.А. Драгавцева. СП-б. ВИР. 1999. 100 с.
101. *Генетические коллекции* овощных растений. Ч. 3. Под ред. В.А. Драгавцева. СП-б. ВИР. 2001. 256 с.
102. *Генетические коллекции.* Идентифицированный генофонд овощных растений. Ч. 4. Под ред. В.И. Буренина. СП-б. ВИР. 2007. 70 с.
103. *Генетические ресурсы* культурных растений. Проблемы мобилизации, инвентаризации, сохранения и изучения генофонда важнейших сельскохозяйственных культур для решения

приоритетных задач селекции//Тезисы докладов Международной научно-практической конференции. СПб. ВИР. 2001. 498 с.

104.*Генетические ресурсы* культурных растений в XXI веке. Состояние, проблемы, перспективы//Тезисы докладов II Вавиловской международной конференции. СПб. ВИР. 2007. 622 с.

105.*Генетические ресурсы* растений, их изучение и использование в селекции. Садово. Болгария. 1987.116 с.

106.*Генетические ресурсы* растений, их изучение и использование в селекции. 1990. 178 с.

107.*Генофонд рода Triticum* L. как исходный материал для селекции. СПб. 2003. 146 с.

108.*Дзюбенко Н.И.* Популяционно-генетические основы повышения и стабилизации семенной продуктивности люцерны. Автореф. док. дисс. ВИР. С-Петербург. 1995. 40 с.

109.*Дзюбенко Н.И., Чапурин В.Ф., Бухтеева А.В., Сосков Ю.Д.* Мобилизация и изучение многолетних культур в свете идей Н. И. Вавилова//Труды по прикладной ботанике, генетике и селекции. Т. 164. СПб. ВИР. 2007.153-163 с.

110.*Дзюбенко Н.И., Виноградов З.С.* Коллекция ВИР – на службе селекции//Труды по прикладной ботанике, генетике и селекции. Т. 164. СПб. ВИР. 2007. 393-396 с.

111.*Дорофеев В.Ф.* Пшеницы Закавказья//Труды по прикладной ботанике, генетике и селекции. 1972. Т. 47. № 1.5-202 с.

112.*Дорофеев В.Ф.* Пшеницы мира. 1976. Колос. Л. 487 с.

113.*Дорофеев В.Ф.* Пшеницы мира. 1987. 2-е изд. Л. 560 с.

114.*Драгавцев В.А.* К проблеме генетического анализа полигенных количественных признаков растений. СПб. 2003. 27 с.

115.*Драгавцев В.А.* Новый метод эколого-генетического анализа полигенных количественных признаков растений. СПб. 2005. 30 с.

116.*Дюбин В.Н.* Системный подход к разработке агроэкологического паспорта селекцентра. СПб., 2004. 97 с.

117.*Енкен В.Б.* Соя. М. Сельхозгиз. 1959. 662 с.

118.*Ермаков А.И., Арасимович В.В., Смирнова-Иконникова М.И., Мурри И.К.* Методы биохимического исследования растений. М.-Л. Сельхозгиз. 1952. 520 с.

119.*Есаков В.Д.* Николай Иванович Вавилов: страницы биографии. М. Наука, 2008. 287 с.

120.*Жуковский П.М.* Земледельческая Турция (Азиатская часть – Анатолия). М-Л. 1934. 907 с.

121.*Жуковский П.М.* Культурные растения и их сородичи. Л. Колос. 1964. 791 с.

122.*Жуковский П.М.* Образ Н.И. Вавилова. В кн.: Н.И. Вавилов. Избранные труды Т. 2. Л. Наука. 1967. 439-453 с.

123.*Жуковский П.М.* Мировой генофонд растений для селекции. Мегацентры и эндемичные микроцентры). Л. Наука. 1970. 88 с.

124.*Захаров И.А.* Краткие очерки по истории генетики. М. 1999. 72 с.

125.*Засухи* в СССР. Их происхождение, повторяемость и влияние на урожай. Под ред. А.И. Руденко. Л. 1958. 207 с.

126.*Зерновые культуры*. (Пшеница, рожь, ячмень, овес). Под ред. П.М. Жуковского. М-Л. 1954. 388 с.

127.*Иванов А.И.* Люцерна. М. Колос. 1980. 350 с.

128.*Иванов А.И., Сосков Ю.Д.* Теоретические основы интродукции многолетних кормовых растений//Науч. бюлл. ВИР. 1983. Вып. 133. 13-20 с.

129.*Иванов А.И., Сосков Ю.Д., Бухтеевой А.В.* Ресурсы многолетних кормовых растений Казахстана. 1986. 236 с.

130.*Иванов А.П.* Рожь. М.-Л. Сельхозиздат. 1961. 303 с.

131.*Иванов Н.Р.* Фасоль. М.-Л. Сельхозгиз. 1949. 102 с.

132.*Иванов Н.Р.* Зерновые бобовые культуры (горох, чечевица, фасоль, соя, нут, чина, бобы, вигна). М.-Л. Сельхозгиз. 1953. 350 с.

133.*Идентификация* сортов и регистрация генофонда культурных растений по белкам семян. Под ред. В.Г. Конарева. СПб. ВИР. 2000. 186 с.

134.*Идентифицированный* генофонд растений и селекция. Под ред. В.А. Драгавцева. СПб. ВИР. 2005. 896 с.

135.*Казакова А.А.* Лук. Л. Колос . 1970. 359 с.

136.*Камераз А.Я.* Культура картофеля. Л. Сельхозгиз. 1951. 152 с

137.*Киру С.Д., Костина Л.И., Рогозина Е.В.* Мировой генофонд картофеля – источник исходного материала для селекции//Труды по прикладной ботанике, генетике и селекции. Т. 164. СПб. ВИР. 2007. 180-193 с.

138.*Кобылянская К.А.* Послевоенные зарубежные экспедиции ВИР//Труды по прикладной ботанике, генетике и селекции. 1989. Т. 126. 19-27 с.

139.*Кобылянский В.Д.* Рожь: генетические основы селекции. М. Колос. 1982. 271 с.

140.*Кобылянский В.Д., Катерова А.Г., Лапиков Н.С.* Создание исходного материала для селекции гибридной ржи в России//Генетика. 1994. Т. 30, № 10, 1403-1413 с.

141.*Конарев А.В.* Всероссийскому институту растениеводства имени Н.И. Вавилова 100 лет. СПб. ВИР. 1994. 64 с.

142.*Конарев А.В.* Использование молекулярных маркеров в решении проблем генетических ресурсов растений и селекции//Агарная Россия. 2006. № 6. 4-22 с.

143.*Конарев А.В., Хорева В.И.* Биохимические исследования генетических ресурсов растений в ВИРе. СПб, ВИР, 2000, 55 с.

144.*Конарев В.Г.* Проблема вида и генома в селекции растений//Генетика. 1994. Т. 30, №10, 1293-1306 с.

145.*Конарев В.Г.* Вид как биологическая система в эволюции и селекции. Биохимические и молекулярно-биологические аспекты. СПб. ВИР. 1995. 180 с.

146.*Конарев В.Г.* Белки растений как генетические маркеры. М. Колос. 1983. 320 с.

147.*Конарев В.Г.* Морфогенез и молекулярно-биологический анализ растений. СПб. ВИР. 2001. 417 с.
148.*Конарев В.Г.* Молекулярная биология в познании генетических и морфологических процессов у растений. СПб. ВИР. 2002. 354 с.
149.*Коровин А.И., Мамаев Е. В., Мокиевский В. М.* Осенне-весенние условия погоды и урожай озимых. Л. 1977. 160 с.
150.*Короткова Т.И.* Н.И. Вавилов в Саратове (1917-1921). Саратов. 1978. 120 с.
151.*Косарева И.А., Кошкин В.А.* Развитие физиологических исследований в ВИР//Труды по прикладной ботанике, генетике и селекции. Т. 164. СПб. ВИР. 2007. 350-360 с.
152.*Красочкин В.Т.* Свекла. Л. Колос. 1960. 439 с.
153.*Крейер Г.К., Пашкевич В.В.* Культура лекарственных растений. М.-Л. 1934. 257 с.
154.*Кривченко В.И.* Устойчивость зерновых колосовых к возбудителям головневых болезней. М. Колос. 1984. 304 с.
155.*Купцов А.И.* Введение в географию культурных растений. М. Наука. 1975. 295 с.
156.*Купцов А.И., Раменская М.Е.* Географические концепции Н. И. Вавилова и современность. В кн.: Наследие Вавилова в современной биологии. М. Наука. 1989. с. 147-155.
157.*Каталог* мировой коллекции ВИР. Растительные ресурсы Советского Союза (экспедиции ВИР в 1971-1980 годах. (сост. Мещеров Э.Т., Кобылянская К.А.). Вып. 322. ВИР. Л. 1981. 126 с.
158.*Каталог* мировой коллекции ВИР. Информация о зарубежных экспедициях и командировках ВИР в 1971-1980 гг. (сост. Мещеров Э.Т., Кобылянская К.А.). Вып. 356. ВИР. Л. 1982. 40 с.
159.*Каталог* мировой коллекции ВИР. Информация о внутрисоюзных и зарубежных экспедициях ВИР в 1981-1985 гг. (сост. Бахарева С.Н., Кобылянска К.А.). Вып. 562. ВИР. Л. 1990. 67 с.
160.*Каталог* мировой коллекции ВИР. Сорта и линии пшеницы - носители идентифицированных генов, контролирующих биологические и хозяйственно-ценные признаки. (сост. Зуев Е.В., Сербин А.А. и др.). Вып. 660. ВИР. С-П. 1994. 239 с.
161.*Каталог* мировой коллекции ВИР. Информация об экспедициях ВИР, проведенных на территории России, стран Ближнего и Дальнего зарубежья в 1986-1994 гг. (сост. Зотеева Н.М., Комарова Т.А.). Вып. 682. ВИР. С-П. 1996. 66 с.
162.*Каталог* мировой коллекции ВИР. Генетическая коллекция ячменя с идентифицированными генами устойчивости к мучнистой росе. (сост. Лукьянова М.В., Терентьева И.А.). Вып. 685. ВИР. С-П. 1997а. 80 с.
163.*Каталог* мировой коллекции ВИР. Овес. (образцы с идентифицированными генами, контролирующими морфологические и хозяйственно-ценные признаки). (сост. Лоскутов И.Г., Мережко В.Е.). Вып. 686. ВИР. С-П. 1997б. 83 с.

164.*Координационный центр.* Вопросы селекции и генетики зерновых культур. 1983. Т. 1. Москва. 475 с.
165.*Координационный центр.* Вопросы селекции и генетики зерновых культур. 1985. Т. 2. София. 278 с.
166.*Координационный центр.* Вопросы селекции и генетики зерновых культур. 1987. Т. 3. Прага. 545 с.
167.*Координационный центр.* Вопросы селекции и генетики зерновых культур. 1990. Т. 4. Берлин. 329 с.
168.*Крупяные культуры* (Просо, гречиха, рис, чумиза). Под. Ред. П.М. Жуковского. М.-Л. Сельхозгиз. 1953. 194 с.
169.*Культурная флора* СССР. Хлебные злаки. Пшеница. Т. 1. М.-Л. 1935.435 с.
170.*Культурная флора* СССР. Хлебные злаки. Рожь, ячмень, овес. Т. 2. М.-Л. 1936.147 с.
171.*Культурная флора* СССР. Ягодные культуры. Т. 16. М.-Л. 1936. 285 с.
172.*Культурная флора* СССР. Орехоплодные культуры. Т. 17. М.-Л. 1936. 354 с.
173.*Культурная флора* СССР. Зерновые бобовые. Т. 4. М.-Л. 1937.680 с.
174.*Культурная флора* СССР. Прядильные культуры. Т. 5. Ч. 1. М.-Л. 1940. 315 с.
175.*Культурная флора* СССР. Масличные культуры. Т. 7. М.-Л. 1941. 496 с.
176.*Культурная флора* СССР. Многолетние бобовые травы. Люцерна, донник, пажитник. Т. 13. Ч. 1. М.-Л. 1950. 526 с.
177.*Культурная флора* СССР. Овощные пасленовые. (Томат, баклажан, черный паслен, дынная груша, перец, физалис, мандрагора). Т. 20. М.-Л. 1958. 531 с.
178.*Культурная флора* СССР. Картофель. Т. 9. Л. Колос. 1971. 448 с.
179.*Культурная флора* СССР. Корнеплодные растения (Сем. *Chenopodiaceae* – свекла, сем. *Umbelliferae* – морковь, петрушка, сельдерей, пастернак). Т. 19. Л. Колос. 1971. 436 с.
180.*Культурная флора* СССР. Крупяные культуры (гречиха, просо, рис). Т. 3. Л. Колос. 1975. 364 с.
181.*Культурная флора* СССР. Лук. Т. 10. Л. Колос. 1978. 264 с.
182.*Культурная флора* СССР. Горох. Т. 4. 2 изд. Л. Колос. 1979. 324 с.
183.*Культурная флора* СССР. Пшеница. Т. 1. 2 изд. Л. Колос. 1979. 346 с.
184.*Культурная флора* СССР. Кукуруза. Т. 6. М. Колос. 1982. 295 с.
185.*Культурная флора* СССР. Тыквенные (Арбуз, тыква). Т. 21. Ч. 1. Л. Колос. 1982. 279 с.
186.*Культурная флора* СССР. Семечковые (яблоня, груша, айва). Т. 14. М. Колос. 1983. 320 с.
187.*Культурная флора* СССР. Капуста. Т. 11. Л. Колос. 1984. 328 с.
188.*Культурная флора* СССР. Корнеплодные растения. (Сем. *Brassicaeae* – репа, турнепс, брюква, редька, редис). Т. 18. Л. Колос. 1985. 324 с.

189.*Культурная флора* СССР. Листовые овощные растения. (Спаржа, ревень, щавель, шпинат, портулак, кресс-салат, укроп, цикорий, салат). Т. 12. Л. Колос. 1988. 304 с.
190.*Культурная флора* СССР. Рожь. 2-е изд. Т. 2. Ч. 1. Л. 1989. 368 с.
191.*Культурная флора* СССР. Ячмень. 2-е изд. Т. 2. Ч. 2. Л. 1990. 421 с.
192.*Культурная флора* СССР. Многолетние бобовые травы. Клевер, лядвинец. Т. 13. Ч. 2. М. Колос. 1993. 335 с.
193.*Культурная флора* СССР. Тыквенные (Огурец, дыня). Т. 21. Ч. 2. М. Колос. 1994. 288 с.
194.*Культурная флора*. Овес. 2-е изд. Т. 2. Ч. 3. М. Колос. 1994. 367 с.
195.*Культурная флора*. Зернобобовые культуры. Вика. 2-е изд. Т. 4. Ч. 2. СПб. 1999. 492 с.
196.*Культурная флора*. Плодовые субтропические культуры. Т. XXIV. 1998. 345 с.
197.*Левина Е.С.* Вавилов, Лысенко, Тимофеев-Ресовский... М. 1995. 160 с.
198.*Лемешев Н.К.* Мексиканский центр происхождения и видового разнообразия рода *Gossypium* и проблема обогащения генофонда. Автореф. док. дисс. ВИР. С-Петербург. 1992. 40 с.
199.*Лизгунова Т.В.* Капуста. Л. Колос. 1965. 384 с.
200.*Литвинов Н.И.* Правила для производства однообразных посевов хлебных злаков при сравнительно-ботанических исследований//Труды Бюро по прикладной ботанике. 1908. Т. 1. № 1/2. с. 86-89.
201.*Литвинов Н.И.* О поражении яровых пшениц желтой ржавчиной в Каменной Степи в 1914 году//Труды по прикладной ботанике и селекции. 1915. Т. 8. № 6. с. 808-815.
202.*Лихонос Ф.Д.* Селекция яблони. 1936. 325 с.
203.*Лоскутов И.Г.* Овес (*Avena* L.). Распространение, систематика, эволюция и селекционная ценность. СПб: ВИР. 2007. 336 с.
204.*Лоскутов И.Г., Кобылянский В.Д., Ковалева О.Н.* Итоги и перспективы исследований мировой коллекции овса, ржи и ячменя//Труды по прикладной ботанике, генетике и селекции. Т. 164. СПб. ВИР. 2007. с. 80-100.
205.*Лысов В.Н.* Просо. Л. Колос. 1968. 224 с.
206.*Макашова Р.Х.* Горох. Л. Колос. 1973. 312 с.
207.*Максимов Н.А.* Физиологические основы засухоустойчивости растений//Приложение № 26 к Трудам по прикладной ботанике и селекции. Л. 1926. 436 с.
208.*Мальцев А.И.* Отчет Бюро по прикладной ботанике за 1908 год//Труды Бюро по прикладной ботанике. 1909. Т. 2. № 3. 571-573 с.
209.*Мальцев А.И.* Отчет Бюро по прикладной ботанике за 1909 год//Труды Бюро по прикладной ботанике. 1910. Т. 3. № 3/4. 178-182 с.
210.*Мальцев А.И.* Из наблюдений над развитием дикорастущих и сорных овсов//Труды по прикладной ботанике и селекции. 1914. Т. 7. № 12. 786-791с.

211.*Мальцев А.И.* Засоренность посевов в Новгородской губернии//Труды по прикладной ботанике и селекции. 1916. Т. 9. № 4. с. 137-174.
212.*Мальцев А.И.* Отчет Бюро по прикладной ботанике за 1915 год//Труды по прикладной ботанике и селекции. 1916. Т. 9. № 5. 245-252 с.
213.*Мальцев А.И.* Овсюги и овсы. Sectio *Euavena* Griseb.//Приложение № 38 к Трудам по прикладной ботанике, генетике и селекции. Л. 1930. 522 с.
214.*Манойленко (Рязанская) К.В.* А.Ф. Баталин – выдающийся русский ботаник XIX века. Изд-во АН СССР. 1962. 132 с.
215.*Манойленко К.В.* Иван Парфеньевич Бородин, 1847-1930. М. Наука. 2005. 274 с.
216.*Медведев Ж.А.* Взлет и падение Лысенко. М. Книга. 1993. 348 с.
217.*Мережко А.Ф.* Система генетического изучения исходного материала для селекции растений. Л. 1984. 70 с.
218.*Мережко А.Ф.* Генетический анализ количественных признаков для решения задач селекции растений//Генетика. 1994а. Т. 30, № 10, с. 1317- 1326.
219.*Мережко А.Ф.* Проблема доноров в селекции растений. С-Петербург. 1994б. 126 с.
220.*Митрофанова О.П.* Создание генетической коллекции мягкой пшеницы в России – основа дальнейшего развития частной генетики и селекции//Генетика. 1994. Т. 30, № 10, 1306-1317 с.
221.*Митрофанова О.П.* Коллекция пшеницы ВИР: сохранение, изучение, использование//Труды по прикладной ботанике, генетике и селекции. Т. 164. СПб. ВИР. 2007. 63-79 с.
222.*Муратова В.С.* Бобы (Vicia Faba L.)//Приложение № 50 к Трудам по прикладной ботанике, генетике и селекции. Л. 1931. 298 с.
223.*Методические* указания по изучению коллекции ВИР. Л. ВИР. 1978.148 с.
224.*Мировой* агро-климатический справочник. Под ред. Г.Т. Селянинова. М.-Л. Гидрометеоиздат. 1937. 419 с.
225.*Нухимовская Ю.Д., Смекалова Т.Н., Чухина И.Г.* Дикие родичи культурных растений в заповедниках России (кадастр). М.-СПб. 2006. 86 с.
226.*Орел Л.И.* Цитология мужской цитоплазматической стерильности кукурузы и других культурных растений. Л. Наука. 1972. 84 с.
227.*Основы* организации и методы селекции. Вып. 1. Зерновые культуры. ВИР. Ленинград. 1934а. 119 с.
228.*Основы* организации и методы селекции. Вып. 2. Плодо-ягодные культуры. ВИР. Ленинград. 1934б. 119 с.
229.*Пальмова Е.Ф.* Введение в экологию пшениц. М.-Л. 1935. 230 с.
230.*Пангало К.И.* Дыни. Кишинев. «Молдгиз». 1958. 299 с.
231.*Пашкевич В.В.* Сорта плодовых растений Волыни//Приложение № 43 к Трудам по прикладной ботанике, генетике и селекции. Л. 1930. 215 с.

232.*Петропавловский М.Т.* Возделываемые овсы СССР//Приложение № 45 к Трудам по прикладной ботанике, генетике и селекции. Л. 1931. 138 с.

233.*Поповский М.А.* Дело академика Вавилова. М. «Книга». 1991. 303 с.

234.*Пшеница* в СССР. Под ред. П.М. Жуковского. М.-Л. Сельхозгиз. 1957. 632 с.

235.*Разумов В.И.* Среда и развитие растений. Л-М. Сельхозизд. 1961. 368 с.

236.*Радченко Е.Е.* Идентификация генов устойчивости зерновых культур к тлям. СПб., ВИР. 1999. 61 с.

237.*Радченко Е.Е.* Генетическое разнообразие зерновых культур по устойчивости в вредным организмам//Труды по прикладной ботанике, генетике и селекции. Т. 164. СПб. ВИР. 2007. 316-327 с.

238.*Регель Р.Э.* Организация и деятельность Бюро по прикладной ботанике за первое двадцатилетие его существования//Труды по прикладной ботанике и селекции. 1915. Т. 8. № 4/5. 327-767 с.

239.*Регель Р.Э.* Князь Борис Владимирович Голицын//Труды по прикладной ботанике и селекции. 1917. Т. 10. № 1. 1-9с.

240.*Регель Р.Э.* К вопросу о видообразовании//Труды по прикладной ботанике и селекции. 1917. Т. 10. № 1. 157-181 с.

241.*Регель Р.Э.* Хлеба России//Приложение № 22 к Трудам по прикладной ботанике и селекции. Петроград. 1922. 55 с.

242.*Резник С.Е.* Николай Вавилов. Москва. 1968. 333 с.

243.*Ригин Б.В.* Становление и развитие генетики во Всероссийском институте растениеводства им. Н.И. Вавилова//Генетика. 1994. Т. 30, № 10, 1283-1293с.

244.*Ригин Б.В.* Основные направления исследований в отделе генетики ВИР//Труды по прикладной ботанике, генетике и селекции. Т. 164. СПб. ВИР. 2007. 286-302 с.

245.*Ригин Б.В., Орлова И.Н.* Пшенично-ржаные амфидиплоиды. Л. Колос. 1977. 279 с.

246.*Розанова М.А.* Современные методы систематики растений//Приложение № 41 к Трудам по прикладной ботанике, генетике и селекции. Л. 1930. 184 с.

247.*Розанова М.А.* Экспериментальные основы систематики растений. АН СССР. М-Л., 1946. 255 с.

248.*Рокитянский Я.Г., Вавилов Ю.Н., Гончаров В.А.* Суд палача. Николай Вавилов в застенках НКВД. Биографический очерк. Документы. М. Academia. 1999. 552 с.

249.*Романова О.И., Курцева А.Ф., Матвеева Г.В., Малиновский Б.Н.* Роль генофонда проса, гречихи, сорго и кукурузы в развитии биологической науки и селекции на крупяные качества//Труды по прикладной ботанике, генетике и селекции. Т. 164. СПб. ВИР. 2007. 142-152 с.

250.*Руководство* по апробации культурных растений. Зерновые культуры. (пшеница, рожь, ячмень, овес) Т. 1. 1938. М.-Л. 510 с.

251. *Руководство* по апробации культурных растений. Зерновые культуры. (кукуруза, просо, сорго, рис, гречиха и зерновые бобовые) Т. 2. 1938. М.-Л. 300 с.

252. *Руководство* по апробации культурных растений. Масличные культуры. Т. 3. 1938. М.-Л. 206 с.

253. *Руководство* по апробации культурных растений. Кормовые травы. Т. 4. 1938. М.-Л. 222 с.

254. *Руководство* по апробации культурных растений. Овощные культуры и кормовые корнеплоды. Т. 5. 1939. М.-Л. 563 с.

255. *Сазонова Л.В., Власова Л.В.* Корнеплодные растения. (Морковь, сельдерей, петрушка, пастернак, редис, редька). Л. 1990. 296 с.

256. *Сазонова Л.В., Гаевская Е.И., Лассан Т.К.* ВИР: прошлое и настоящее//Вестник РАСХН. 1994. № 3. 12-17 с.

257. *Сацыперов Ф.А.* Полевые опыты и наблюдения над подсолнечником//Труды по прикладной ботанике и селекции. 1914. Т. 7. № 9. 543 с.

258. *Синская Е.Н.* Динамика вида. М.-Л. Сельхозгиз. 1948. 526 с.

259. *Синская Е.Н.* Историческая география культурной флоры (на заре земледелия). Л. "Колос". 1969. 480 с.

260. *Синская Е.Н.* Воспоминания о Н. И. Вавилове. Киев. «Наукова думка». 1991. 209 с.

261. *Смекалова Т.Н.* Систематика культурных растений в связи с проблемами сохранения, изучения и использования генетических ресурсов растений//Труды по прикладной ботанике, генетике и селекции. Т. 164. СПб. ВИР. 2007. 50-62 с.

262. *Сойфер В.Н.* Власть и наука. История разгрома генетики в СССР. Москва. 1993. 706 с.

263. *Соратники* Николая Ивановича Вавилова. Исследователи генофонда растений. СПб. 1994. 607 с.

264. *Таланов В.В.* Районы лучших сортов яровой и озимой пшеницы в СССР//Приложение № 32 к Трудам по прикладной ботанике, генетике и селекции. Л. 1928. 156 с.

265. *Тер-Аванесян Д.В.* Опыление и наследственная изменчивость. М. 1957. 284 с.

266. *Тер-Аванесян Д.В.* Сельское хозяйство Индии. М. Сельхозиздат. 1961. 248 с.

267. *Тер-Аванесян Д.В.* Такой я видел Японию. М. Наука. 1968. 207 с.

268. *Теханович Г.А.* Использование генофонда бахчевых культур в селекции. СПб. ВИР. 2004. 157 с.

269. *Трофимовская А.Я.* Ячмень. (Эволюция, классификация, селекция). Л. Колос. 1972. 296 с.

270. *Теоретические* основы селекции растений. Общая селекция растений. Т. I. М.-Л. 1935а. 1043 с.

271. *Теоретические* основы селекции растений. Частная селекция зерновых и кормовых культур. Т. II. М.-Л. 1935б. 712 с.

272. *Теоретические* основы селекции растений. Частная селекция картофеля, овощных, бахчевых, плодово-ягодных и технических культур. Т. III. М.-Л. 1937. 862 с.
273. *Теоретические* основы селекции растений. Молекулярно-биологические аспекты прикладной ботаники, генетики и селекции. (авт. Конарев В.Г., Гаврилюк И.П., Губарева Н.К., Пенева Т.И. и др.) Т. 1. М. Колос. 1993. 447 с.
274. *Теоретические* основы селекции растений. Физиологические аспекты прикладной ботаники, генетики и селекции. (авт. Драгавцев В.А. Удовенко Г.В., Батыгин Н.Ф. и др.) Т. 2. Ч. 1. СПб. ВИР. 1995. 290 с.
275. *Теоретические* основы селекции растений. Физиологические аспекты прикладной ботаники, генетики и селекции. (авт. Драгавцев В.А. Удовенко Г.В., Батыгин Н.Ф. и др.) Т. 2. Ч. 2. СПб. ВИР. 1995б. 360 с.
276. *Теоретические* основы селекции растений. Генофонд и селекция зерновых бобовых культур (Люпин, вика, соя, фасоль). (авт. Курлович Б.С., Репьев С.И., Щелко Л.Г., Буданова В.И. и др.) Т. 3. 1995в. 438 с.
277. *Теоретические* основы селекции растений. Генофонд кукурузы и селекция. (авт. Шмараев Г.Е.) Т. 4.1999. 300 с.
278. *Теоретические* основы селекции растений. Генофонд и селекция крупяных культур. Гречиха. (авт. Фесенко Н.В., Фесенко Н.Н., Романова О.И. и др.). Т. 5. СПб. ВИР. 2006. 196 с.
279. *Удачин Р.А., Шахмедов И.Ш.* Пшеницы в Средней Азии. Ташкент. 1984. 135 с.
280. *Удовенко Г.В.* Солеустойчивость культурных растений. Л. Колос. 1977. 215 с.
281. *Удовенко Г.В., Гончарова Э. А.* Влияние экстремальных условий на структуру урожая сельскохозяйственных растений. Л. Гидроиздат, 1982. 144 с.
282. *Ульянова Т.Н.* Сорные во флоре растения России и других стран СНГ. ВИР. СПб. 1998. 344 с.
283. *Ульянова Т.Н.* Сорные растения во флоре России и сопредельных государств. Барнаул. «Азбука». 2005. 297 с.
284. *Устойчивость* генетических ресурсов зерновых культур к вредным организмам. Методическое пособие. М. 2008, 416 с.
285. *Филиппенко Г.И.* Развитие системы низкотемпературного хранения и криоконсервации генофонда растений в ВИР имени Н. И. Вавилова//Труды по прикладной ботанике, генетике и селекции. Т. 164. СПб. ВИР. 2007. 263-272 с.
286. *Фляксбергер К.А.* Определитель разновидностей настоящих хлебов по Кернике//Труды Бюро по прикладной ботанике. 1908. Т. 1. 95-127 с.
287. *Фляксбергер К.А.* Определитель пшениц//Труды по прикладной ботанике и селекции. 1915а. Т. 8. № 1/2. 3-190 с.
288. *Фляксбергер К.А.* Обзор разновидностей пшеницы Сибири//Труды по прикладной ботанике и селекции. 1915б. Т. 8. № 8. 557-862 с.
289. *Фляксбергер К.А.* Р.Э. Регель//Труды по прикладной ботанике и селекции. 1922. Т. 12. № 1. 3-24 с.

290. *Фляксбергер К.А.* Пшеница. М.-Л. Сельхозгиз. 1935. 262 с.

291. *Фляксбергер К.А., Антропов В.И., Антропова В.Ф., Мордвинкина А.И.* Определитель настоящих хлебов. М.-Л. 1939. 416 с.

292. *Чесноков П.Г., Наумова Н.А.* Вредители и болезни сельскохозяйственных культур. Свердловск. 1948. 238 с.

293. *Чинго-Чингас К.М.* Мукомольные и хлебопекарные особенности сортов пшеницы СССР//Приложение № 46 к Трудам по прикладной ботанике, генетике и селекции. Л. 1930. 455 с.

294. *Шайкин В.Г.* Николай Вавилов М. Молодая гвардия . 2006. 255 с.

295. *Шарапов Н.И., Смирнов В.А.* Климат и качество урожая. Л. Гидрометеоиздат. 1966. 128 с.

296. *Шебалина М.А.* Корнеплодные растения – репа, турнепс и брюква. Л. Колос. 1974. 240 с.

297. *Шевчук Т.Н.* Селекция и семеноводство зерновых культур в Канаде. Л.-М. Сельхозиздат. 1961. 88 с.

298. *Шмараев Г.Е.* Кукуруза (филогения, классификация и селекция). М., 1975. 304 с.

299. *Шмараев Г.Е.* Лопающаяся кукуруза. (Методические указания по селекции). Л. ВИР. 1973. 184 с.

300. *Шмараев Г.Е., Веденеева Г.И., Подольская А.П. и др.* Генетика количественные и качественных признаков кукурузы. СПб. 1995. 168 с.

301. *Щербаков Ю.Н., Чикова В.А.* Зарубежные экспедиции ВИРа по сбору растительных ресурсов//Труды по прикладной ботанике, генетике и селекции. 1970. Т. 42, № 2. 316- 320 с.

302. *Щербаков Ю.Н., Чикова В.А.* Экспедиции института по СССР//Труды по прикладной ботанике, генетике и селекции. 1971. Т. 45, № 2. 299-320 с.

303. *Яковлев Н.Н.* Климат и зимостойкость озимой пшеницы в СССР. Л. Гидрометеоиздат. 1966. 419 с.

304. *Якубцинер М.М.* Пшеницы Сирии, Палестины и Трансиордании возделываемые и дикие//Приложение № 53 к Трудам по прикладной ботанике, генетике и селекции. Л. 1932. 276 с.

305. *Alexanyan S.M., Denisov V.P.* World scientists join in Soviet celebration of N.I. Vavilov centennial//Diversity. 1988. № 15. p. 5.

306. *Alexanyan S.M., Heintz G.G.* Council for Mutual Economic Aid Commission establishes Scientific Technical Council for Plant Genetic Resources//Diversity. 1989. V. 5. № 2-3. p. 9.

307. *Bakhareva S.N.* The USSR policy for exchanging genetic resources and the germplasm collection procedures of the Vavilov Institute//Diversity. 1990. V. 6. № 3-4. p. 10.

308. *Bateson W.* Science in Russia. Nature. 1925. November. p. 1-8.

309. *Budin K.Z.* The USSR potato collection: its genetic potential and value for plant breeding//Diversity. 1992. V. 8. № 1. p. 12.

310. *Davenport Ch.B.* Letter. Not only national suicide but a blow in the face for civilization. Herald of the Russian Academy of Science. 1992. V. 62. № 7. p. 513-514.
311. *Dragavtsev V.A., Alexanyan S.M.* Dramatic changes in former Soviet Union require new approaches at VIR//Diversity. 1993. V. 9. № 1/2.
312. *Frankel O.* 1935. A letter to N.I. Vavilov of 2 July 1935. Личный архив Ю.Н. Вавилова.
313. *Hall A.D.* 1930-s. A reference of N.I. Vavilov. Archives John Innes Center.
314. *Hawkes J.G.* 1990-s. Academician N.I. Vavilov. Notes and impressions of N.I. Vavilov and his work. Личный архив Ю.Н. Вавилова.
315. *Hawkes J.G.* Expedition Planning: Meeting Vavilov. In book: Hunting the wild potato in the South American Andes. Memories of the British Empire potato collecting expedition to South America 1938-1939. 2003. p. 13-21.
316. *Knupffer H., Terentyeva I., Hammer K., Kovaleva O., Sato K.* Ecogeographical diversity – a Vavilovian approach. In book: Diversity in Barley (*Hordeum vulgare*). Elsevier. 2003. p. 53-76.
317. *Krivchenko V.I.* The role of Vavilov in creating the national Soviet program for plant genetic resources//Diversity. 1988. № 16. p. 5.
318. *Krivchenko V.I., Alexanyan S.M.* Vavilov Institute scientists heroically preserve world plant genetic resources collection during World War II siege of Leningrad//Diversity. 1991. V. 7. № 4. p. 10-13.
319. *Loskutov I.G.* Vavilov and his Institute. A history of the world collection of plant resources in Russia. IPGRI. Rome. Italy. 1999. 190 pp.
320. *Medvedev Zh.A.* The rise and fall of T.D. Lysenko. Columbia university press, N. Y., London. 1969. 287 pp.
321. *Merezhko A.F.* Vavilov Institute's collection of wheats and Aegilopses provides global food security//Diversity. 1994. V. 10. № 3.
322. *Muller G.* 1966. A letter to M. Popovsky of 16 July 1966. Личный архив Ю.Н. Вавилова.
323. *Pistorius R.* Scientists, plants and politics. A history of plant genetic resources movement. IPGRI. Rome. Italy. 1997. 134 pp.
324. *Pistorius R., van Wijk J.* The exploitation of plant genetic information. Political strategies in crop development. 1999. 250 pp.
325. *Popovsky M.A.* The Vavilov Affair. The Shoe String Press. Inc. Hamden. Connecticut. U.S.A. 1984.
326. *Pringle P.* The murder of Nikolai Vavilov. The story of Stalin's persecution of one of the great scientists of the twentieth century. Simon & Schuster. 2008. 371 pp.
327. *Theoretical* basis of plant breeding. Molecular biological aspects of applied botany, genetics and plant breeding. (Ed. V.G. Konarev) V. 1. SPb. VIR. 1996. 228 pp.
328. *Vavilov N.I.* Immunity to fungous diseases as a physiological test in genetics and systematics, exemplified in Cereals//J. Genetics. 1915. V. 4. № 1. p. 49-65.

329. *Vavilov N.I.* The law of homologues series in variation//J. Genetics. 1922a. V. XII. p. 47-89.

330. *Vavilov N.I.* Letters to W. Bateson. 1922b. Archives John Innes Center.

331. *Vavilov N.I.* Essais geografiques sur l'etude de la variabilite des plantes cultivees en l'URSS (Russie)//Int. Rev. Agric. 1927. V. 18. № 11. p. 630-664.

332. *Vavilov N.I.* Les centres mondiaux des genes du ble//Actes de la 1-ere Conference internationale du ble. Roma. 1927. 1928a. p. 368-376.

333. *Vavilov N.I.* Geographische Genzentren unserer Kulturpflanzen//Verhandlungen des V Internationalen Kongresses fur Vererbungswissenschaft. Berlin. 1927. 1928b. Bd. 1. S. 342-369.

334. *Vavilov N.I.* Science and technique under conditions of a socialist reconstruction of agriculture//International conference of agriculture economists. Ithaca. New York. 1930. p. 1-14.

335. *Vavilov N.I.* The Linnean species as a system//Report of proceeding of V International Botanical Congress. Cambridge. 1930. 1931a. p. 213-216.

336. *Vavilov N.I.* Wild progenitors of the fruit trees of Turkistan and the Caucasus and the problem of the origin of fruit trees//Proceeding of IX International Horticultural Congress. London. 1930. 1931b. p. 217-286.

337. *Vavilov N.I.* The problem concerning the origin of agriculture in the light of recent research//International congress of the history of science and technology. London. 1931c. p. 95-106.

338. *Vavilov N.I.* The process of evolution in cultivated plants//Proc. 6th International Congress of Genetics. Ithaca. N.Y. 1932. V. 1. p. 331-342.

339. *Vavilov N.I.* L'agriculture et la science agronomique en URSS//Rev. int. bot. 1933a. T. 13. № 140. p. 241- 251.

340. *Vavilov N.I.* Das Problem der Entstehung der Kulturpflanzen//Nova Acta Leopoldina carol. N. F. 1933b. Bd. 1. H. 2-3. S. 332-337.

341. *Vavilov N.I.* 1935. A letter to O. Frankel of August 1935. Личный архив Ю.Н. Вавилова.

342. *Vavilov N.I.* Genetics in the USSR//Chronica Botanica. 1939. V. 5. № 1. p. 14-15.

343. *Vavilov N.I.* The new systematic of cultivated plants. In: The New Systematics. ed. by J. Huxley. Clareon Press. Oxford. 1940. p. 549-566.

344. *Vavilov N. I.* Entering a new epoch//Chronica Botanica. 1941. V. 6. № 19/20. p. 433-437.

345. *Vavilov N.I.* The origin, variation, immunity and breeding of cultivated plants. Trans. by K. S. Chester. Ronald Press. N. Y. 1951. 366 pp.

346. *Vavilov N.I.* Origin and Geography of Cultivated Plants. Translation by Doris Love. Cambridge University Press. 1992. 498 pp.

347. *Vavilov N.I.* Five continents. Trans. by Doris Love. IPGRI/VIR. Italy. Rome. 1997. 198 pp.

348. *Vitkovsky V.L., Kuznetsov S.V.* The N.I. Vavilov All-Union Research Institute of Plant Industry//Diversity. 1990. V. 6, № 1. p. 15.

349. *Westover H.L.* 1929. Report of the expedition to the USSR. National Archives of the USA. Личный архив Ю.Н. Вавилова.

350. *Westover H.L.* 1934. Letters from the USSR. National Archives of the USA. Личный архив Ю. Н. Вавилова.
351. *Zaitzev V.A.* Long-term seed storage in the USSR: modern genebank at the Kuban seed testing station//Diversity. 1990. V. 6. № 2. p. 14.

附　　录

一、N. I. Vavilov 1916—1940 年考察期间收集到的主要物种（所有的物种均包含许多亚种和类型）*

拉丁文	俄　文	中　文
Abutilon avicennae Gaertn.	канатник	苘麻
Achras sapota L. (*Sapota sapotilla* Covile)	сапотилъя	人心果
Aegilops spp.	эгилопс	山羊草属
Aegilops crassa Boiss.	эгилопс	粗山羊草
Aegilops cylindrica Host.	эгилопс	具节山羊草
Aegilops squarrosa L.	эгилопс	山羊草
Aegilops triuncialis L.	эгилопс	钩刺山羊草
Agave spp.	агава	龙舌兰属
Agave atrovirens Karw. (*A. americana*)	агава-магей	龙舌兰

* 本附录原来俄文只有属名，此次系按拉丁文译为物种的中文学名，同时参考了俄文。

（续）

拉丁文	俄 文	中 文
Agropyrn tenerum Vasey.	пырей безкорневищный	无根茎冰草
Agrostis alba L.	полевица	小糠草
Aleuritres fordii Hemsley	тунговое дерево	油桐
Alhagi sparsifolia Shap.)	верблюжья колючка	骆驼刺
Allium spp.	лук	葱属
Allium cepa L.	лук репчатый	洋葱
Allium chinense Don.	лук китайский многолетний	中国多年生葱
Allium fistulosum L.	лук татарка	葱
Allium macrostemon Bge.	лук сяо-суань	密花小根蒜
Allium porrum L. (*A. ampeloprasum* var. *porrum*)	лук порей	韭葱
Allium sativum L.	чеснок	大蒜
Allium xiphopetalum Aitch et Baker.	дикий лук	野生葱
Amaranthus paniculatus L.	амарант декоратививый	繁穗苋
Ammi copticum L. (*Carum copticum* Benth.)	ажгон	阿米芹
Amygdalus communis L.	миндаль	扁桃
Amygdalus fenzliana Lipsky	дикий миндаль	野生扁桃
Amygdalus georgica Desf.	дикий миндаль грузинский	格鲁吉亚野生扁桃
Amygdalus orientalis Mill.	дикий миндаль	野生扁桃
Andropogon contortus L.	дикий злак	黄茅
Andropogon ischaemum L.	дикий злак	
Andropogon halepense Brot.	сорный злак	石茅
Andropogon laniger Desf.	дикий злак	野石茅
Andropogon sorghum Brot.	сорго - джугара	苏丹草
Anethum graveolens L.	укроп	莳萝

（续）

拉丁文	俄　文	中　文
Annona cherimolia Mill.	аннона чиромойа	毛叶番荔枝
Apocynum venetum L.	кендырь	罗布麻
Apocynum cannabium L.	кендырь	罗布麻
Apocynum hendersonii Hook.	кендырь	罗布麻
Arachis hypogaea L.	арахис	落花生
Aralia cordata Thunb.	удо	—
Arctium lappa L.	лопух съедобный	牛蒡
Areca catechu L.	палвма арека	槟榔棕榈
Armeniaca vulgaris Lam. （*Prunus armeniaca* L.）	абрикос	杏
Arrhenatherum elatius M. et K.	райграс высокий	长茎燕麦草
Asclepias spp.	ластовник	马利筋
Asclepias syriaca L.	ваточник	马利筋
Asparagus lucidus Lindl.	спаржа клубенвковая	石刁柏
Avena abyssinica Hochst.	абиссинский овес	埃塞俄比亚燕麦
Avena barbata Pott.	бородатый овес	巴尔巴塔燕麦
Avena byzantina C. Koch.	византийский овес	拜占庭燕麦
Avena clauda Dur.	овес замкнутый	闭合燕麦
Avena fatua L.	овсюг	野燕麦
Avena hirtula Lag.	коротковолосистый овес	短纤维燕麦
Avena ludoviciana Dur.	овес Людовика	留道维卡燕麦
Avena pilosa M. B.	овес опушенный	毛燕麦
Avena sativa L.	посевной овес	燕麦
Avena sterilis L.	средиземноморский овес	地中海燕麦
Avena strigosa Schreb. （син.　A. *brevis* Roth.）	песчаный овес	莜麦
Avena vaviloviana Mordv.	овес Вавилова	瓦维洛夫燕麦

（续）

拉丁文	俄 文	中 文
Avena wiestii Steud.	овес Виста	维斯塔燕麦
Bambusa spp.	бамбук	竹
Bambusa mitis Poir.	бамбук	竹
Berberis heteropoda Schrenk.	барбрис	小檗
Berberis integerrima Bge.	барбрис	小檗
Berberis orientalis C. K. Schneid.	барбрис	东方小檗
Berberis vulgaris L.	барбрис	小檗
Beta cicla L.	свекла белая	白甜菜
Beta maritima L.	дикая свекла	野生甜菜
Beta vulgaris L.	свекла，сахарная свекла	糖甜菜
Bixa orellana L.	ачиоте	—
Boehmeria nivea Hook. et Arn.	рами	苎麻
Bomaria acutifolia Herb.	бомария	—
Bouvardia ternifolia Schl.	бувардия	—
Brassica carinata A. Braun.	горчица-капуста листовая	埃塞俄比亚芥
Brassica chinensis L.	капуста китайская	大白菜
Brassica juncea Czern. et Coss	сарепская（сизая）горчица	芥菜
Brassica napiformis Bailey.	горчица корнеплодная	肉质直根芥菜
Brassica oleracea L.	капуста	甘蓝
Brassica pekinensis Rupr.	капуста пекинская	北京白菜
Brassica rapa L. spp. *oleifera* Metzg.	капуста кормовая	饲用白菜
Brassica rapa L. spp. *rapifera* Metzg.	турнепс，репа	芜菁
Bromus inermis Leyss.	костер безостый	无芒雀麦
Cajanus cajan L.	голубиный горох	木豆
Calotropis procera R. Br.	калотропис	—

（续）

拉丁文	俄　文	中　文
Cannabis indica Serebr.	конопля индийская	印度大麻
Cannabis ruderalis Janisch.	конопля сорная	野生大麻
Cannabis sativa L.	конопля обыкновенная	大麻
Capsicum annuum L.	перец	辣椒
Capsicum frutescens L.	перец многолетний	多年生辣椒
Carica papaya L.	папайя	番木瓜
Carthamus tinctorius L.	сафлор	红花
Carum spp.	тмин	葛缕子属
Carum carvi L.	тмин	葛缕子，黄蒿
Carum sogdianum Lipskey.	тмин	页蒿
Casimiroa edulis Llave et Lex.	белая сапота	香肉果
Cassia fistula L.	кассия дикая	腊肠树
Castanea sativa Mill.	каштан	欧洲栗
Castanea vesca Gaert. （*C. sativa* Mill）	каштан	欧洲栗
Castilloa elastica Cerv.	каштан	—
Ceraus avium Mnch. （*Prunus avium* L.）	черешня	欧洲甜樱桃
Cerasus vulgaris Mill. （*Prunus cerasus* L.）	вишня	欧洲酸樱桃
Ceratonia siliqua L.	рожковое дерево	—
Chaenomeles lagenaria Koidz.	айва китайская	皱皮木瓜
Chenopodium spp.	марь，лебеда	藜属
Chenopodium ambrosioides L.	лебеда	土荆芥
Chenopodium nuttaliae Saff.	лебеда	滨藜
Chenopodium quinoa Willd.	квиноа	藜谷，昆诺藜
Chrysanthemum coronarium L.	хризантема	茼蒿，春菊

（续）

拉丁文	俄　文	中　文
Chrysanthemum morifolium Ram.	хризантема съедобная	可食菊花
Chrysotlvxmnus nauseous Britt.	дикий каучуконос	野生含橡胶植物
Cicer arietinum L.	нут	鹰嘴豆
Cichorium intybus L.	цикорий	菊苣
Cinchona spp.	хинное дерево	金鸡纳属
Cinchona colisaya Wedd.	хинное дерево	金鸡纳树
Cinchona cordifolia Mut.	хинное дерево	金鸡纳树
Cinchona succirubra Pav.	хинное дерево	鸡纳树
Cinnamomum camphora L.	камфорное дерево	樟树
Citrullus colocynthis L.	арбуз дикий，колоцинт	野生西瓜
Citrullus lanatus Mansf.	арбуз	西瓜
Citrullus vulgaris Schrad.	арбуз культурный	栽培西瓜
Citrus aurantium L.	апельсин	酸橙
Citrus sinensis Osb.	апельсин	甜橙
Citrus limon Burm. f.	лимон	柠檬
Coffea arabica L.	кофе	小果咖啡
Colocasia antiquorum Schott.	таро	野芋
Coriandrum sativum L.	кориандр	芫荽
Cornus mas L.	кизил	欧亚山茱萸
Corylus avellana L.	лещина	欧洲榛
Corylus colchica Alb.	лещина колхидская	榛
Corylus colurna L.	лещина	榛
Cosmos bipinnatus Cav.	космея	秋英
Cosmos caudatus H. B. K.	космея	尾秋英
Cosmos diversifolius Otto.	космея	异叶波斯菊
Cosmos sulfureus Cav.	космея	黄秋英
Cotoneaster aitchisonii C. K. Schneid.	кизильник	栒子

（续）

拉丁文	俄 文	中 文
Cotoneaster fontanesii Spach.	кизильник	栒子
Crataegus spp.	боярышник	山楂属
Crataegus mexicana Moq. et Sesse.	техокоте	
Crataegus stipulosa Steud.	техокоте	厄瓜多尔山楂
Croton tiglium L.	кротон	巴豆
Cucumis agrestis Pang.	дыня дикая	野生甜瓜
Cucumis chinensis Pang.	китайский огурец	中国黄瓜
Cucumis mello L.	дыня	甜瓜
Cucumis mello L. var. flexuosus Naud. （*C. flexuosus* L.）-Тара	тара（дыня）	蛇甜瓜
Cucumis microcarpus Pang.	дыня дикая	野生甜瓜
Cucumis prophetarum L.	круглый огурец	圆黄瓜
Cucumis sativus L.	огурец	黄瓜
Cucurbita ficifolia Bouche.	тыква фиголистная	无花果叶瓜
Cucurbita maxima Duch.	тыква	笋瓜
Cucurbita mixta Pang.	тыква	南瓜
Cucurbita moschata Duch.	тыква	南瓜
Cucurbita pepo L.	тыква	西葫芦
Cucurbita turbaniformis Alef.	тыква чалмовая	南瓜
Cuminum cyminum L.	кумин，зире	孜然芹
Curcuma zedoaria Rose	зедоария	莪术
Cydonia oblonga Mill. （*C. vulgaris* Pers.）	айва	榅桲
Cyperus esculentus L.	чуфа	油莎豆
Cyperus papyrus L.	бумажный тростник	大伞莎草
Dahlia spp.	георгина	大丽花属
Dahlia excelsa Benth.	георгина	平头大丽花

（续）

拉丁文	俄　文	中　文
Dahlia imperialis Roezb.	георгина	垂头大丽花
Dahlia variabilis Desf.	георгина	大丽菊
Datura stramonium L.	дурман обыкновенный	曼陀罗
Daucus carota L.	морковь	胡萝卜
Delphinium zalil Aitch. et Hemsl.	дельфиниум диний	札里耳翠雀
Dioscorea batatas Decne.	ямс китайский	山药
Diospyros spp.	хурма	柿属
Diospyros kaki L.	хурма японская	柿
Diospyros lotus L.	хурма дикая	君迁子
Elaeagnus angustifolia L.（E. hortensis MB.）	лох（джида）	沙枣
Elaeagnus orientalis L.	лох дикий	野生胡颓
Eleocharis tuberosa Schult.（*Scirpus tuberosus* Roxb.）	каштан водяной	荸荠
Eleusine coracana Gaertn.	дагусса	穇子（龙爪稷）
Ensete ventricosum（Welw.）Cheesman（syn. *Musa ensete* J. F. Gmel.）	абиссинский бабан-энзете	—
Eragrostis abyssinica L.（E. tef）	тефф	埃塞俄比亚画眉草
Eriobotrya japonica Lindl.	локва	枇杷
Eruca sativa Lam.	индау	芝麻菜
Erythroxylon coca Lam.	кокаиновый куст	古柯植物
Euchlaena mexicana Schrad.	теосинте	墨西哥类蜀黍
Fagopyrum esculentum Moench.	гречиха культурная	荞麦
Fagopyrun tataricum Gaertn.	гречиха татарская	苦荞麦
Feijoa sellowiana Berg.	фейхоа	南美稔
Ficus carica L.	инжир	无花果

（续）

拉丁文	俄 文	中 文
Foeniculum officinale All.	фенхелв дикий	野生茴香
Foeniculum vulgare Mill.	фенхелв	茴香
Glycine spp.	соя	大豆属
Glycine max Merr.	соя	大豆
Gossypium arboreum L.	хлопчатник древестный	树棉（亚洲棉）
Gossypium brasiliense Macf.	хлопчатник	棉花
Gossypium herbaceum L.	хлопчатник（гуза）	草棉
Gossypium hirsutum L.	хлопчатник	陆地棉
Gossypium mexicanum Todaro.	хлопчатник-упланд	墨西哥棉
Gossypium peruvianum Cav.	хлопчатник египетский	海岛棉
Gossypium punctatum Schum.	хлопчатник дикий	尖斑棉
Gossypium purpurascens Poir.	хлопчатник-бурбон	紫棉
Gossypium vavilovii Proch.	хлопчатник дикий	野生棉花
Gossypium vitifolium Lam.	хлопчатник дикий	野生棉花
Guizotia abyssinica Cass.	нуг	小葵子
Hagenia abyssinica Willd.	коссо，хагения	
Hedysarum coronarium L.	сулла	冠状岩黄芪
Helianthus annuus L.	подсолнечник культурный	向日葵
Helianthus lenticularis Dougl.	подсолнечник дикий	野生向日葵
Helianthus tuberosus L.	топинамбур	菊芋
Hevea brasiliensis Muell.	гевея，каучуковое дерево	橡胶树
Hibiscus cannabinus L.	кенаф	大麻槿
Hibiscus esculentus L.	бамия	秋葵
Hicoria pecan Britton.	орех пекан	小核桃
Hippophae rhamnoides L.	облепиха	沙棘
Hordeum spp.	ячмень	大麦属
Hordeum bulbosum L.	ячмень луковичный	球茎大麦

（续）

拉丁文	俄　文	中　文
Hordeum caducum Mungo.	ячмень дикий	野生大麦
Hordeum crinitum Coss.	ячмень дикий	野生大麦
Hordeum humile Vav. et Bacht.	ячмень дикий	野生大麦
Hordeum murinum L.	ячмень дикий	鼠大麦
Hordeum secalinum Schreb.	ячмень дикий	野生大麦
Hordeum spontaneum C. Koch.	ячмень дикий	钝稃野大麦
Hordeum vulgare L.	ячмень культурный	大麦
Ilex paraguayensis A. St. Hil.	парагвайский чай	巴拉圭茶
Ipomoea aquatica Forssk.	китайский юнг-цай	蕹菜
Ipomoea batatas Lam.	батат	番薯
Ipomoea heterophylla Ort.	ипомея	甘薯
Ipomoea purga Wender.	ипомея	加拉藤
Ipomoea purpurea Lam.	ипомея	圆叶牵牛
Ipomoea schiedeana Ham.	ипомея	甘薯
Ipomea tyriantha Lindl.	ипомея	甘薯
Juglans fallax Dode	грецкий орех	核桃
Juglans kamaonica Dode	грецкий орех	核桃
Juglans regia L.	грецкий орех	胡桃
Lactuca sativa L.	салат-лактук	莴苣
Lactuca oleracea L.	лактук	莴苣
Lagenaria siceraria (Mol.) St.	лагенария бутылочная	葫芦
Lantana camara L.	лантана	马缨丹
Lathyrus cicera L.	чина кормовая	扁荚山黧豆
Lathyrus sativus L.	чина посевная	家山黧豆
Lathyrus tinginanus L.	танжерский горох	丹吉尔山黧豆
Lens esculenta Moench. (*Ervum lens* L.)	чечевица культурная	兵豆

（续）

拉丁文	俄　文	中　文
Lens orientale Boiss.	чечевица восточная дикая	野生兵豆
Lepidium sativum L.	кресс-салат	独行菜
Lespedeza striata Hook et Am.	японский клевер	日本三叶草
Lilium spp.	лен	亚麻属
Lilium tigrinum Ker.	лилия съедобная	卷丹
Linum indehiscens Vav. et Ell.	лен	亚麻
Linum usitatissimum L.	лен обыкновенный	亚麻
Lolium multiflorum Lam.	райграс многоукосный	多花黑麦草
Lolium perenne L.	райграс пастбишный	牧场黑麦草
Lolium temulentum L.	плевел	毒麦
Lucuma salicifolia H. B. K.	сапота желтая	柳叶路枯马木
Luffa acutangula Roxb.	люффа	广东丝瓜
Luffa cylindrica M. Roem.	люффа съедобная	丝瓜
Lupinus mutabilis Sweet	люпин бокивийский	南美羽扇豆
Lycopersicon cerasiforme Dum.	томат черри	樱桃番茄
Lycopersicon esculentum Mill. （*Solanum lycopersicum* L.）	томат	番茄
Lycopersicon peruvianum Mill.	томат перуанский	秘鲁番茄
Malus spp.	яблоня	苹果属
Malus baccata Borkh.	ранетка сибирская	山荆子
Malus domestica Borkh. （*Pyrus malus* L.）	яблоня	苹果
Malus orientalis Uglitz.	яблоня восточная	东方苹果
Malus pumila Mill.	райские яблочки	红肉苹果
Mangifera indica L.	манго	杧果
Manihot esculenta Crantz.	маниок，кассава	木薯
Medicago spp.	люцерна	苜蓿属

（续）

拉丁文	俄　文	中　文
Medicago asiatica Sinsk.	люцерна хивинская	禾文苜蓿
Medicago falcata L.	люцерна желтая	野苜蓿
Medicago lupulina L.	люцерна дикая	天蓝苜蓿
Medicago hemicycla Grossh.	люцерна дикая	野苜蓿
Medicago polia Brand.	люцерна	苜蓿
Medicago sativa L.	люцерна посевная	紫花苜蓿
Medicago syriaco-palaestinica Sinsk.	люцерна	苜蓿
Medicago tetrahemicycla Sinsk.	люцерна дикая	野生苜蓿
Melilotus spp.	донник	草木樨属
Melilotus albus Medic.	донник белый	白花草木樨
Melilotus officinalis Lam.	донник желтый	草木樨
Mentha spp.	мята	薄荷属
Mespilus germanica L.	мушмула	洋山楂
Mirabilis jalapa L.	мирабилис	紫茉莉
Momordica charantia L.	карира	苦瓜
Morus alba L.	шелковида белая，тутовое дерево	桑树
Morus nigra L.	шелковида черная，тутовое дерево	黑桑
Musa cavendishii Lamb.	банан	矮脚香蕉
Musa ensete J. F. Gmel.	банан абиссинский	埃塞俄比亚芭蕉
Musa sapientum L.	банан	大蕉
Myristica fragrans Houtt.	мускатвый орех	肉豆蔻
Myrtus communis L.	мирт дикий	香桃木
Nardostachys jatamansi DC.	нардостахис	匙叶甘松
Nelumbo nucifera Gaerth.	лотос	莲

（续）

拉丁文	俄 文	中 文
Nicotiana tabacum L.	табак	烟草
Nicotiana rustica L.	махорка	黄花烟草
Nigella sativa L.	чернушка	黑种草
Ocimum basilicum L.	базилик	罗勒
Olea europaea L.	маслина	油橄榄
Oryza sativa L.	рис культурный	水稻
Oxalis tuberosa Molina	окса	野生酢浆草
Pachyrhizus angulatus Rich.	ям	豆薯
Panax ginseng Mey.	женьшень	人参
Panicum spp.	просо	黍属
Panicum crus-galli L.	куриное просо	稗子
Panicum frumentaceum Fr. et Sav.（*Echinochloa frumentacea*）	пайза	湖南稷子
Panicum italicum L.（*Setaria italica* Al.）var. moharium	могар	粱
Panicum miliaceum L.	просо обыкновенное	稷
Papaver somniferum L.	опийный мак	罂粟
Parthenium spp.	гуаюла	银胶菊属
Parthenium argentatum A. Gray.	гуаюла	灰白银胶菊
Parthenium incanum H. B. K.	мариола	灰白毛银胶菊
Passiflora ligularis Juss.	страстоцвет	甜果西番莲
Peganum harmala L.	пеганум	骆驼蓬
Pennisetum typhoidum Rich.	баджра	美洲狼尾草
Perilla ocymoides L.	шисо	野生紫苏
Persea americana Mill.	авокадо	鳄梨
Persica vulgaris Mill.（*Prunus persica* Batsch.）	персик	桃

（续）

拉丁文	俄　文	中　文
Petasites japonicus Mig.	белокопытник японский	蜂斗菜
Petroselium sativum L.	петрушка	欧芹
Phaseolus aconitifolius Jacq.	фасокь（мотт）	乌头叶菜豆
Phaseolus acutifolius A. Gray	фасолв остролистная	尖叶菜豆
Phaseolus angularis Willd.	фасоль адзуки	赤豆
Phaseolus aureus Pipper.	фасоль золотистая（маш）	绿豆
Phaseolus lunatus L.	фасоль лунообразная	棉豆
Phaseolus multiflorus Willd. (*P. coccineus*)	фасоль многоцветковая	红花菜豆
Phaseolus mungo L.	маш	野生绿豆
Phaseolus vulgaris L.	фасоль обыкновенная	菜豆（四季豆）
Philadelphus mexicanus Schlecht. (*P. coronarius*)	чубушник	墨西哥山梅花
Phleum pratense L.	тимофеевка	梯牧草
Phoenix abyssinica Drude.	пальма дикая	野生棕榈
Phoenix dactylifera L.	финиковая пальма	海枣
Phyllostachys simonsoni Kras.	бамбук	野生刚竹
Physalis ixocarpa Brot.	физалис клейкоплодный	黏果酸浆
Pimpinella anisum L.	анис	茴芹
Pimpinella griffithiana Boiss.	анис дикий	野生茴芹
Pistacia khinjuk Stocks	фисташка кинджак	埃及黄连木
Pistacia lentisens L.	фисташка	乳香黄连木
Pistacia vera L.	фисташка	阿月浑子
Pisum arvense Moris.	горох полевой	紫花豌豆
Pisum elatium M. B.	горох дикий	地中海豌豆
Pisum fulvum Siebth. et Sm.	горох дикий	野生豌豆
Pisum humile Boiss.	горох дикий	野生豌豆

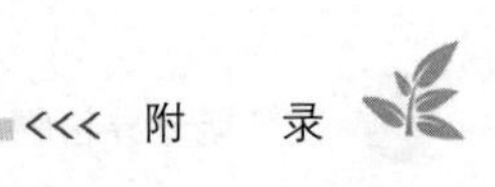

（续）

拉丁文	俄　文	中　文
Pistacia sativum L.	горох посевной	豌豆
Plantago ispaghula Roxb.	подорожник	车前
Poa spp.	мятлик	早熟禾属
Poa pratensis L.	мятлик луговой	草地早熟禾
Polakowskia tacaco Pittier.	такакко	
Polianthes tuberosa L.	тубероза	晚香玉
Portulaca oleracea L.	порутлак	马齿苋
Prunus capuli Cav.	черемуха	稠李
Prunus divaricata Lebed.	алыча	樱桃李
Prunus domestica L.	слива	洋李
Prunus padus L.	черемуха	稠李
Prunus salicina Lindl.	слива японская	李
Prunus simonii Carr.	слнва китайская	杏李
Prunus spinosa L.	терн	黑刺李
Prunus tomentosa Thunb.	внщня кнтанйская	毛樱桃
Psidium guajava L.	гвайява	番石榴
Punica granatum L.	гранат	石榴
Pyrus spp.	груша	梨属
Pyrus caucasica Fed.	груша кавказская	高加索梨
Pyrus communis L.	груша	西洋梨
Pyrus elaeagnifolia Pall.	груша	梨
Pyrus salicifolia Pall.	груша	柳叶梨
Pyrus serotina Rehd.	груша китайская	麻梨
Pyrus sinensis Lindl.	груша китайская	秋子梨
Pyrus syriaca Boiss.	груша	梨

（续）

拉丁文	俄　文	中　文
Pyrus ussuriensis Maxim	груша уссурийская	秋子梨（山梨）
Raphanus sativus aestivus Alefeld.	редис	水萝卜
Raphanus sativus hybernus Alefeld.	редвка	萝卜
Raphanus sativus raphanistroides Sinsk.	редвка	萝卜
Rheum palmatum L.	ревень	掌叶大黄
Ricinus communis L.	клещевина дикая	蓖麻（野生）
Ricinus presicus Popova	клещевина персидская	波斯小果蓖麻
Ricinus sanguineus Horbtlorp. (*R. macrocarpus* ssp. *sangineus*)	клещевина крупноплодная кроваво-красная	大果蓖麻
Rosa damascena Mill.	шиповник дамасский	突厥蔷薇
Rosa lutea Mill.	шиповник культурный	蔷薇
Rosa moschata Mill.	шиповник	麝香蔷薇
Rubia tinctorum L.	марена	染色茜草
Rubus spp.	малина	树莓
Rubus anatolicus Focke.	ежевика	悬钩子
Rubus caesius L.	ежевика	欧洲木莓
Saccharum officinarum L.	сахарный тростник	甘蔗
Sagittaria sagittifolia L. var. *sinensis* Makino. (*S. chinensis Sims.*)	стрелолист	慈姑
Salvia chia Fernald.	чиа	华鼠尾草
Salvia hypoleuca Benth.	сальвия дикая	野生鼠尾草
Secale africanum Stapf.	рожь дикая	野生黑麦
Secale cereale L.	рожь посевная	黑麦
Secale fragile M. B.	рожь дикая	野生黑麦
Secale montanum Guss.	рожь горная	山黑麦

（续）

拉丁文	俄　文	中　文
Secale vavilovii Grossh.	рожь Вавилова	Vavilov 黑麦
Sechium edule Swartz	чайот	佛手瓜
Sesamum indicum L.	кунжут	芝麻
Setaria italica L. subsp. *Maxima* Al. （*italica*）	чумиза	粱（小米）
Sicana odorifera Naud.	зикана	香蕉瓜
Sinapis arvensis L.	полевая горчица	野欧白芥
Sisymbrium sophia L.	сизимбриум	野生大蒜芥
Solanum spp.	картофель	马铃薯
Solanum ajuscoense Buk.	картофель дикий	野生马铃薯
Solanum andigenum Juk. et Buk.	картофель андийский	安第斯马铃薯
Solanum antipoviczii Buk.	картофель дикий	野生马铃薯
Solanum boyacense Juck. et Buk.	картофель культурный	栽培马铃薯
Solanum canarense Juz. et Buk.	картофель культурный	栽培马铃薯
Solanum candelarianum Buk.	картофель дикий	野生马铃薯
Solanum coyoacamm Buk.	картофель дикий	野生马铃薯
Solanum cuencanum Juz. et Buk.	картофель кукьтурный	栽培马铃薯
Solanum demissum Lindl.	картофель дикий	野生马铃薯
Solanum goniocalyx Juz. et Buk.	картофель кукьтурный	栽培马铃薯
Solanum kesselbrenneri Juz. et. Buk	картофель культурный	栽培马铃薯
Solanum melongena L.	баклажан	茄子
Solanum tuberosum L.	картофель культурный	马铃薯
Solanum vavilovii Juz. et Buk.	картофель диний	野生马铃薯
Solidago laevenworthii Torr. et Gray	золотарник	一枝黄花
Sorghum cernuum Host.	джугара	弯头高粱
Sorghum vulgare Pers. （*S. bicolor*）	сорго обыкновенное	高粱
Sorghum durra Stapf. - （*S. bicolor*）	сорго обыкновенное	高粱

（续）

拉丁文	俄　文	中　文
Sorghum nervosum Bess.	гаолян	多脉高粱
Spinacia oleracea L.	шпинат	菠菜
Spinacia tetranda Stev.	дикий（сорный）шпинат	野生菠菜
Spondias mombin L.	мексиканская слива	猪李
Spondias purpurea L.	мексиканская слива	西班牙李
Stachys sieboldii Miq.	китайский артишок	甘露子
Stizolobium hassjo Piper et Tracy	бархатные бобы	日本黧豆
Tagetes spp.	бархатцы	万寿菊属
Tagetes erecta L.	бархатцы	万寿菊
Tagetes lucida Cav.	бархатцы	香叶万寿菊
Tagetes patula L.	бархатцы	万寿菊
Tagetes signata Bartl.	бархатцы	细叶万寿菊
Thea sinensis L. （*Camellia sinensis* L.）	чай	茶
Theobroma cacao L.	какао	可可树
Tigridia pavonia Ker-Gawl.	какомите	老虎连
Trapa bicornis Osb.	водный орех	乌菱
Trapa bispinosa Roxb.	водный орех	菱
Trifolium alexandrinum L.	клевер александрийский	埃及车轴草
Trifolium hybridum L.	клевер розовый	杂种车轴草
Trifolium pratense L.	клевер красный	红车轴草
Trifolium repens L.	клевер белый	白车轴草
Trifolium resupinatum L.	клевер персидский（шабдар）	波斯车轴草
Trigonella foenum-graecum L.	пажитник，греческий клевер	胡卢巴
Triticum aestivum L.（*T. vulgare*）	пшеница мягкая	小麦
Triticum aethiopicum Jakubz.	пшеница эфиопская	埃及小麦
Triticum compactum L.	пшеница компактная	棍状小麦

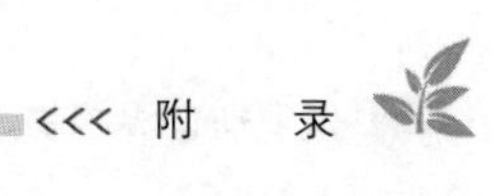

（续）

拉丁文	俄 文	中 文
Triticum dicoccum Schuebl.	полба（эммер）	二粒小麦
Triticum dicoccoides Koern.	дикая полба	野小麦
Triticum durum Desf.	лшеница твердая	硬粒小麦
Triticum persicum Vav. ex Zhuk.	пшеница ларталинская（персидская）	波斯小麦
Triticum polonicum L.	пшеница польская	波兰小麦
Triticum macha Dekapr. et Menabde.	пшеница маха	莫迦小麦
Triticum monococcum L.	однозернянак	一粒小麦
Triticum spelta L.	спельта	斯佩耳特小麦
Triticum timopheevii Zhuk.	пшеница Тимофеева	提莫菲氏小麦
Triticum turgidum L.	пшеница английская	肿胀小麦
Ulex europaeus L.	дрок	荆豆
Ullucus tuberosus Lozaro	ульюко	块根落葵
Vaccinium myrtillus L.	черника	黑果越桔
Vaccinium uliginosum L.	голубика сибирская	笃斯越桔
Vaccinium vitis-idaea L.	брусника	越桔
Vanilla fragrans Ames	ваниль	香荚兰
Vicia articulata Hornem.	вика одноцветковая	单花野豌豆
Vicia ervilia Willd.	французская чечевица	苦野豌豆（法国兵豆）
Vicia faba L.	кормовые бобы	蚕豆
Vicia narbonesis L.	нарбонская вика	法国野豌豆
Vicia pliniana（Trabut）Murat.	вика дикая	野箭筈豌豆
Vicia sativa L.	вика посевная	救荒野豌豆
Vicia villosa Roth.	ника мохнатая	长柔毛野豌豆
Vigna catjang Walp.	вигна（лолия）	眉豆
Vigna sinensis End.	вигна	豇豆
Vitis amurensis Rupr.	виноград амурский	山葡萄，黑龙江葡萄

（续）

拉丁文	俄　文	中　文
Vitis vinifera L.	виноград	葡萄
Wasabia japonica Matsum.	японский хрен	日本辣根
Yucca aloifolia L.	юкка	千手兰
Yucca elephantipes Regel.	юкка	巨丝兰
Zea mays L.	кукуруза	玉蜀黍
Zinnia spp.	циния	百日草
Zinnia elegans Jacq.	циния	百日菊
Zinnia mexicana Hart.	циния	百日草
Zinnia multiflora L.	циния	多花百日草
Zizania latifolia Turcz.	дикий рис	菰（茭白）
Zizyphus vulgaris Lam.	унаби，жожоба	枣

二、人名索引

Akemine M.（??）．日本植物学家、育种家，札幌帝国大学教授。

Alefeld F. C.（1820—1872 年）．瑞典植物学家、分类学家、欧洲栽培和药用植物专家。

Alberts H. W.（1889—？年）．美国育种家、植物病理学家，农业北方化专家。1926—1932 年任美国阿拉斯加试验站站长。

Antropova V. F.（1891—1972 年）．俄罗斯栽培植物专家、栽培学家、黑麦专家，自 1925 年起在实用植物学与新作物研究所工作。

Aaronsohn A.（1876—1919 年）．美国植物学家，于 1906 年在叙利亚和巴勒斯坦发现野生小麦。

Atterberg A. M.（1846—1916 年）．瑞典植物学家、分类学家，曾任乌普萨拉大学化学教授，后在卡勒玛尔化学站工作。曾发表过卡勒玛尔地区北方地方品种和区系的许多论文。

Ascherson P. F. A.（1834—1913 年）．德国植物学家、植物区系学家，地中海植物区系专家。

Bazilevskaya（1902—1997 年）．俄罗斯植物学家，分类学家、栽培学家、油料和观赏植物专家，自 1929 年起在实用植物学与新作物研究所工作。

Barulina E. U.（1896—1957 年）．俄罗斯农学家、豆类作物专家，自 1921 年开始在实用植物与新作物研究所工作。N. I. Vavilov 的第二任妻子。

Batalin A. F.（1847—1896 年）．俄罗斯植物学家，自 1870 年起在圣彼得堡植物园工作，1894 年组建并任第一任实用植物学委员会主任。

Baur. E.（1875—1933 年）．德国植物学家和遗传学家，1911—1927 年在柏林达列姆，任卡捷尔·维里盖尔姆生物研究所教授；是首任植物学与遗传学研究所所长（柏林附近的谬亨彼格堡）。

Bakhareva S. N. （1928—？年）. 俄罗斯栽培植物专家、栽培学家、考察过热带植物，曾任全俄作物研究所引种处主任。

Bakhteev F. kh. （1905—1982 年）. 俄罗斯植物学家、栽培学家、热带植物专家。曾在全俄作物研究所和苏联科学院植物园工作。N. I. Vavilov 奖金获得者。

Benyard（？？）. 英国园艺学家。

Bateson W. （1861—1929 年）. 英国生物学家、遗传学家、“遗传学之父”之一，基因和遗传学的命名人，从 1910 年起任伦敦附近的 Jon Innes 园艺研究所所长。

Beaven R. E. （1857—1941 年）. 英国植物学家，研究过大麦的遗传资源。

Burbank L. （1849—1926 年）. 著名的美国园艺家、育种家，1875 年在加里弗尼亚的桑达—洛扎建立了果树和观赏植物圃。

Berg L. S. （1876—1950 年）. 俄罗斯地理学家和生物学家；苏联科学院院士；自 1916 年起任列宁格勒（圣彼得堡）国立大学教授；1922—1929 年任“GIOA”研究所副所长。

Bessey C. E. （1845—1915 年）. 美国植物学家、系统发生学家、内布拉斯加州立大学植物学教授。

Boeuf F. （1875—？年）. 法国植物学家；曾在突尼斯的植物园和实验站工作；1927 年起在自然历史博物馆工作；自 1937 年任巴黎农学院教授。

Biffen R. （1874—1949 年）. 英国育种家、遗传学家；1908—1931 年任剑桥大学教授。

Blackman V. H. （1872—1967 年）. 英国生物学家；1911—1937 年任伦敦植物生理研究所所长。

Blinov F. Y. （1890—1942 年）. 俄罗斯农学家，北德文分所所长，后任作物研究所考特拉斯站站长。

Borodin I. P. （1847—1930 年）. 俄罗斯植物学家，俄罗斯科学院院士、林学院教授，1899—1905 年任实用植物学委员会主任。

Brezhnev D. D. （1905—1982 年）．俄罗斯作物栽培学家、农学家、番茄专家，全俄农业科学院院士；1937—1941 年曾在作物研究所蔬菜处任职；1965—1979 年任作物研究所所长。

Bridges K. （1889—1938 年）．美国生物学家、遗传学家，1915—1938 年在华盛顿 Karnegi 研究所工作；曾积极参加摩尔根实验室的工作。

Budin K. Z. （1909—1999 年）．俄罗斯农学家、栽培学家，马铃薯专家；全俄农业科学院院士；作物研究所副所长（1966—1979 年）；作物研究所块茎作物处主任（1979—1995 年）。

Bukasov S. M. （1891—1983 年）．俄罗斯植物学家和育种家，马铃薯分类著作专家之一；全俄农业科学院院士；自 1918 年起在马铃薯处工作，后来长期领导该处。

Bukinich D. D. （1882—1939 年）．俄罗斯水利灌溉工程师，地理学家、人种学家、考古学家、旅行家。

Vavilov I. I. （1859—1829 年）．俄罗斯工业家，N. I. Vavilov 之父。

Vavilov S. I. （1891—1951 年）．俄罗斯物理学家，1945—1951 年任苏联科学院院长。N. I. Vavilov 之弟。

Vavilov O. N. （1918—1946 年）．俄罗斯物理学家，物理—数学副博士。N. I. Vavilov 之子。

Vavilov U. N. （1928 年）．俄罗斯物理学家，物理—数学博士，科学院物理所工作人员。N. I. Vavilov 之子。

Vavilov A. I. （1886—1940 年）．俄罗斯医生，N. I. Vavilov 之姐。

Vavilova L. I. （1893—1914 年）．俄罗斯微生物专家，N. I. Vavilov 之妹。

Whitehouse W. E. （1893—1982 年）．美国植物学家，在美国农业部工作，曾数次赴俄罗斯考察。1968 年获得 Meyer 奖章。

Valle O. （1899—1965 年）．芬兰遗传学家、育种家，三叶草专家，曾任芬兰农业研究中心主任（迪开尔斯）。

Westover H. L.（1879—？年）. 美国植物学家，在美国农业部工作。

Vilmorin J.（1882—1933 年）. 法国农学家，1917—1933 年领导“Vilmorin-Andrieux”种子公司，从事育种和良种繁育工作。

Voronov U. N.（1874—1931 年）. 俄罗斯地植物学家和分类专家，亚热带植物专家。1918—1921 年任梯比利斯植物园园长，自 1925 年开始在实用植物学、育种和新作物研究所工作。

Voskresenskaya O. A.（1904—1949 年）. 俄罗斯农学家，马铃薯专家，自 1930 年起在作物研究所工作。

Veisotsky G. N.（1865—1940 年）. 俄罗斯土壤学家、地植物学家和林学家，乌克兰科学院和全苏农业科学院院士，自 1920 年起曾在几所农学院任教授。

Gaisinsky M. N.（1898—1976 年）. 出生于俄罗斯的化学家，曾就读于罗马大学，在巴黎大学任教，任职于法国 Rediev 学院。1926 年任 N. I. Vavilov 的秘书，进行过地中海考察。

Haeckel E. N.（1834—1919 年）. 德国生物学家，进化论者，Ch. 达尔文的继承人，德国因思大学动物学教授。

Hehn V.（1813—1890 年）. 德国植物学家，栽培植物学家，曾任德尔普大学（今爱沙尼亚塔尔图）教授。

Henry A.（1857—1930 年）. 英国植物学家、植物收集家，在科尤植物园工作 20 年，积累蜡叶标本 15000 份，描述过 500 多个植物物种。他曾在乌拉圭与 N. I. Vavilov 相遇。

Govorov L. I.（1885—1941 年）. 俄罗斯农学家、育种家，1915 年起在莫斯科育种站工作，1923 年起任试验站站长，后来任作物研究所豆类作物处主任。

Goldschmidt R.（1878—1958 年）. 德国生物学家和遗传学家，自 1935 年起任 Kaizera Viligelima 生物研究所所长（柏林），美国加州大学教授。

Golitsin B. B.（1862—1916 年）. 俄罗斯贵族，公爵，国家杜马成员，自 1907 年起任沙皇俄罗斯农业部和国家财产学术委员会

领导人。

Gorbunov N. P.（1892—1938 年）. 苏联社会活动家，曾任 V. I. Lenin 的私人秘书，苏联科学院院士。

Grossgeim A. A.（1888—1948 年）. 俄罗斯植物学家、植物区系学家，苏联科学院院士，1917—1930 年在梯比利斯综合学院工作。

Gudzon：R.（??），罗马大学生，按照 Gaisinsky 的推荐，N. I. Vavilov 于 1926 年将他派往埃及（收集植物资源）。

Gustafsson O.（1908—1988 年）. 瑞典遗传学家和育种家。1947—1968 年，在瑞典林业研究所，1968—1974 年在柳恩德大学遗传学教研室工作。

Davenport C. B.（1866—1944 年）. 美国遗传学家和优生学学者。1936 年曾致信美国国家相关部门，要求保护苏联受惩罚的遗传学家们。

Darwin Ch.（1809—1882 年）. 著名的英国生物学家，提出进化论学说。

Darlington C. D.（1903—1981 年）. 英国细胞学家、科学植物地理学奠基人之一。

De Candolle A.（1806—1893 年）. 瑞士植物学家，科学植物地理学的奠基人之一。

De Vries H.（1848—1935 年）. 荷兰植物学家和遗传学家，突变理论发明人，与 Chermak 和 Korrens 三人重新发现了 Mendel 定律。

Jones L. R.（1864—1945 年）. 美国生物学家，植物保护专家，与美国农业部作物栽培委员会合作密切，威斯康里大学教授。

Jones Q.（??）. 美国植物学家，在美国农业部作物栽培委员会任职，参加多次美国考察团活动，1965 年曾访问苏联，曾获 Maier 奖。

Diels L.（1874—1945 年）. 德国植物学家，分类学家，形态学家，地理学家。

Dickson J. G. （1891—1965 年）．美国生物学家，植保专家。1930 年曾访问苏联。

Ivanov A. I. （1934—1988 年）．俄罗斯农学家、作物栽培学家、苜蓿专家，曾任作物所饲用作物处主任。

Ivanov D. S. （1887—1942）．俄罗斯农学家、水稻专家，曾在作物所工作，在德军围困的冬季死于身体衰竭，保住了作物所的资源。

Ivanov N. N. （1884—1940）．俄罗斯化学家和植物生理学家。自 1923 年起任列宁格勒大学教授，1922 年开始在实用植物学与育种处生物化学实验室工作（后来任该室主任）。

Ivanov N. R. （1902—1978 年）．俄罗斯作物栽培学家、育种家，1926 年起在实用植物学、育种和新作物研究所工作，在列宁格勒遭围困时期任研究所领导人，1961 年起任保护 N. I. Vavilov 遗产委员会学术秘书，N. I. Vavilov 奖获得者。

Cavanilles A. I. （1745—1804 年）．西班牙植物学家，马德里皇家植物园园长。

Kameraz A. Y. （1904—1994 年）．俄罗斯农学家，作物栽培学家、育种家、马铃薯专家。

Carleton M. A. （1866—1925 年）．美国植物病理学家，曾就职于美国农业部；多次赴苏联进行考察。

Karpechenko G. D. （1899—1942 年）．俄罗斯遗传学家、细胞遗传学家，自 1925 年起主持作物研究所遗传实验室。

Kato S. （??）．日本植物学家，Nankin 大学系主任。

Koelreuter I. G. F. （1733—1806 年）．德国植物学家、1755—1761 年在圣彼得堡工作。植物强制授粉技术的研究者之一。

Kerkis U. Y. （1907—1977 年）．俄罗斯遗传学家，自 1930 至 1941 年在苏联科学院遗传学研究所工作。

Koernicke F. A. （1808—1908 年）．德国植物学家和植物分类学家，柏林皇家蜡叶标本监护人，后来，在圣彼得堡植物园工作。

Kichunov N. I. （1863—1942 年）．俄罗斯园艺学家，自 1921

年起任彼得格勒农学院园艺教研室主任，后来在作物研究所工作。

Kihara H.（1893—1986年）．日本植物学家，遗传学家和细胞学家。1920—1955年在Kiot大学，1955年起在国家遗传研究所工作。

Klokov P. T.（??）．俄罗斯农学家和化学家，莫斯科畜牧学院教授。

Kobelev V. K.（??）．俄罗斯作物栽培学家，育种家，在作物研究所中亚分所土库曼斯坦育种站工作。

Kobeiliansky V. D.（1928年）．俄罗斯农学家、植物学家、遗传学家、黑麦专家。1978—2001年任作物研究所小作物处主任。

Kolitsov N. K.（1872—1940年）．俄罗斯生物学家和遗传学家，苏联科学院通讯院士、实验生物学研究所的奠基人，自1918年起任莫斯科大学教授。

Konarev V. G.（1915—2006年）．俄罗斯生物化学家，全苏农业科学院院士，1979—1997年曾在作物研究所主持分子生物学处。

Korzhinsky S. I.（1861—1900年）．俄罗斯植物学家和地理学家，俄罗斯科学院院士，1892年起任圣彼得堡植物园首席植物学家。

Correns K. E.（1864—1933年）．德国植物学家和遗传学家，Kaizera Viligelima生物研究所所长（1914—1933年），重新发现孟德尔（Mendel）定律的专家之一。

Kostov D. S.（1897—1949年）．保加利亚遗传学家，保加利亚科学院院士，自1924年起在索菲亚工作，曾应N. I. Vavilov邀请到苏联，1939—1947年任保加利亚中央农业研究所所长（索菲亚）。

Kovalev N. V.（1888—1973年）．俄罗斯栽培学家和植物学家，1928—1930年任克里米亚Nikit植物园园长，后来任作物研究所果树处处长和迈科普试验站站长。

Krasovchin V. T.（1904—1982年）．俄罗斯农学家和植物学家，甜菜专家，自1926年在作物研究所工作。

Krasovskaya I. V. （1896—1956 年）．俄罗斯植物生理学家，1925—1936 年在作物研究所工作。

Kreier G. K. （1887—1942 年）．俄罗斯植物学家，自 1926 年起在作物研究所药用植物部工作。

Krivchenko V. I. （1930—2005 年）．俄罗斯植物病理学家黑穗病专家，曾在作物研究所主持免疫处。

Crew F. A. E. （1888—1973 年）．英国遗传学家，爱丁堡动物遗传所主持人，英国农业部专家。

Kuznetsov V. A. （1877—1940 年）．俄罗斯植物学家，曾任作物研究所饲料作物部主任。

Kuzimin V. N. （1893—1973 年）．俄罗斯农学家、育种家，自 1923 年曾在作物研究所工作至 1935 年。全俄农业部科学院院士、哈萨克科学院院士。

Kuleshov N. N. （1890—1968 年）．俄罗斯作物栽培学家、分类学家、生态学家，乌克兰科学院院士，曾在乌克兰哈尔科夫农业试验站工作。

Cook O. F. （1867—1949 年）．美国生物学家、育种家，曾在美国农业部作物栽培委员会主持棉花处工作。

Kuckuck H. （??）．德国植物学家，大麦专家。

Kuptsov A. I. （1900—1986 年）．俄罗斯农业植物学家，1928—1933 年曾在作物研究所工作。

La Gasca M. （1776—1839 年）．著名的西班牙植物学家，曾任皇家马德里植物园园长，从 1818 年起收集第一批栽培植物蜡叶标本。

Labedev V. N. （1899—1957 年）．俄罗斯农学家、育种家，曾在乌克兰糖业托拉斯试验站（白采尔科夫）工作。

Levintsky G. A. （1878—1942 年）．俄罗斯植物学家、细胞遗传学家、苏联科学院通讯院士，1925 年以前在基辅工学院任教授，之后在作物研究所主持细胞学实验室。

Lemeshev N. K. （1938—1995 年）．俄罗斯遗传学家、植物

学家，棉花专家，1983—1995 年任作物研究所工艺作物处主任。

Lepin T. K.（1895—1964 年）．俄罗斯遗传学家，曾在 N. I. Vavilov 领导下的遗传研究所工作。

Lekhnovich V. S.（1902—1989 年）．俄罗斯作物栽培学家、植物分类学家，马铃薯专家。从 1927 年起在作物研究所工作。

Litvinov N. I.（??）俄罗斯植物学家，自 1908 年起在实用植物学委员会工作，1909—1917 年在委员会的沃罗涅日分部工作。

Likhonos F. D.（1898—1984 年）．俄罗斯育种家和果树专家，1917—1925 年，在沃罗涅日农学院工作，1925—1935 年和 1959 年后在作物研究所果树处工作。

Luss Y. Y.（1897—1979 年）．俄罗斯遗传学家、育种家，果树专家，1928—1930 年，在作物研究所，1930 年在后在 N. I. Vavilov 领导下的遗传研究所工作。

Makasheva R. Kh.（1917—2002 年）．俄罗斯农学家和栽培学家，豌豆专家。从 1948 年起在作物研究所豆类作物处工作。

Maksimov N. A.（1880—1952 年）．俄罗斯植物生理学家，苏联科学院院士。1917 年任梯比利斯工学院教授（格鲁吉亚），从 1922 年起在作物研究所工作。

Malitsev A. I.（1879—1948 年）．俄罗斯植物学家、杂草专家，从 1908 年起在作物研究所工作，1918—1926 年在实用植物学处草原站工作。

Mansfela R.（1901—1960 年）．德国植物学家和分类学家，自 1949 年起任德国基因库第一任主任（Gatersleben）。

Markovich V. V.（1865—1942 年）．俄罗斯植物学家和植物区系专家，热带植物专家，自 1925 年起在作物研究所工作。

Matsuura H.（??）．日本遗传学家，札幌帝国大学教授，1930 年曾到过苏联。

Mashtaler G. A.（??）．俄罗斯 michurin 遗传学专家，T. D. Leisenko 的继承者之一。

Meyer F.（1875—1918 年）．美国著名植物学家，多次访问俄罗斯和苏联。

Meister G. K.（1873—1943 年）．俄罗斯育种家和遗传学家，自 1918 年起主持萨拉托夫农业试验站的育种科，1920—1935 年任该站站长。

Muller H. J.（1890—1967 年）．美国遗传学家、辐射遗传学奠基人之一，1946 年获诺贝尔奖，曾应 N. I. Vavilov 之邀在苏联科学院遗传学研究所工作。

Mendel G.（1822—1884 年）．著名的捷克生物学家和遗传学家，遗传定律的奠基人。

Merezhko A. Ф.（1940—2008 年）．俄罗斯农学家和遗传学家，小麦和小黑麦专家，提出了植物育种中有价值经济性状遗传材料和杂交供体的论点，1980—1987 年任作物研究所遗传学处主任，1987—1996 年任小麦处主任。

Merchaninov I. I.（1883—1967 年）．俄罗斯考古学家、语言学家，苏联科学院院士。

Michurin I. V.（1855—1936 年）．俄罗斯著名生物学家、园艺师，全苏农业科学院院士。1928 年，他在 Kozlov 城（后 Michurinsk）建立果园，该果园后来成为全苏农业科学院的中央遗传实验室。

Morrison B. Y.（1885—1965 年）．美国育种家，杜鹃专家，美国国家种植园园长，1934—1949 年任美国农业部作物栽培委员会主任。

Morse W. J.（1872—1931 年）．美国农学家、植物学家，1907—1929 年在美国农业部作物栽培委员会工作。

Mosley（??）．英国生物学家。

Muralov N. I.（1886—1937 年）．苏联国务活动家，1928 年任俄罗斯联邦农业人民委员；1933—1936 年任苏联农业副人民委员，1935—1937 年任全苏农业科学院院长。

Nawashen S. G.（1857—1930 年）．俄罗斯细胞学家、植物胚胎学家，苏联科学院院士，梯比利斯大学教授、基辅大学教授。

1923—1929 年生物研究所所长，自 1929 年起任苏联科学院细胞实验室主任。

Nisson-Ehle G. （1873—1949 年）．瑞典生物学家和遗传学家，苏联科学院外籍院士，Svalef 育种站站长。

Oberg E. （1909—1983 年）．瑞典农学家和进化论者，瑞典农业大学农学教授，1937 年访问苏联。

Audricour（??）．法国研究人员，曾在苏联工作。

Offermann C. A. （1904—? 年）．阿根廷遗传学家，曾作为 Muller 的助教在苏联遗传学研究所工作。

Pashkevich V. V. （1881—1939 年）．俄罗斯生物学家和园艺家，全苏农业科学院院士，自 1922 年起在作物研究所工作，列宁格勒农学院教授。

Punnett R. C. （1875—1967 年）．英国遗传学家，剑桥大学教授。

Percival J. （1863—1949 年）．英国植物学家，小麦专家，雷丁大学教授。

Pisarev B. E. （1883—1972 年）．俄罗斯农学家和育种家。图隆育种站奠基人，1921 年起为实用植物学和育种研究所职工；1925 起成为 N. I. Vavilov 的副手。

Pieters A. J. （??）．美国饲用牧草专家，美国农业部饲草和抗病害委员会成员。

Popov M. G. （1893—1955 年）．俄罗斯植物学家、分类学家、乌克兰农科院通讯院士，1917—1921 年任萨拉托夫大学教师，1921—1927 年任塔什干中亚大学教授。

Popovsky M. A. （??）．俄罗斯作家、记者，俄罗斯科学家生平包括 N. I. Vavilov 生平的作者。

Prezent I. I. （1902—1968 年）．俄罗斯生物学家、全苏农科院院士、列宁格勒大学教授、Leisenko 理论思想的主要推动者。

Przhevalisky N. M. （1839—1888 年）．俄罗斯地理学家、中亚研究者，俄罗斯联邦科学院功勋院士。

Prianishnikov D. N. （1865—1948 年）. 俄罗斯植物生理学家、农业化学家、植物学家，苏联科学院院士，自 1895 年起任彼得洛夫农学院教授，N. I. Vavilov 的老师之一。

Razumov V. I. （1902—？年）. 俄罗斯植物生理学家，1926 年起成为作物研究所成员，生理学处主任。

Ryerson K. A. （1892—1990 年）. 美国园艺学家，30 年代任美国农业部作物栽培委员会主任，1937—1952 年任戴维斯农业大学系主任，是美国农业部作物栽培委员会领导人。

Russel E. J. （1872—1965 年）. 英国植物学家，农业专家，伦敦大学教授。

Regeli R. I. （1867—1920 年）. 俄罗斯植物学家，农学家，自 1900 年起在实用植物学委员会工作，1905—1920 年任该委员会主任。

Reznik S. E. （??）. 俄罗斯作家，著 N. I. Vavilov 传。

Rodina L. M. （??）. 俄罗斯农学家、燕麦专家，在列宁格勒遭围困时期，在作物研究所工作。

Rozanova M. A. （1885—1957 年）. 俄罗斯植物学家，自 1925 年起，在实用植物学、育种和新作物研究所工作。

Rudzinsky D. L. （1866—1954 年）. 俄罗斯（立陶宛）育种家，自 1898 年起任莫斯科农学院助教、教授，1909 年组建俄罗斯第一个莫斯科育种试验站，1922 年回立陶宛，组建 Dotnov 育种站。

Saks（??）. 俄罗斯农学家，作物研究所遗传与育种处工作人员。

Sapegin A. A. （1883—1946 年）. 俄罗斯植物学家和细胞学家，乌克兰科学院院士，曾任 Odessa 农业试验站站长。

Saunders Ch. F. （1867—？年）. 加拿大农学家，粮食作物首席专家，加拿大中央大学化学教授。

Satsiperov F. A. （??）. 俄罗斯植物学家，1908 年，在实用植物学委员会工作，向日葵专家。

Sveshnikova I. N. （1901—？年）．俄罗斯遗传学家、细胞学家，曾在苏联科学院遗传学研究所工作。

Swingle W. C. （1875—1952 年）．美国农学家、植物学家，1891—1941 年在美国农业部作物栽培委员会工作，曾多次参加收集亚热带植物的考察活动。

Serebrovsky A. C. （1892—1948 年）．俄罗斯生物学家，苏联科学院通讯院士、农业科学院院士，20 年代任莫斯科农学院教授。

Sizov L. A. （1900—1968 年）．俄罗斯育种家，主持作物研究所的遗传学与育种处，1961—1962 年任所长。

Sinskaya E. N. （1889—1965 年）．俄罗斯农学家、植物学家、地理学家，自 1921 年在实用植物学与育种处工作。

Scott D. H. （1854—1934 年）．英国古植物学家和进化论者，达尔文的继承人。

Skrdla W. （??）．美国农学家，在北方中心站从事引种工作（隶属美国农业部）。

Stoletova E. A. （1889—1964 年）．俄罗斯农学家和育种家，自 1918 年起在作物研究所工作。

Talanov V. V. （1871—1936 年）．俄罗斯育种家，种子专家，苏联科学院通讯院士，1917—1922 年任 Omsk 农学院教授，试验站站长，1925 年起成为 N. I. Vavilov 的副手。

Tanaka T. （1885—？年）．日本植物学家、柑橘类作物专家，台湾大学教授，中国台湾试验站组织者。

Thellung A. （1881—1928 年）．苏黎世植物学教授，著有《瑞士的植物区系》。

Ter-Avanesyan D. V. （1909—1979 年）．俄罗斯农学家，棉花专家，1940 年起在作物研究所不同处工作，曾主持工艺作物处。

Timiriyazev K. A. （1843—1920 年）．俄罗斯植物生理学家、自然科学家，光合作用专家，俄罗斯科学院通讯院士。

Timofeev-Pecovsky N. V. （1900—1981 年）．俄罗斯遗传学家，辐射遗传学奠基人之一，1925—1945 年在柏林生物学研究所工作。

Trabut L.（1853—1929 年）．法国植物学家，阿尔及尔大学医学教研室药用植物学教授。

Trofimovskaya A. Y.（1903—1991 年）．俄罗斯农学家，大麦专家，自 1940 年起做硕士研究生，后成为作物研究所工作人员。

Tulaikov N. M.（1875—1938 年）．俄罗斯农学家，苏联科学院院士，1910—1916 年组建 Bezenqiuk 农业试验站组并任第一任站长。1920 年起任萨拉托夫农学院教授。

Tumanyan M. G.（1886—1950 年）．阿尔明尼亚农学家，育种家，埃里温农学院教授。

Tupitsetsi M. G.（1921—？年）．俄罗斯农学家、李树专家，在作物研究所的迈科普试验站工作。

Udachin R. A.（1932 年）．俄罗斯农学家、植物学家，小麦专家，在作物研究所小麦处工作。

Fairchild D. G.（1869—1954 年）．美国农业专家，旅行家，美国农业部作物栽培业第一任主任。

Famintsin A. C.（1835—1918 年）．俄罗斯植物学家、生理学家，俄罗斯科学院院士。

Federley H.（1879—1951 年）．芬兰遗传学家、育种家，1923 年任赫尔辛基大学教授。

Filipchenko U. A.（1882—1930 年）．俄罗斯动物学家，列宁格勒大学第一个遗传学教研室奠基人。

Fliyaksberger K. A.（1880—1939 年）．俄罗斯植物学家，小麦专家和粮食作物分类专家，1907 年起在实用植物学委员会工作。

Fortunatova O. K.（1898—1941 年）．俄罗斯农学家，1923 年起在实用植物学与育种处工作。

Freiman A. U.（1895—1959 年）．俄罗斯农学家，自 1917 年起在实用植物学与育种处工作，曾是莫斯科分部的工作人员（1922 年始）。

Frankel O. H.（1900—1998 年）．奥地利育种家，曾任

CSIRO 处负责人，在西方国家基因库植物遗传资源保存理论和实践发展上起过重要的作用。

Fruwirth H. C. （1862—1930 年）．奥地利植物学家，第一部植物育种学教科书的合作者和编辑。

Haldane J. B. S. （1892—1964 年）．英国遗传学家，自 1927 年起为 Jona Innes 果树研究所的领导者。

Hansen N. E. （1866—1950 年）．美国农学家和育种家，饲用作物和果树专家，1896—1908、1913 和 1934 年多次访问俄罗斯和苏联。

Harlan H. V. （1882—1944 年）．美国农学家，大麦专家，在美国农业部作物栽培委员会任职，N. I. Vavilov 的朋友。

Harland S. C. （??）．英国遗传学家和育种家，英国棉花研究与种植实验站站长（特列尼达岛）。

Hawkes J. G. （1915—2002 年）．英国植物学家和分类学家，著名的马铃薯物种分类专家，先在剑桥大学，后在伯明翰大学任植物学教授。

Hall A. D. （1864—1948 年）．英国植物学家、洛桑实验站站长，1926 年起任 Jona Innes 果树研究所所长。

Khoroshailov N. G. （1904—1995 年）．俄罗斯农学家和栽培学家，良种繁育专家，1932 年起在作物研究所工作。

Zade A. （1880—？年）．德国植物病理学家和育种家，列依普兹大学农学院教授。

Cherniyakovskaya E. F. （1892—1942 年）．俄罗斯植物学家，曾在列宁格勒植物园工作。

Chevalier A. J. B. （1873—1956 年）．法国植物学家，非洲热带植物系区专家；巴黎实用植物研究所所长。

Shevchuk T. N. （1909—？年）．俄罗斯作物栽培学家，作物研究所工作人员，1964 年前任引进处主任。

Shleikov G. N. （1903—1977 年）．俄罗斯作物栽培学家，1931 年起任作物研究所工作人员（亚热带植物处），后任作物研究所副处长，系写 N. I. Vavilov 告密信者之一。

Shmuk A. A.（1886—1945 年）．俄罗斯农业化学家和生物化学家，全苏农业科学院院士、库班农学院教授。

Stubbe H.（1942—1989 年）．德国遗传学家，自 1943 年在 Gaterslebene 创办栽培植物研究所并任所长。

Schull G. H.（1876—1954 年）．美国遗传学家和育种家，1915—1942 年任普林斯通大学植物学与遗传学教授。

Shulits A. A.（1855—1922 年）．俄罗斯农学家，曾任农业科学委员会副主席。

Eiknfeld I. G.（1893—1989 年）．俄罗斯生物学家和育种家，苏联科学院通讯院士和全苏农业科学院院士，1923—1940 年在作物研究所的极地站工作，1940—1951 年任作物研究所所长。

Engler A. H. G.（1844—1930 年）．德国植物学家、旅行家，Bavar 和巴黎科学院院士。

Enken V. B.（1900—1981 年）．俄罗斯农学家、植物学家、大豆专家，自 1925 年起在实用植物学与新作物研究所工作。

Enlow C. R.（1893—？年）．美国作物栽培学家，在美国农业部作物栽培委员会引种部工作。

Uzepchuk S. V.（1893—1959 年）．俄罗斯植物分类专家、地理学家，在苏联科学院植物园工作。

Yachevsky A. A.（1863—1932 年）．俄罗斯真菌学者、植物病理学家。苏联科学院通讯院士。

Yakovlev Y. A.（1896—1938 年）．曾担任苏联农业人民委员，从 1934 年起为苏共中央农业部成员。

Yakushkina O. V.（??）．俄罗斯作物栽培学家，曾任萨拉托夫农学院农业各论教研室副教授。

三、N. I. Vavilov 的主要考察（1916—1940 年）

1916 年　伊朗考察（Hamadan 和 Horasan）和帕米尔（Shugan，Rushan 和 Horog）。

1921 年　加拿大之行（Ontario 省）、美国之行（New York，Pennsylvania，Meriland，Virginia，North Carolina 和 South Carolina，Kentucky，Indiana，Illinois，Iowa，Wisconsin，Miniesota，North Dakota，South Dakota，Wyoming，Colorado，Arizona，California，Oregon，Maine 州）

1924 年　阿富汗考察（Herat，阿富汗突厥斯坦，gaimag，Bamyan，Kunduz，badahshan，卡菲利斯坦，Jalalabad，Kabul，Gerat，Kandahar，Bakuja，Helimand，Farah，富义斯坦）。此次考察同行者还有 D. D. Bukinich 和 V. N. Lebedev。

1925 年　花粒子模考察（希瓦、新岛尔根奇、古尔连、塔沙乌兹）

1926—1927 年　地中海国家考察（法国、叙利亚、巴勒斯坦、阿尔及利亚、摩洛哥、突尼斯、希腊、西西里、撒丁、塞浦路斯、意大利、西班牙、葡萄牙、按 N. I. Vavilov 的请求 Gudzoni 考察了埃及）和阿比西尼亚（吉布提、亚的斯亚贝巴、尼罗河、察纳湖），厄立特里亚（马萨瓦）和也门（荷台达、吉达、赫扎斯）

1927 年　维尔茨堡山区（巴伐利亚、德国）调查。

1929 年　中国考察（新疆的喀什、吐鲁番、阿克苏、库车、乌鲁木齐、Kulja、叶尔羌河、和田）—与 M. G. Popov 一起进行考察。后来 N. I. Vavilov 一个人考察了中国台湾、日本（本州、九州和北海道）和朝鲜。

1930 年　美国考察（Florida，Louisiana，Arizona，Texas，California 州），考察墨西哥、委内瑞拉、危地马拉和洪都拉斯。

1932—1933 年　加拿大之行（Ontario，Manitoba，Saskatchewan，Alberta，British Columbia 省）和美国之行（Washington，

Coloredo，Montana，Kansas，Idaho，Louisana，Arkansas，Arizona，California，Nebraska，Nevada，NewMexico，North Dakota，South Dakota，Oklahoma，Oregon，Texas，Utah 州）。

1932—1933 年　考察古巴、墨西哥（尤卡坦）、厄瓜多尔（Kordiller）、秘鲁（Titikaka 湖，Puno 山，Kordiller）、玻利维亚（Kordiller）、智利（Panama 河）、巴西（Rio-de-zhanei-ro，亚马逊河）、阿根廷、乌拉圭、特立尼达—波多黎各。

1921—1940 年　系统调查俄罗斯欧洲和亚洲部分，和高加索及中亚的所有地区。

N. I. Vavilov 国外旅行和考察

1913—1914 年　（1913 年 8 月—1914 年 10 月）赴英国、法国和德国实习。

1916 年（7～9 月）赴伊朗和突厥斯坦考察。

1921—1922 年（1921 年 7 月至 1922 年 2 月）赴加拿大、美国和英国旅行。

1924 年（7～12 月）赴阿富汗考察。

1925 年（7～11 月）赴中国西部、花拉子模考察。

1926—1927 年（1926 年 6 月—1927 年 8 月）赴地中海地区的葡萄牙、西班牙、法国、意大利、希腊、塞浦路斯、叙利亚、巴勒斯坦、阿尔及利亚、摩洛哥、突尼斯、埃塞俄比亚、也门考察。

1927 年（4～5 月）赴意大利罗马出席国际农业研究所科学委员会会议，并参加国际小麦代表会议。

1927 年（9 月）赴德国考察。

1927 年（9 月）参加第五届国际遗传学代表会议（德国柏林）。

1929 年（10～12 月）赴中国新疆和台湾、日本、朝鲜考察。

1930 年（8 月）访问英国，参加第五届国际植物学代表会议和第九国际园艺代表会议（伦敦）。

1930 年（9 月）访问美国，出席第二届国际农业经济学家代表会议（伊萨卡）。

1930 年（9～12 月）赴美国、墨西哥、洪都拉斯、委内瑞拉、危地马拉考察。

1931 年（7 月）访问英国，出席第二届国际科学技术史代表会议（伦敦）

1931 年（9 月）访问挪威、丹麦和瑞典。

1931 年（9 月）参观殖民地博览会（法国巴黎）。

1932—1933 年（1932 年 8 月至 1933 年 2 月）赴加拿大和美国，参加第六届国际遗传学代表会议（伊萨卡），后赴古巴、墨西哥、厄瓜多尔、秘鲁、玻利维亚、智利、巴西、阿根廷、乌拉圭、特立尼达—波多黎各考察。

1933 年（2 月），在法国国家农学研究所和自然史博物馆举办讲座。

1933 年（2 月），在德国哈雷（Galle）“Leopoldina”学院举办讲座。

四、作物研究所科技工作人员进行的主要考察（1922—1933年）

1922—1923年　考察蒙古（W. E. Pisarev和V. P. Kuzmin）。

1923年　考察克里米亚（E. I. Barulina）。

1924年　考察阿尔泰（E. I. Sinskaya）。

1925—1926年　考察墨西哥、危地马拉、巴拿马、古巴、特立尼达和哥伦比亚（S. M. Bukasov和U. N. Voronov）。

1925—1926年　考察亚美尼亚（E. A. Stoletova）。

1925—1927年　考察土耳其（P. M. Zhukovsky）。

1926年　考察阿塞拜疆（N. N. Kuleshov和V. V. Pashkevich）。

1926年　考察阿塞拜疆和俄罗斯达吉斯坦（K. A. Flyaksberger）。

1926年　考察乌兹别克斯坦（N. N. Kuleshov和V. K. Kobelev）。

1926年　考察俄罗斯远东（K. A. Flyaksberger）。

1926—1928年　考察巴勒斯坦、巴基斯坦、印度、爪哇岛和锡兰（V. V. Markovich）。

1926—1928年　考察秘鲁、玻利维亚和智利（S. V. Uzenchuk）。

1927年　考察突厥斯坦（N. N. Kuleshov）。

1927年　考察中西伯利亚和东西伯利亚（G. K. Kreier）。

1928—1929年　考察日本（E. N. Sinskaya）。

1928—1932年　考察格鲁吉亚和阿塞拜疆（G. K. Kreier）。

1930年　考察格鲁吉亚（E. A. Stoletova）。

1930年　考察乌兹别克斯坦和吉尔吉斯（G. K. Kreier）。

1933年　考察格鲁吉亚（E. I. Barulina）。

五、作物研究所的主要国外考察（1954—1994 年）

1954 年　P. M. Zhukovsky 赴法国科西嘉岛考察，收集了粮食、豆类、蔬菜、饲用、果树、观赏植物样本 6 811 份。

1955 年　P. M. Zhukovsky 赴阿根廷考察，收集了粮食、豆类、饲用、工艺、蔬菜作物和马铃薯样本 408 份。

1956 年　N. R. Ivanov 和作物研究所工作人员赴中国考察，收集了粮食、豆类、工艺、蔬菜、亚热带作物样本 2 100 份。

1956 年　I. A. Sizov 和作物研究所工作人员赴保加利亚中部、南部和山区考察，收集了粮食、豆类和蔬菜样本 606 份。

1956—1959 年　D. V. Ter-Avenesyan 赴印度和尼泊尔，收集到粮食、豆类、蔬菜、工艺、油料、饲料、果树和亚热带作物样本 4 300份。

1957 年　D. I. Tupitsin 和 A. M. Gorsky 赴中国考察，收集了 1 117 份粮食、豆类、蔬菜、饲料、工艺、油料、果树、观赏和亚热带作物样本。

1957—1959 年　N. G. Khoroshailov 赴蒙古考察，收集了粮食和纤维作物样本 287 份。

1958 年　Zhukovsky 赴阿根廷、秘鲁、智利、玻利维亚和墨西哥考察，收集了粮食、豆类、蔬菜、工艺、饲用作物和马铃薯样本 1 210 份。

1958—1959 年　F. F. Sidorov 和 T. Y. Zarubailo 赴埃及、埃塞俄比亚和苏丹考察，收集到粮食、豆类、工艺、蔬菜、饲料、果树、亚热带作物和块茎类样本 1 109 份。

1959 年　T. N. Shevchuk 赴伊拉克考察，收集到粮食、豆类、蔬菜、饲料、工艺、油料和果树等作物样本 314 份。

1959—1960 年　G. I. Miroshnichenko 赴保加利亚，收集了粮食、豆类、蔬菜和块茎类样本 2 412 份。

1963 年　T. N. Shevchuk 和 V. L. Vitkovsky 前往阿富汗主要农区考察，收集了粮食、豆类、蔬菜、饲料、果树、亚热带作物和葡萄样本 725 份。

1967 年　G. E. Shmaraev 和 A. G. Zeikin 考察智利主要农区，收集到粮食、蔬菜、饲料作物和马铃薯样本 2 028 份。

1967 年　V. F. Dorofeev 赴土耳其考察，收集了粮食、饲料、蔬菜、工艺、油料和观赏植物样本 510 份。

1967 年　G. I. Miroshnichenko 和 V. P. Gorbunov 赴苏丹考察，收集到粮食、豆类、蔬菜、饲料、工艺和油料作物样本 517 份。

1968 年　G. E. Shmaraev 和 N. I. Korsakov 赴坦桑尼亚和乌干达考察，收集到粮食、豆类、蔬菜、饲料、工艺和油料作物样本 980 份。

1968 年　V. F. Dorofeev 和 V. L. Vitkovsky 赴伊朗考察，收集了粮食、豆类、蔬菜、工艺、油料、果树和亚热带作物样本 2 894 份。

1968 年　K. Z. Budin 和其他人前往墨西哥南部各州、山区和墨西哥州的火山区考察，收集到粮食、豆类、蔬菜等以及 30 多个马铃薯种样本 1 185 份。

1968 年　T. N. Shevchuk 和 Zeikin 考察了巴西，收集了 424 份粮食、豆类、蔬菜、饲料、工艺、油料等作物和马铃薯类样本 424 份。

1968 年　V. M. Berlyand-Kozhevnikov 按照 N. I. Vavilov 的路线考察了埃塞俄比亚，收集到粮食、豆类、蔬菜、工艺、油料作物样本 2 730 份。

1969 年　V. F. Dorofeev 和 B. V. Shver 在印度主要农区考察，收集到粮食、豆类、蔬菜、油料、果树和葡萄等作物样本 938 份。

1969 年　K. Z. Budin 和 V. L. Vitkovsky 在阿尔及利亚考察，收集了粮食、豆类、蔬菜、工艺、油料、果树、亚热带作物样本 840 份。

1970 年 V. M. Berlyand-KozhevniKOB 在阿富汗按照 H. I. Vavilov 的路线考察，收集到粮食（小麦、大麦、燕麦物种）、豆类、蔬菜、工艺、果树等作物样本 1 500 份。

1970 年 K. Z. Budin 和 G. E. Shmaraev 在秘鲁的山区（Lima、Uankaho、Cusco、Puno）考察，收集了 1 327 份粮食作物、马铃薯的栽培和野生物种及其他块薯样本。

1970 年 A. V. Pukhalsky 和 E. B. Mazhorov 赴突尼斯坦和摩洛哥考察，收集了 500 份粮食、豆类、蔬菜、观赏植物和棉花样本。

1970 年 V. F. Dorofeev 和 N. I. Korsakov 前往巴基斯坦考察，收集到粮食、豆类、饲料、蔬菜等作物样本 856 份。

1971 年 N. I. Korsakov、N. K. Lemeshev 等人在几内亚、马里和塞内加尔考察，收集了粮食、豆类、工艺、饲料、蔬菜、果树等作物样本 2 218 份。

1971 年 A. V. Pukhalsky、A. G. Zeikin、N. K. Leme-shev 赴玻利维亚（La-Paz、Cocabamba、Santa-Cruz 和 Potosi）考察收集到了 738 份样本；在秘鲁西南地区（Cuzco、Lima 和 Guankaho 三省）考察，收集到 403 份样本；在厄瓜多尔西部山区和临近地区收集到 1 249 份粮食、豆类、工艺、蔬菜和果树等作物样本、14 个马铃薯种。

1972 年 V. F. Dorofeev 和 N. P. Agafonov 在布隆迪、肯尼亚和索马里考察，收集到粮食、豆类、工艺、饲料、蔬菜、柑橘类样本 799 份。

1972 年 A. D. Barsukov 赴古巴考察，收集了 151 份豆类和饲料作物样本。

1973 年 G. E. Shmaraev、R. A. Udachin 和 L. E. Gorbatenko 在阿根廷东北部地区和乌拉圭考察，收集到粮食和工艺作物及马铃薯样本 1 254 份。

1973 年 A. F. Merezhko 在墨西哥考察，收集了粮食和工艺作物样本 458 份。

1973 年　K. Z. Budin、N. I. Korsakov 等赴墨西哥考察，收集到粮食、豆类和工艺作物样本 407 份。

1974 年　N. K. Lemeshev 和 L. E. Gorbatenko 赴秘鲁考察，收集了粮食、工艺和蔬菜等作物样本 4 433 份，其中马铃薯样本 2 600 份。

1974 年　A. G. Lyakhovkin 在尼泊尔考察，收集到粮食、豆类、油料和蔬菜样本 994 份。

1974 年　A. F. Dorofeev 在叙利亚和伊拉克重要农区考察，收集到粮食、豆类、工艺和蔬菜样本 778 份。

1974 年　Y. S. Nesterov 和 R. A. Udachin 在埃及和利比亚考察，收集了粮食、豆类、工艺、饲料、蔬菜、果树和柑橘类样本 755 份。

1974 年　G. E. Shmareev、N. I. Korsakov 等赴喀麦隆考察，得到当地粮食、豆类、工艺、饲料和蔬菜及块茎类样本 746 份。

1975 年　N. K. Lemeshev 等前往墨西哥考察，收集了粮食、豆类、工艺、饲料和蔬菜样本 336 份。

1975 年　G. E. Shmaraev、L. E. Gorbatenko 等在哥伦比亚山区和委内瑞拉主要农区考察，共收集到粮食、豆类、工艺作物和马铃薯样本 2 130 份。

1976 年　V. L. Vitkovsky 前往印度考察，收集了粮食作物和果树样本及 Citrus 物种样本 723 份。

1977 年　L. E. Gorbatenko 按着 N. I. Vavilov 当年的路线在西班牙进行考察，收集了粮食、豆类、蔬菜和果树样本 5 074 份。

1977 年　Y. S. Nesterov 等人赴葡萄牙考察，收集了粮食、豆类、饲料和蔬菜样本 3 045 份。

1977 年　G. V. Eremin 在朝鲜考察，收集到粮食、蔬菜、果树样本 147 份。

1977 年　A. G. Lyakhovkin 和 V. N. Soldatov 赴菲律宾考察，收集到粮食、豆类、工艺、蔬菜作物样本 1 173 份。

1977 年　S. N. Bakharev 和 S. G. Varadinov 到（加纳）上沃尔

特考察，收集了粮食、豆类、工艺、饲料、蔬菜、柑橘类作物和块茎等样本 846 份。

1977 年 V. S. Sotchenko 和 G. A. Tekhanovich 赴加纳考察，共收集粮食、豆类、工艺、饲料、蔬菜和果树样本 912 份。

1977 年 A. F. Merezhko 赴墨西哥，收集了粮食、豆类、工艺和蔬菜样本 861 份。

1977 年 N. K. Lemeshev 赴墨西哥，收集了豆类、饲料、工艺和蔬菜作物样本 1 082 份。

1978 年 E. V. Mazhorov 和 K. A. KobeiLyanskaya 赴捷克斯洛伐克（斯洛伐克、摩拉维亚、捷克）考察，收集到 Triticum spp，Hordeum spp. Avena spp，豆类、工艺和饲料作物样本 1 521 份。

1978 年 V. P. Denisov 前往阿富汗果树区考察，收集到 644 份果树，浆果和观赏植物样本和接穗。

1978 年 V. S. Sotchenko、G. V. Podkuichenko 等赴也门主要农区考察，收集到粮食、豆类、工艺作物和蔬菜样本 297 份。

1978 年 V. D. Kobeilyansky 和 S. N. Bakhareva 赴阿尔及利亚考察，收集了粮食、豆类、工艺、饲料、蔬菜和果树样本 347 份。

1978 年 N. I. Korsakov、G. G. Davidyan 等到巴基斯坦考察，收集到粮食、豆类、工艺、蔬菜和果树样本计 1 155 份。

1978 年 B. kh、Satarov 赴苏丹考察，收集到粮食、豆类、工艺作物和蔬菜样本 109 份。

1978 年 V. L. Vitkovsky 和 L. E. Gorbatenko 到特立尼达和多巴号、牙罗加考察，收集了粮食、豆类、工艺作物、蔬菜、果树和马铃薯样本计 402 份。

1979 年 V. F. Dorofeev 前往孟加拉国考察，收集到粮食、豆类、工艺作物和蔬菜样本 400 份。

1979 年 G. G. Davidyan 和 S. N. Bakhareva 赴马拉加西考察，收集到粮食、豆类、工艺作物、蔬菜和果树及块茎样本 1 555 份。

1979 年 N. K. Lemeshev 赴墨西哥考察，收集到工艺和油料作物样本 712 份。

1979 年　A. G. Lyakhovkin 到墨西哥考察，收集到粮食和豆类作物样本 1 087 份。

1980 年　A. G. Zeikin 等赴玻利维亚（Cocabamba、Santa-Cru2、Potosi 和 Cukisaka）考察，共收集粮食、向日葵和马铃薯物种样本 649 份。

1980 年　K. A. Kobeilyanskaya 和 V. F. Chapurina 赴缅甸中部和南部地区考察，收集了粮食、豆类和蔬菜样本 201 份。

1980 年　A. F. Merezhko、G. A. Tekhanovich 等沿秘鲁沿海主要农区热带地区考察，收集了粮食、豆类作物、棉花和马铃薯的物种样本 1 141 份。

1980 年　T. N. Ulyanova 和 V. I. Burenin 到朝鲜考察，收集到粮食、豆类和蔬菜样本 201 份。

1980 年　S. N. Bakhareva、S. G. Vapadinov 等前往加蓬和刚果考察，收集到粮食、工艺、饲料、果树标本 702 份。

1980 年　Y. S. Nesterov、V. A. Koshkin 等到哥伦比亚考察，收集粮食、豆类、工艺和蔬菜及马铃薯样本 1 055 份。

1980 年　A. D. Barsukov 在墨西哥考察，共收集粮食、豆类、工艺、饲料、蔬菜及马铃薯样本 3 068 份。

1981 年　T. N. Ulyanova 和 A. A. Ushev 到朝鲜考察，收集到粮食、豆类、工艺作物和蔬菜样本 246 份、蜡叶标本 210 份。

1982 年　V. I. Burenin 和 A. D. Barsukov 赴西班牙加那利群岛和博列阿尔岛考察，收集到 *Avena*、*Hordeum*、*Lupinus*、*Beta*、*Allium*、Capsi-cum 野生物种 558 份。

1982 年　S. N. Bakhareva 在赞比亚考察时收集到粮食、豆类、工艺、饲料作物、蔬菜和果树样本 746 份。

1982 年　V. L. Vitkovsky 在阿根廷中部地区考察，收集了 Hordeum，Solanum，Helianthus，Gos-sipium 各物种的亚种样本计 1 050 份。

1983 年　S. N. Bakhareva 和 V. N. Soldatov 等在布隆迪考察，共收集粮食、豆类、工艺作物和果树、马铃薯样本计 1 294 份。

1983年　K. A. Kobeilyaskaya 等在老挝考察，收集到粮食、豆类、工艺作物和蔬菜及马铃薯样本850份。

1984年　N. K. Lemeshev 和 V. V. Gridnev 在巴西西部和沿海地区考察，收集到粮食、豆类和工艺作物样本645份。

1984年　G. V. Podkuichenko 和 A. A. Ushev 在也门果园区蔬菜区考察，收集到粮食、豆类、饲料和蔬菜样本（以果树、柑橘类及葡萄接穗为主的样本计549份）。

1984年　L. V. Semenova 等到希腊考察，收集粮食、豆类、工艺、饲料作物和蔬菜等样本750份。

1984年　A. I. Borodanenko 等赴尼日利亚考察，收集粮食、豆类、工艺作物和蔬菜样本80份。

1985年　N. K. Lemeshev 和 I. G. Loskutov 赴土耳其考察，收集到粮食、豆类、油料、饲料作物和蔬菜样本206份。

1986年　N. P. Agafonov 和其他人到斯里兰卡考察，共收集粮食、豆类和饲料作物和果树接穗样本370份。

1986年　A. A. Ushev 和 G. A. Tekhanov 赴博茨瓦纳和津巴布韦考察，收集到粮食、豆类、工艺、蔬菜和果树样本计1 034份。

1986年　A. G. Zeikin、N. K. Lemeshev 等到西班牙考察，收集到粮食、豆类、工艺、饲料作物、蔬菜样本612份。

1986年　V. I. Burenin 赴叙利亚考察，收集到粮食、豆类、工艺作物和蔬菜样本370份。

1986年　S. N. Bakhareva 和 V. N. Soldatov 在贝宁考察，收集了粮食、豆类、工艺作物和蔬菜样本399份。

1987年　L. E. Gorbatenko 等赴委内瑞拉的20个州的15个州考察，收集了粮食和豆类作物和 Gossypium 亚种和 Solanum 亚种计640份。

1987年　V. I. Peizhenkov、B. S. Kurlovich 和 V. K. Koshkin 赴巴西考察，收集到粮食、豆类、工艺作物和蔬菜样本135份。

1987年　V. N. Soldator 和 R. A. Oksuzyan 在摩洛哥考察，收集到粮食、豆类、工艺作物和蔬菜样本300份。

1988 年　A. G. Zeikin 和 L. E. Gorbatenko 赴玻利维亚（Kocabamba，La-Pas，Santa、Crus，Potosi 和 Cukisaka 省）考察，收集到粮食、豆类和蔬菜样本 920 份。

1989 年　N. K. Lemeshev 和 N. M. Zhitlova 到秘鲁的主要农区考察，收集到粮食和豆类作物和各种类型的马铃薯样本计 519 份。

1989 年　G. E. Shmaraev 和 V. P. Denisov 到不丹考察，收集到粮食、豆类作物和蔬菜、果树接穗计 500 份样本。

1989 年　B. S. Kurlovich 和 N. M. Vlasov 在厄瓜多尔山区的东部考察，收集了粮食、豆类、工艺作物和蔬菜、马铃薯物种、Quino 和籽粒苋等样本 903 份。

1989 年　G. A. Tekhanovich 和 I. G. Loskutov 赴土耳其考察，收集到粮食、豆类作物和蔬菜样本 190 份。

1989 年　S. N. Bakhareva 和 S. D. Kiru 赴科特迪瓦考察，收集了粮食、豆类、工艺作物、饲料作物及蔬菜、果树样本 480 份。

1990 年　L. A. Burmistrov 和 L. E. Gorbatenko 到哥伦比亚南部地区考察，收集到当地的粮食、豆类和蔬菜及马铃薯样本 1 072 份。

1990 年　S. N. Bakhareva 乘科学考察船在埃及、西班牙（Kanars 岛）、几内牙、南非、纳米比亚、马达加斯加岛、塞舌尔岛、印度尼西亚和中国、新加坡一线收集到粮食、豆类、工艺作物、蔬菜和果树、块茎类样本 562 份。

1991 年　G. E. Shmaraev 和 A. A. Filatenko 到埃及考察，收集了粮食、工艺、油料作物和蔬菜样本 1 730 份。

1991 年　N. M. Zoteev 和 S. D. Kiru 到突尼斯考察，收集了粮食、豆类、饲料作物、蔬菜和果树样本 540 份。

1991 年　B. S. Kurlovich 和 I. B. Brach 在葡萄牙和马德拉岛上考察，共收集粮食、豆类、工艺、饲料作物和蔬菜样本 792 份。

1991 年　N. K. Lemeshev 和 L. E. Gorbatenko 赴哥斯达黎考察，收集到粮食、豆类、工艺作物和蔬菜样本 422 份。

1994 年　N. K. Lemeshev 和 N. I. Dzubenko 前往加拿大考察，收集了 805 份粮食、豆类、工艺、饲料作物、蔬菜和果树样本。

六、经互会成员国协同考察（1973—1990年）

1973年　捷克斯洛伐克境内考察，捷克斯洛伐克和德意志民主共和国专家参加，收集粮食作物样本。

1976年　波兰境内考察，波兰和德意志民主共和国专家参加。收集农作物。

1977年　捷克斯洛伐克境内考察，捷克斯洛伐克和德意志民主共和国专家参加，收集各种农作物样本312份。

1977年　苏联境内考察（格鲁吉亚），苏联和德意志民主共和国专家参加，收集各种农作样本50份。

1977年　保加利亚境内考察，保加利亚和捷克斯洛伐克专家参加，收集粮食作物样本。

1978年　波兰境内考察，波兰和德意志民主共和国专家参加，收集粮食和豆类作物样本219份。

1978年　捷克斯洛伐克境内考察，捷克斯洛伐克和苏联专家参加，收集粮食、饲料作物地方品种和野生物种1 500份。

1980年　德意志民主共和国境内考察，德意志民主共和国和波兰专家参加，收集饲料和其他作物样本326份。

1980年　波兰境内考察，波兰和苏联专家参加，收集粮食作物地方品种和饲用植物野生种。

1981年　捷克斯洛伐克境内考察，捷克斯洛伐克和德意志民主共和国专家参加，收集不同农作物样本594份。

1981年　苏联境内（斯塔夫罗波尔边区、北奥塞梯、阿塞拜疆、格鲁吉亚）考察，苏联和波兰专家参加，收集到粮食、豆类和饲料作物地方品种350份。

1984年　波兰境内考察，波兰和德意志民主共和国专家参加，收集到不同农作物样本78份。

1985年　蒙古境内考察，蒙古和德意志民主共和国专家参加，收集了不同农作物样本 20 份。

1986 年　保加利亚境内考察，保加利亚和匈牙利专家参加，收集到粮食作物和果树样本 233 份。

1986 年　苏联境内（格鲁吉亚、亚美尼亚、阿塞拜疆）考察，苏联、捷克斯洛伐克和波兰专家参加，收集到 *Aegilops*、*Triticum*、*Hordeum* 亚种和豆类、蔬菜和饲料作物样本 260 份。

1987 年　蒙古境内考察，参加考察的有蒙古和德意志民主共和国的专家，收集不同农作物样本 13 份。

1987 年　波兰境内考察，波兰、捷克斯洛伐克和保加利亚专家参加，共收集粮食、豆类、饲料作物和蔬菜样本 150 份。

1987 年　捷克斯洛伐克境内考察，捷克斯洛伐克、波兰、保加利亚和匈牙利专家参加，收集到饲料作物及其野生亲缘种计 140 份样本。

1988 年　苏联境内（乌兹别克、塔吉克、吉尔吉斯和哈萨克斯坦）考察，苏联、捷克斯洛伐克、保加利亚、波兰和德意志民主共和国专家参加，共收集到蔬菜样本 105 份，其中包括葱 42 份、蒜 18 份。

1988 年　保加利亚境内考察，保加利亚和捷克斯洛伐克专家参加，收集样本 73 份，其中含 *Triticum* 和 *Aegilops* 亚种 54 份。

1988 年　德意志民主共和国境内考察，由德意志民主共和国和捷克斯洛伐克专家参加，收集到饲草 22 份。

1989 年　保加利亚境内考察，保加利亚、苏联和波兰专家参加，收集到包括 *Aegilops* 亚种在内的样本 125 份。

1989 年　苏联境内（阿塞拜疆、亚美尼亚）考察，苏联、捷克斯洛伐克、保加利亚和波兰专家参加，收集到粮食和饲料作物样本 200 份。

1989 年　波兰境内考察，波兰、捷克斯洛伐克、保加利亚和苏联专家参加，共收集粮食、豆类和油料作物样本 140 份。

1990 年　波兰境内考察，波兰、捷克斯洛伐克、保加利亚和苏联专家参加，收集到粮食和饲料作物样本 57 份。

1990 年　苏联境内（阿尔泰边区、西西伯利亚）考察，苏联、捷克斯洛伐克和波兰专家参加，收集到 *Allium* 亚种 112 份。

1990 年　苏联境内（哈萨克和乌兹别克）考察，苏联、捷克斯洛伐克、波兰、保加利亚专家参加，收集到栽培植物和野生饲用牧草 185 份和 300 份蜡叶标本。

1990 年　蒙古境内考察，参与考察的有蒙古、捷克斯洛伐克、保加利亚和苏联专家，共收集饲料和粮食作物样本和蜡叶标本 237 份。

1990 年　波兰境内考察，波兰和捷克斯洛伐克专家参加，收集了 36 份饲草标本。

七、作物研究所与经互会成员国共同制定和颁布的经互会国际分类规范目录

1. 经互会国际分类规范，*Triticum* L. 属·列宁格勒，1974，苏联。

2. 经互会国际分类规范，*Lycopersicon* Tourn. 属·列宁格勒，1979，苏联。

3. 经互会国际分类规范，*Solatium melongena* L. 种［*Solatium*（Tourn.）L.］，列宁格勒，1979，苏联。

4. 经互会国际分类规范，*Allium cepa* L. 种·奥洛穆茨，1980，捷克。

5. 经互会国际分类规范，*Cucumis sativus* L. 种·列宁格勒，1980，苏联。

6. 经互会国际分类规范，*Cucurbita pepo* L. var. *girau-montia* Duch 变种。列宁格勒，1980，苏联。

7. 经互会国际分类规范，*Pijum* L. 属 . 列宁格勒，1981，苏联。

8. 经互会国际分类规范，*Faba* Mill. 属，列宁格勒，1981，苏联。

9. 经互会国际分类规范，*Brassica rapa* L. 和 *Brassica mapus* subsp. *rapifere* Metzg 列宁格勒，1982，苏联。

10. 经互会国际分类规范，*Beta* L. 属，列宁格勒，1982，苏联。

11. 经互会国际分类规范，*Sorghum* Moench. 属，列宁格勒，1982，苏联。

12. 经互会国际分类规范，*Panicum miliaceum* L. 种，列宁格勒，1982，苏联。

13. 经互会国际分类规范，*Vieia sativa* L. 种，列宁格勒，1983，苏联。

14. 经互会国际分类规范，*Lupinus* L. 属，列宁格勒，1983，苏联。

15. 经互会国际分类规范，*Trifolium* L. 属，列宁格勒，1983，苏联。

16. 经互会国际分类规范，*Secale* L. 属，列宁格勒，1984，苏联。

17. 经互会国际分类规范，*Hordeum* L. 属，列宁格勒，1984，苏联。

18. 经互会国际分类规范，*Arena* L. 属，列宁格勒，1984，苏联。

19. 经互会国际分类规范，*Zee mags* L. 种，列宁格勒，1984，苏联。

20. 经互会国际分类规范，马铃薯种 *Tuberarium* 组（Dun.）Buk. *Solatiam* L. 属，列宁格勒，1984，苏联。

21. 经互会国际分类规范，*Medicago* L. 属 medicago 亚属-Falcago（Reichb.）Peterm 亚属，列宁格勒，1984，苏联。

22. 经互会国际分类规范，*Phaseolus* L. 属，列宁格勒，1984，苏联。

23. 经互会国际分类规范，*Lens* Mill. 属，列宁格勒，1984，苏联。

24. 经互会国际分类规范，*Poaceae* Barnh. 科（*Phleum* L.），*Festuca* L.，*Dactylis* L.，*Lolium* L. 和其他多年生牧草属，列宁格勒，1985，苏联。

25. 经互会国际分类规范，*Brassica oleraceae* L. 种，*Capitata* L. 亚种，列宁格勒，1986，苏联。

26. 经互会国际分类规范，*Copsicum annum* L. 种，列宁格勒，1988，苏联。

27. 经互会国际分类规范，*Heliantus* L. 属，列宁格勒，1988，苏联。

28. 经互会国际分类规范，*Persica* Mill. 属，列宁格勒，

1988，苏联。

29. 经互会国际分类规范，*Prunus* L. 属，列宁格勒，1988，苏联。

30. 经互会国际分类规范，*Maloideae* 亚科（*Malus* Mill.，*Pyrus* L.，*Cyolnia* Mill.），列宁格勒，1989，苏联。

31. 经互会国际分类规范，*Camabis Sativa* L. 种，列宁格勒，1989，苏联。

32. 经互会国际分类规范，*Linum usitatissimum* L. 种，列宁格勒，1989，苏联。

33. 经互会国际分类规范，*Citrullus* Schrad. 属，列宁格勒，1989，苏联。

34. 经互会国际分类规范，*Cucumis melo* L. 种，列宁格勒，1989，苏联。

35. 经互会国际分类规范，*Cucurbita* L. 属，列宁格勒，1989，苏联。

36. 经互会国际分类规范，*Gossypium* L. 属，列宁格勒，1990，苏联。

37. 经互会国际分类规范，*Armeniaca* Hop. 属，列宁格勒，1990，苏联。

38. 经互会国际分类规范，*Cerasus* Mill. 属，列宁格勒，1990，苏联。

39. 经互会国际分类规范，*Glycine* Willd 属，列宁格勒，1990，苏联。

40. 经互会国际分类规范，*Vitis vinifera* L. 列宁格勒，1991，苏联。

41. 经互会国际分类规范，*Ribes* L. 属，*Ribesia*（Berl.）Jancz. 亚属，列宁格勒，1993，苏联。

42. 经互会国际分类规范，*Grossularia*（Tourn.）Mill. 属，列宁格勒，1993，苏联。

译者后记

20世纪50年代，我受国家派遣赴乌克兰留学，我的导师、豆类作物育种家 Sergai Ivanovich Chernobrivenko 教授（1899—1967年）在1955年 N. I. Vavilov 被恢复名誉之后，曾经向我讲述过，Nikolai Ivanovich Vavilov 院士带领考察队在五大洲搜集植物遗传资源，并提出世界栽培植物起源中心说的事迹。回国后，我在讲授作物栽培学时也曾向学生们介绍过相关的内容，并把栽培植物起源学说写进了全国统编教材《作物栽培学总论》之中。

Nikolai Ivanovich Vavilov 是作物学、遗传学大家，在全世界享有盛名。长期以来，我一直有将 N. I. Vavilov 的科学建树和崇高品德介绍给我国农学界同仁的情怀。我的学生赵念力博士知道我有此心愿，于半年前主动与全俄植物遗传资源研究所（VIR）联系，得到了《俄罗斯世界植物遗传资源搜集史》的作者 I. G. Loskutov 赠送的这本著作。经过全面浏览，征得俄方同意，并得到几位朋友的鼓励之后，我便着手翻译此书。

《俄罗斯世界植物遗传资源搜集史》中，作者大量援引了 N. I. Vavilov 本人所写的书信原文，读起来，犹如亲自聆听 Nikolai Ivanovich Vavilov 在同我们讲述。1923 年，他赴阿富汗考察，因政治原因在边境受阻，他写道："我终归会进入阿富汗的，即使徒步也要去喀布尔，……"1926 年他前往叙利亚途中得了病，他写道："不记得，是在可里特岛，还是在塞浦路斯，我患了疟疾，状况狼狈不堪，于是返回贝鲁特，在那里开始抽搐。……我在当地找到了 *Triticum dicoccoides*（野小麦）"。N. I. Vavilov 每天睡眠不超过 4 个小时，夜以继日地学习、工作、研究、写作。他经常说的一句话是，**"生命短促，做事从速"**。当蒙受不白之冤，被恶意批判的时候，他对论敌的回答是"**你我谁是谁非，历史会作出评判**"。表现出一位真正科学家的铮铮铁骨！

在译书的过程中，我好像跟随 N. I. Vavilov 的考察队跋山涉水，到五大洲许多未曾到过的地方，认识了许多不曾见过的栽培植物及其野生亲缘种，扩大了眼界，增长了学问。

全俄植物遗传资源研究所拥有目前世界上最大、独一无二的植物基因库，在资源的收集、研究、保存和利用方面，相对而言，方法先进，技术领先，成效尤其卓著，特别是近些年来对资源的研究已经达到了分子水平，不但鉴

别出了各种作物的优良基因和抗性基因，而且创造了携带此类基因的杂交供体。在许多方面，包括成功的经验和失败的教训，都值得我们学习和借鉴。

在将全书译成的时候，我谨向给予我鼓励、支持和帮助的诸位好友常汝镇先生、赵学漱教授、陈温福院士、王琦瑢编审、邱丽娟博士以及我的学生孙占祥、王琳、宋书宏、赵念力、杨镇等研究员表示由衷的谢意！

谨以本书的中译本献给 Nikolai Ivanovich Vavilov 院士诞辰 130 周年！

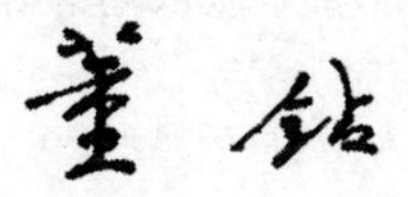

2017 年 3 月 20 日

图书在版编目（CIP）数据

俄罗斯世界植物遗传资源搜集史 /（俄罗斯）伊·格·劳斯库托夫（I. G. Loskutov）著；董钻译．—北京：中国农业出版社，2017.9

ISBN 978-7-109-23316-4

Ⅰ.①俄… Ⅱ.①伊… ②董… Ⅲ.①植物育种－遗传育种－种质资源－研究－俄罗斯 Ⅳ.①S33

中国版本图书馆 CIP 数据核字（2017）第 214005 号

北京市版权局著作权合同登记号：图字 01－2017－5489 号

中国农业出版社出版
（北京市朝阳区麦子店街 18 号楼）
（邮政编码 100125）
责任编辑　王琦瑢　张欣

北京通州皇家印刷厂印刷　　新华书店北京发行所发行
2017 年 9 月第 1 版　　2017 年 9 月北京第 1 次印刷

开本：880mm×1230mm　1/32　　印张：10.5
字数：278 千字
定价：80.00 元